Klaus Hackländer (Hrsg.)
Der Wolf im Spannungsfeld von
Land- & Forstwirtschaft, Jagd, Tourismus und Artenschutz

stv

Klaus Hackländer (Hrsg.)

DER WOLF

im Spannungsfeld von Land- & Forstwirtschaft,
Jagd, Tourismus und Artenschutz

Leopold Stocker Verlag
Graz – Stuttgart

Umschlaggestaltung:
DSR Werbeagentur Rypka GmbH, 8143 Dobl/Graz, www.rypka.at
Umschlag-Vorderseite: Karl-Heinz Volkmar
Umschlag-Rückseite: Stefan Meyers (li.), Karl-Heinz Volkmar (Mitte und re.)

Bildnachweis:
Alle übrigen Abbildungen und Grafiken wurden, so nicht anders angegeben, dem Verlag freundlicherweise von den Autoren zur Verfügung gestellt.

Bibliografische Information der Deutschen Nationalbibliothek
Die Deutsche Nationalbibliothek verzeichnet diese Publikation in der Deutschen Nationalbibliografie; detaillierte bibliografische Daten sind im Internet unter http://dnb.d-nb.de abrufbar.

Hinweis: Dieses Buch wurde auf chlorfrei gebleichtem Papier gedruckt. Die zum Schutz vor Verschmutzung verwendete Einschweißfolie ist aus Polyethylen chlor- und schwefelfrei hergestellt. Diese umweltfreundliche Folie verhält sich grundwasserneutral, ist voll recyclingfähig und verbrennt in Müllverbrennungsanlagen völlig ungiftig.

Auf Wunsch senden wir Ihnen gerne kostenlos unser Verlagsverzeichnis zu:
Leopold Stocker Verlag GmbH
Hofgasse 5/Postfach 438
A-8011 Graz
Tel.: +43 (0)316/82 16 36
Fax: +43 (0)316/83 56 12
E-Mail: stocker-verlag@stocker-verlag.com
www.stocker-verlag.com

ISBN 978-3-7020-1791-0

Layout und Repro: DSR Werbeagentur Rypka GmbH, 8143 Dobl/Graz
Druck: Finidr, s.r.o., Český Těšín

Foto © Stefan Meyers

Inhalt

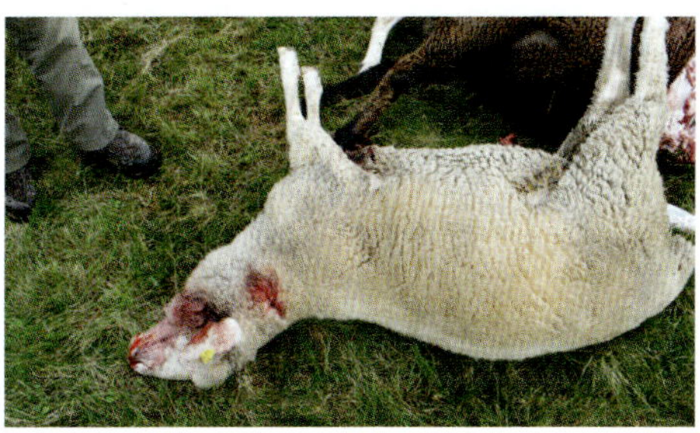

Foto © Karl-Heinz Volkmar

Vorwort

Der Wolf ist in aller Munde. Populärwissenschaftliche Bücher über Meister Isegrim überschwemmen momentan den Markt: Allein im deutschsprachigen Raum sind seit 2010 über 20 Bücher über den Wolf veröffentlicht worden. Warum also noch ein weiteres Buch zum Grauhund? Viele der erwähnten Bücher zeichnen ein einseitiges Bild und sind geprägt von Vorurteilen oder Ideologien. Einige berichten von der Weisheit der Wölfe, andere wiederum sähen die rückkehrenden Wölfe am liebsten in der Hölle. Manche Werke passen besser in die Welt der Belletristik, andere haben das Potenzial für Teamwork- oder Führungskräfte-Ratgeber (Rudelstruktur und Leitwolfkonzept lassen grüßen).

In dieser bunten Palette an Büchern dominieren vielfach die individuellen Wirklichkeiten der jeweiligen Autoren. Was oftmals völlig fehlt, ist die ganzheitliche Sicht auf den Wolf. Im hier vorliegenden Werk sollen verschiedene Interessengruppen und Experten jenen Raum bekommen, der notwendig ist, um eine umfassende Diskussion über die Koexistenz zwischen Wolf und Mensch zu ermöglichen. Schließlich ist der Wolf weder gut noch böse, sondern ein Wildtier, das sich in der Kulturlandschaft Europas ausbreitet und zwangsläufig die Gemüter der Menschen bewegt. Weder Verherrlichung noch Verdammung der Wölfe ist angebracht, sondern eine sachliche Diskussion auf Augenhöhe. Direkt Betroffene, wie Landwirte oder Jäger, müssen genauso berücksichtigt werden wie Artenschutzorganisationen. Und das alles sollte mit Fakten untermauert bzw. ergänzt werden, die uns die Wissenschaft bietet.

Im Rahmen von zwei groß angelegten Projekten an der Universität für Bodenkultur Wien (BOKU) wurde im Jahr 2018 die Rückkehr der Wölfe von unterschiedlichsten Blickwinkeln aus betrachtet und bewertet. Im Auftrag der österreichischen Bundesländer wurde eine gutachterliche Stellungnahme zu den Auswirkungen von rückkehrenden Wölfen auf Landwirtschaft und traditionelle Weidehaltung, Freizeit- und Erholungswirtschaft, Jagd- und Forstwirtschaft sowie Biodiversität im Ostalpenraum erarbeitet (siehe Hackländer et al. 2019). Hierbei wirkten interdisziplinär verschiedene Institute der BOKU mit. Neben dem Institut für Wildbiologie und Jagdwirtschaft brachten das Institut für Landschaftsentwicklung, Erholungs- und Naturschutzplanung, das Institut für Agrar- und Forstökonomie sowie das Institut für Integrative Naturschutzforschung ihre Expertise ein. Ein anderes Projekt im Auftrag des österreichischen Bundesministeriums für Nachhaltigkeit und Tourismus konzentrierte sich auf die Entwicklung von Wildtiermanagement-Strategien bei Anwesenheit großer Beutegreifer (Miller et al. 2019). Hier beteiligten sich die BOKU-Institute für Wildbiologie und Jagdwirtschaft sowie für Agrar- und Forstökonomie und DI Horst Leitner, Büro für Wildökologie und Forstwirtschaft. Die Förderung kam dabei vom Europäischen Landwirtschaftsfonds für die Entwicklung des ländlichen Raums. Aus beiden Projekten flossen wesentliche Erkenntnisse in dieses Buch ein.

Den vielen Autoren der einzelnen Kapitel möchte ich sehr für ihre Mitarbeit danken. Den Ansprüchen an ein ganzheitliches Buch sind sie mit ihren wertvollen Beiträgen vollends gerecht geworden. Der eigentliche Anstoß für dieses Buch kam vom Leopold Stocker Verlag selbst. Hier möchte ich ganz herzlich Frau Irmtraud Weishaupt-Orthofer danken, die mit viel Engagement, Geduld und umsichtigem Weitblick meine Arbeit als Herausgeber erfolgreich begleitet hat.

Wien, April 2019

Klaus Hackländer

Der Wolf kommt zurück – und jetzt?

Klaus Hackländer

Der Wolf breitet sich momentan rasch über Kontinentaleuropa aus. Ausgehend von den Teilpopulationen in den Alpen, im Dinarischen Gebirge, in den Karpaten und im mitteleuropäischen Tiefland wandern Jungtiere in alle Himmelsrichtungen ab und legen dabei sehr weite Strecken zurück. Wanderdistanzen von 1000 Kilometern oder mehr werden mit Hilfe besenderter Tiere oder auch unter Zuhilfenahme der Genetik festgestellt. Somit werden nicht nur die aktuellen Gebiete der Teilpopulationen größer, sondern fernab dieser etablieren sich Rudel und bilden neue Zentren der Ausbreitung.

Die europäische Expertengruppe für große Beutegreifer (Large Carnivore Initiative for Europe, LCIE) der Internationalen Naturschutzunion (IUCN) schätzt den Wolfsbestand in Europa auf ca. 17.000 Individuen, Tendenz steigend. Dementsprechend gilt der Wolf auch in Europa als nicht gefährdet, wie die jüngste Einschätzung der IUCN im Rahmen der Erstellung der „Roten Liste der gefährdeten Arten" zeigt.

Nach Angaben der Experten der LCIE ist die Erholung der europäischen Wolfspopulation auf drei Ursachen zurückzuführen. Erstens nimmt der Anteil der Wälder und der darin lebenden größeren Beutetiere in Europa zu. So sind zum Beispiel die Rotwildbestände in den meisten EU-Ländern seit den 1960er Jahren zwischen 400 und 700 % angestiegen. Zweitens findet europaweit eine Landflucht statt, was Konflikte zwischen Mensch und Wildtieren im ländlichen Raum vermindert und die legale oder illegale Tötung des Wolfes reduziert. Drittens, und das ist wohl mit der wichtigste Grund für die Erholung der Wolfsbestände, hat der rechtliche Schutz des Wolfes in Europa seine Wirkung entfalten können.

Rechtsstatus

Der Wolf ist durch mehrere internationale Abkommen geschützt und genießt daher auch innerhalb der EU und auf nationalstaatlicher Ebene einen strengen Schutz. So wird der Wolf im Anhang II der Berner Konvention (Übereinkommen über die Erhaltung der europäischen wildlebenden Pflanzen und Tiere und ihrer natürlichen Lebensräume) als streng geschützte Tierart geführt. Darauf aufbauend ist der Wolf im Anhang II der Fauna-Flora-Habitat (FFH)-Richtlinie 92/43/EWG als prioritäre Art gelistet. Er gehört damit zu jenen Tierarten von gemeinschaftlichem Interesse, für deren Erhaltung besondere Schutzgebiete ausgewiesen werden

Abbildung 1: Wolfsverbreitung in Europa im Zeitraum 2012–2016. Dunkelblau: regelmäßiges Vorkommen, hellblau: unregelmäßiges Vorkommen. (Quelle © LCIE)

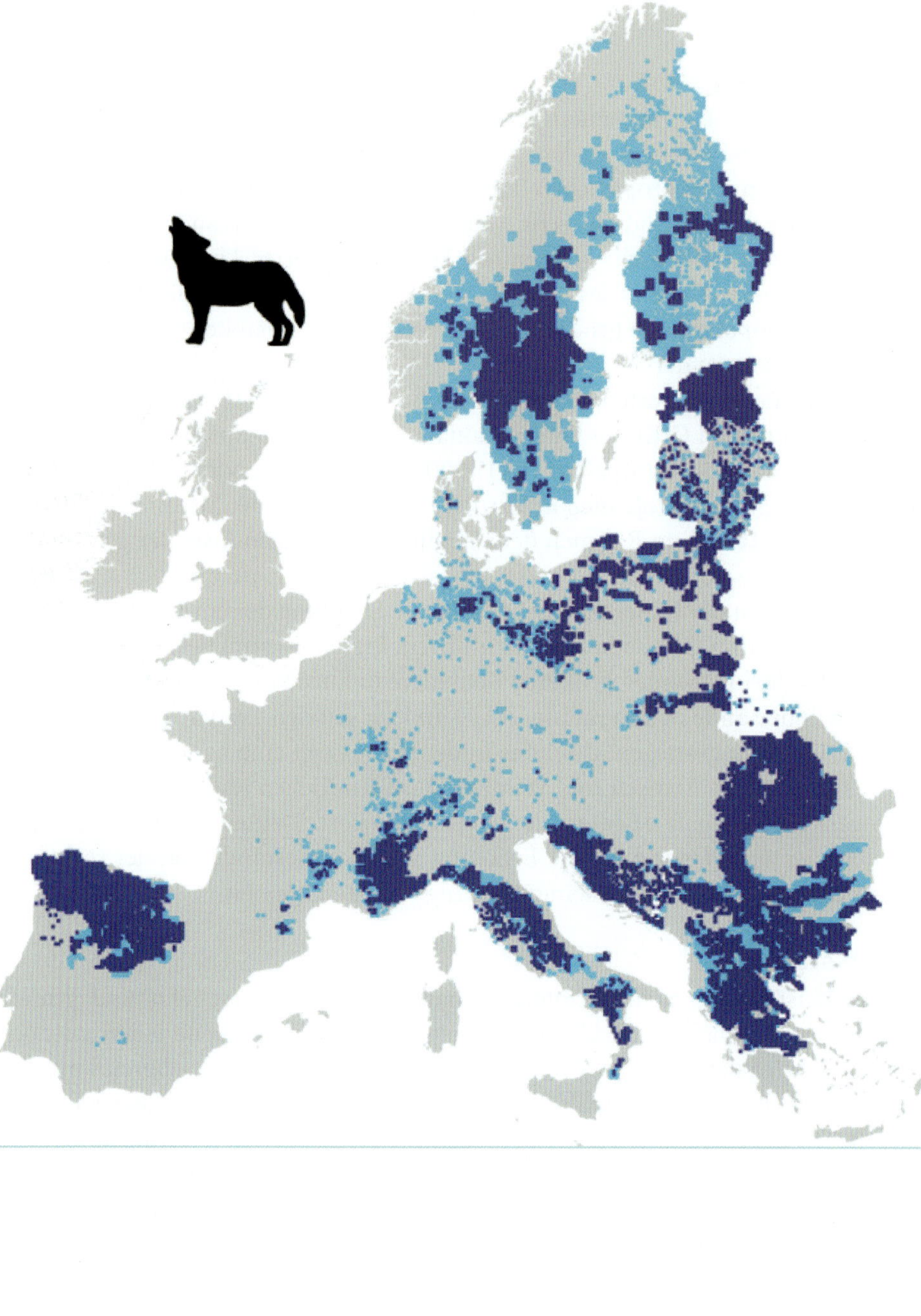

müssen. Weiters wird er für die meisten EU-Staaten zusätzlich im Anhang IV der FFH-Richtlinie geführt. Dies bedeutet, dass der Wolf eine streng zu schützende Tierart von gemeinschaftlichem Interesse ist. Der Handel mit Wölfen (lebend oder Teile toter Tiere) wird im Washingtoner Artenschutzübereinkommen (CITES, Convention on International Trade in Endangered Species of the Wild Fauna and Flora; Anhang II) und in der EU-Verordnung über „Schutz und Erhaltung wild lebender Tier- und Pflanzenarten durch Überwachung des Handels" streng geregelt.

Die EU-Mitgliedstaaten haben ihrerseits die FFH-Richtlinie umgesetzt und den Wolf in den entsprechenden Gesetzen zu Naturschutz und Jagd berücksichtigt. Staaten wie Österreich, Deutschland, Frankreich oder Italien, für die der Wolf entsprechend dem Anhang IV der FFH-Richtlinie streng geschützt ist, haben diesen großen Beutegreifer daher auch als geschützte bzw. ganzjährig geschonte Art in ihre nationalen Gesetze aufgenommen.

Ausnahmen von diesem strengen Schutz sind durch Artikel 16 der FFH-Richtlinie gegeben. Dort heißt es, dass Mitgliedstaaten den strengen Schutz in Einzelfällen aufheben können, „sofern es keine anderweitige zufriedenstellende Lösung gibt und unter der Bedingung, dass die Populationen der betroffenen Art in ihrem natürlichen Verbreitungsgebiet trotz der Ausnahmeregelung ohne Beeinträchtigung in einem günstigen Erhaltungszustand verweilen". Als Gründe für derartige Ausnahmen können z. B. die Verhütung ernster Schäden in der Tierhaltung oder die Wahrung der öffentlichen Sicherheit geltend gemacht werden.

Gerade dieser strenge Schutz führt zu heftigen Diskussionen in jenen Ländern, in denen in den letzten Jahrzehnten nur ausnahmsweise Wölfe auftraten. Jetzt, wo sich das Verbreitungsgebiet des Wolfes schnell ausdehnt, entstehen weitreichende Konflikte mit verschiedenen Landnutzergruppen.

Der Wolf als Ursache für Ängste und Konflikte

Betritt der Wolf die Bühne, weckt er bei uns Menschen widersprüchliche Emotionen, nämlich gleichzeitig Angst und Faszination. Warum das so ist, hängt unmittelbar damit zusammen, dass Wölfe zu den großen Beutegreifern gehören. Sie sind in der Lage, größere Säugetiere zu töten, und dazu gehört eben nun einmal auch der Mensch. Der Wolf ist mächtig und daher auch sagenumwoben. Gleichzeitig konnten wir ihn domestizieren und die vielen Haushunderassen züchten. Die ambivalente Beziehung zwischen Mensch und Wolf ist leicht nachvollziehbar. Was Übergriffe auf Menschen angeht, so ist in Europa in der Vergangenheit vergleichsweise wenig passiert. Woran liegt das? Dort, wo Wölfe nie ausgerottet wurden (z. B. Karpaten, dinarisches Gebirge), hat die Koexistenz deshalb so gut funktioniert, weil Wölfe gelernt haben, dass der Mensch eine Gefahr darstellt. Schließlich wurden Wölfe dort immer legal gejagt und/oder illegal getötet. Aus diesem Grund sind Wölfe in diesen Gebieten auch nahezu „unsichtbar“, trotz vergleichsweise hoher Dichten. Videos, wie sie nach dem Ausbreiten der Wölfe in Deutschland und Österreich gedreht wurden, auf denen Wölfe zu sehen sind, die sich unbeeindruckt von der Anwesenheit der Menschen zeigen, sind in Bulgarien oder Serbien undenkbar. Hier bringen Wolfseltern durch ihr Verhalten den Nachkommen bei, Abstand zu halten. Lässt der Mensch zu, dass sich Wölfe in seine Nähe trauen, dann ist es nicht verwunderlich, wenn neugierige Individuen die Grenzen ausloten und keine Scheu gegenüber dem Menschen zeigen. Wirklich gefährlich werden diese Wölfe nur, wenn sie erkrankt sind (z. B. Tollwut) oder an Hunger leiden, was in Europa zurzeit aufgrund der hohen Dichten an Wild- und Nutztieren nicht der Fall ist und auch so schnell nicht passieren wird.

Sieht man von den unter „normalen“ Bedingungen vernachlässigbaren direkten Gefahren für den Menschen ab, sind bei uns momentan am meisten die Nutztierhalter von rückkehrenden Wölfen betroffen. Sie konnten ohne Wolfspräsenz ihre Rinder, Schafe, Ziegen oder Pferde mehr oder weniger ungeschützt auf den Weiden halten. Herdenschutzmaßnahmen wie der Einsatz von Schäfern, Hüte-

Abbildung 2: Wölfe finden sich in der mitteleuropäischen Kulturlandschaft sehr gut zurecht. (Foto © Heinz-Dietrich Hubatsch)

hunden, Einzäunungen, Nachtpferchen und Herdenschutzhunden waren nicht mehr überall notwendig und gerieten vielerorts auch in Vergessenheit. Jetzt fehlen gut ausgebildete Schäfer und Hunde. Zäune alleine sind nicht ausreichend, um Angriffe von Wölfen zu verhindern. Gleichzeitig mussten die zuständigen Behörden erst Systeme für die Kompensationszahlungen von gerissenen Nutztieren etablieren und Fördertöpfe für die Finanzierung von Herdenschutzmaßnahmen füllen. Kompensation und Prävention von Schäden hinken der Realität hinterher, denn der Wolf breitet sich schneller aus, als sich Nutztierhalter und Behörden auf die neue Situation einstellen können. Die Überrumpelung durch den Wolf ist auch die wesentliche Ursache für die fehlende Akzeptanz. In den Ausbreitungsgebieten des Wolfes ist man schlichtweg nicht vorbereitet – obwohl Expertise vorhanden ist und geeignete Managementpläne in den Schubladen bereitliegen.

Neben den Landwirten sind auch Jäger von Wölfen betroffen. Auch sie konnten in den letzten Jahrzehnten Wildlenkungsstrategien und Bejagungskonzepte entwickeln, die mehr oder weniger gut funktionieren, solange keine Wölfe umherziehen. Jetzt sind Wölfe ein weiterer Mitspieler in der Lenkung von Schalenwildarten, z. B. von Schwarz- oder Rotwild.

Landschaft der Furcht

Bisher hatte also der Mensch das Rotwild mehr oder weniger fest im Griff. Er entschied alleine, wo sich dieser große Pflanzenfresser aufhalten durfte, in welchen Dichten er vorkam und welches Verhalten die Tierart an den Tag legte. Insbesondere die Bejagungskonzepte (Jagdstrategie, Jagdarten, Jagdzeiten …) wirkten sich dominant auf das Rotwild aus. Dieses Phänomen wird als Landschaft der Furcht beschrieben. Diese entsteht sowohl durch direkte Effekte (jagdliche Entnahme) als auch durch indirekte Effekte (Jagddruck, andere Störungen durch Menschen). Selbst in Gebieten mit vergleichsweise hohen Wolfsdichten kann der Stresshormonlevel bei Rotwild niedriger liegen als in stark von Menschen gestörten Gebieten. Der Wolf trägt demnach im Vergleich zum Menschen nur einen geringeren Teil zur Landschaft der Furcht bei. Jedoch verändert der Wolf durch seine Anwesenheit die bislang nur vom Menschen geprägte Landschaft der Furcht. Bei Anwesenheit von Wölfen kann das Rotwild zwar im Gebiet verbleiben, sucht aber übersichtliche und weniger dicht bewachsene Äsungsflächen auf. Gleichzeitig schließen sich kleinere Rudel zu größeren zusammen, um Fressfeinde früher zu entdecken und das individuelle Prädationsrisiko insgesamt zu minimieren. Rudel über 100 Stück sind damit nicht auszuschließen. Diese können aufmerksamer sein, mehr sichern, größere Fluchtdistanzen zeigen und unregelmäßiger in ihrer Raum-Zeit-Nutzung sein. Die Berechenbarkeit nimmt also ab, was nicht nur die Rissrate von Wölfen reduzieren kann, sondern auch den Jagderfolg des Menschen. Sowohl Wolf als auch Mensch müssen ihr Jagdverhalten also anpassen. Beim Wolf kann das ein Ausweichen auf andere Beutetiere sein. Wird eine Beutetierart durch Verhaltensveränderungen schwieriger zu erbeuten, ändert sich das Beuteschema des großen Beutegreifers. Der jagende Mensch hat selbstverständlich eingeschränkte Ausweichmöglichkeiten, schließlich spielen Jagdwert eines Reviers, Abschusspläne der Behörden, Wildeinfluss auf die Vegetation etc. ebenfalls eine Rolle.

Abbildung 3: Neben dem Menschen entscheiden auch Wölfe über die Verteilung von Schalenwild in der Landschaft. (Foto © Karl-Heinz Volkmar)

Haben wir es überhaupt mit Wölfen zu tun?

Immer wieder flammt in der Diskussion rund um den Wolf die Frage auf, ob die sich rasch ausbreitenden Wölfe überhaupt richtige Wildtiere sind oder nicht doch Hybride zwischen Wölfen und (verwilderten) Hunden. Nun, der Streit darum ist müßig, denn es ist davon auszugehen, dass es seit der Domestizierung des Wolfes immer wieder Rückkreuzungen zwischen Hunden und Wölfen gab. Der Eurasische Wolf *Canis lupus lupus* und der Haushund *Canis lupus familiaris* sind Unterarten einer gemeinsamen Art und sie können daher auch ohne weiteres fruchtbare Nachkommen zeugen. Die Gene von Hybriden, also direkten Nachkommen von beiden Unterarten, sind auch noch weit nach der Kreuzung in der Population nachweisbar. Man spricht von introgressierten Beständen. Bei regelmäßiger Hybridisierung sind auch schon morphologische Veränderungen sichtbar. Es ist nicht auszuschließen, dass manche Wolfsunterarten nur deswegen als abgegrenzte evolutionäre Linie eingestuft wurden, weil sie direkte Nachkommen von Wolf-Hund-Hybriden sind. Wir haben es also eher mit einer akademischen Diskussion zu tun, die für die Frage, wie wir mit dem Wolf umgehen, nicht zielführend ist.

Verschiedene Blickwinkel erweitern den Horizont

Die Beiträge in diesem Buch sollen einen umfassenden Blick über die aktuelle Situation geben. Der Schwerpunkt liegt dabei im österreichischen Alpenraum, da die Konflikte zwischen Wolf und Mensch im Gebirge schwerer wiegen bzw. weniger leicht zu lösen sind. Zunächst beleuchtet Andreas Daim wichtige Aspekte der Biologie und Ökologie des Wolfes. Fragen zur Nahrungsökologie werden in seinem Beitrag genauso behandelt wie Szenarien über die zukünftige Ausbreitung entsprechend der Habitateignung. Der Wolfsbeauftragte Georg Rauer berichtet in seinem ersten Kapitel über die aktuelle Situation des Wolfes in Österreich und den Nachbarländern. Diese Beschreibung ermöglicht auch einen guten Einblick in die mühsame Arbeit des Nachweises von Wölfen anhand von Kamerafallenfotos und genetischen Spuren. Danach widmen sich zwei Beiträge den Auswirkungen der rückkehrenden Wölfe auf die Nutztierhaltung. Daniel Heindl belegt dies anhand einiger Beispiele aus verschiedenen Ländern Europas. Seine Ausführungen zeigen eindrucksvoll, wie tiefgreifend sich Wölfe auf unsere Landwirtschaft auswirken werden. Welche monetären Konsequenzen dies für die einzelnen Betriebe haben wird, beschreiben Anna Hinterseer und Kollegen. Typische Nutztierhaltungen werden in Bezug auf die notwendigen Herdenschutzmaßnahmen ökonomisch bewertet. Damit lassen sich zwar keine Hochrechnungen für den Steuerzahler ableiten, aber der Druck, der auf kleineren bis mittleren Betrieben lasten wird, wird anhand von konkreten betriebswirtschaftlichen Zahlen dargestellt.

Abbildung 4: Wölfe haben direkte und indirekte Effekte auf ihre Beute.
(Foto © Karl-Heinz Volkmar)

Nachdem Nutztiere nicht die einzigen Beutetiere des Wolfes darstellen, widmet sich das Kapitel von Christine Miller dem Einfluss des Wolfes auf das Schalenwild. Sie klärt, ob der Wolf die in vielen Orten überhöhten Wildstände reduzieren wird und ob sich dies auf die Entwicklung des Waldes auswirken könnte. Die ökologische Rolle, die der Wolf einnehmen kann, ist auch eines der wichtigsten Argumente der Naturschutzverbände. Christian Pichler betrachtet in seinem Kapitel den Wolf aus der Sicht des WWF, der sich in den vergangenen Jahrzehnten in Mitteleuropa intensiv mit dem Schutz des Wolfes beschäftigt hat. Für den Artenschutz sind natürlich auch die weiteren Entwicklungen in der Almwirtschaft entscheidend. Wenn Nutztierhalter alpine Weiden nicht mehr mit ihrem Vieh bestoßen, könnten diese zuwachsen. Monika Kriechbaum und Kollegen zeigen, welche Rolle Almen zurzeit für die Biodiversität spielen. Sie klären aber auch die Frage, inwieweit der Wolf wirklich die Entscheidung der Landwirte maßgeblich beeinflussen wird, ob Almen weiterhin erhalten werden.

Gerade für den Tourismus spielen die offenen Landschaften mit den bewirtschafteten Almhütten eine große Rolle bei der Vermarktung des Alpenraums für den Sommertourismus. Ulrike Pröbstl-Haider und Kollegen analysieren die touristische Bedeutung und bringen überraschende Erkenntnisse zur Einstellung Erholungssuchender in Bezug zum Landschaftsbild. Sie widmen sich auch der Frage, ob Wölfe als Touristenattraktion dienen können. Im darauffolgenden Kapitel kommen Vertreter der Jagd zu Wort. Klaus Schachenhofer und Kollegen erörtern ihre Einstellungen zum Wolf, die sich nicht nur auf den Jagdbetrieb bei Wolfspräsenz beziehen, sondern auch die Möglichkeiten zur Erhaltung anderer Wildarten in die Diskussion mit einbeziehen. Wie der Umgang zwischen dem Wolf und anderen großen Beutegreifern einerseits und dem Menschen andererseits in der Vergangenheit in Österreich koordiniert wurde, beschreibt Renate Scherling. In ihrem Kapitel berichtet sie unter anderem von den Grundlagen und Empfehlungen für einen österreichischen Wolfsmanagementplan, die von der Koordinierungsstelle für den Braunbären, Luchs und Wolf (KOST) erstellt wurden. Die KOST initiierte auch ein Konzept zum Herdenschutz im alpinen Gelände, das Johann Höllbacher in seinem Beitrag näher beschreibt. Anhand praktischer Erfahrungen gewährt er einen tiefen Einblick in die Herausforderungen und Möglichkeiten des Einsatzes von Zäunen, Schäfern und Herdenschutzhunden im alpinen Gelände.

Im vorletzten Kapitel erläutert Georg Rauer, welche Maßnahmen zu setzen sind, um vermeintliche Wolfsrisse zu dokumentieren. Neben Wölfen können schließlich auch Hunde, Goldschakale, Luchse oder Bären Nutztiere verletzen oder töten. Ein gesicherter Nachweis ermöglicht die Abwicklung von Kompensationsmaßnahmen, hilft bei der Erfolgskontrolle von Herdenschutzmaßnahmen und trägt wesentlich zur Dokumentation der Verbreitung des Wolfes bei. Am Schluss werfe ich aufbauend auf den vorangegangenen Kapiteln einen Blick in die Zukunft und beschreibe, welche (gesellschafts-)politischen Maßnahmen jetzt notwendig sind. Damit schließt sich der Reigen der Betrachtungen aus den verschiedenen Blickwinkeln. Machen Sie sich selbst ein Bild, welche Macht der Wolf heute in Mitteleuropa wieder hat. Erweitern Sie Ihren Horizont, um eine sachlich fundierte Diskussion zum Umgang mit diesem großen Beutegreifer führen zu können.

Autor:

Univ.-Prof. Dr. Klaus Hackländer, Universitätsprofessor für Wildtierbiologie und Jagdwirtschaft und Leiter des Departments für Integrative Biologie und Biodiversitätsforschung an der Universität für Bodenkultur Wien, Gregor-Mendel-Str. 33, 1180 Wien

Die Biologie und Ökologie des Wolfes

Andreas Daim

Der Wolf – ein Rudeltier

Wölfe haben ein komplexes Sozialsystem, das durch die Bildung von Rudeln geprägt ist. Ein Rudel ist ein Familienverband, bestehend aus zwei Elterntieren und deren Nachkommen, also Welpen aus dem aktuellen und aus vorangegangenen Jahren. Ein Wurf besteht aus einem bis elf Welpen (in der Regel vier bis sechs). Je nach Überlebensrate der Welpen im ersten Jahr und den unterschiedlichen Abwanderungsraten der älteren Geschwister gestaltet sich die Größe des Familienbundes laufend verschieden. Die Rudelgröße erreicht aus bisherigen Beobachtungen in Europa durchschnittlich sieben Tiere, wobei zwei (Wolfspaar ohne Nachkommen) bis ca. 20 Tiere möglich sind. Größere Rudel von bis zu 35 Tieren beobachtete man bisher nur in ferneren Gegenden wie zum Beispiel in Alaska. Diese entstehen durch verzögerte Abwanderung der Jungtiere oder auch durch Integration von Tieren aus anderen Rudeln.

Innerhalb eines Rudels herrscht eine strikte Rangordnung. Die beiden Elterntiere nehmen die oberste Stellung der Hierarchie ein. Sie führen das Rudel an, übernehmen die Initiative in Bedrohungsfällen, bestimmen die täglichen Bewegungsmuster, entscheiden, worauf gejagt wird, und pflanzen sich als dominantes Paar, mit wenigen Ausnahmen, als einziges fort. Ihre untergeordneten Nachkommen legen nach Geschlechtern getrennt die weitere Rangordnung unter sich fest. Unter Welpen wird bereits ab einem Monat durch Kämpfe geschlechtsunabhängig eine hierarchische Struktur festgelegt. Hier gehen meist die größten und aggressivsten Tiere als dominanteste hervor.

Ein Rudel bildet sich durch das Aufeinandertreffen zweier Tiere, die gewöhnlich aus unterschiedlichen Rudeln stammen. Der erste Wurf bleibt mindestens einen Winter lang bei den Elterntieren. Ab dem darauffolgenden Jahr, nach dem zweiten Wurf der Elterntiere, beteiligen sich alle noch im Rudel befindlichen Tiere gemeinsam an der Aufzucht der Welpen. Jungtiere können ab etwa der zweiten Fortpflanzung der Elterntiere selbst geschlechtsreif werden und ab diesem Zeitpunkt das elterliche Rudel jederzeit verlassen, aber auch ein Leben lang im elterlichen Rudel verbleiben. Ob und wann ein Jungtier abwandert, kann viele Gründe haben. Neben der natürlichen sexuellen Rivalität um das geschlechtsreife Weibchen und dem Drang zur Gründung eines eigenen Rudels mit einem Geschlechtspartner aus einem fremden Rudel kann auch eine sozial niedrige Stellung ausschlaggebend sein. Solche Tiere gelangen bei Nahrungsmangel innerhalb des Rudels weniger an erlegte Beute, und diese Tiere wandern daher zwangsweise ab. Auch können Tiere abwandern, die ihre soziale Stellung im Rudel verloren haben. In einem Rudel herrscht aufgrund des hohen Grades an sozialer Organisation Harmonie und Ordnung. Dies wird durch die in der Hierarchie höhergestellten Individuen gewährleistet. Mit verschiedenen Formen von Demonstration werden die Ränge laufend behauptet und festgelegt. Dies geschieht über optische (Körperhaltung und Bewegungen), olfaktorische und akustische Signale. Offene Kämpfe zwischen Individuen werden selten ausgetragen, wenn, dann am häufigsten zwischen den Konkurrenten um die dominante Position im Rudel.

Der Wolf im Jahreslauf

Die Jahresrhythmik des Wolfes steht in enger Verbindung mit der Fortpflanzung. Die Aufzucht der Welpen bestimmt die Nutzungsmuster innerhalb des Territoriums. Es kann zwischen einer sesshaften und einer Wanderphase unterschieden werden. Kurz vor der Geburt der Welpen (Ende April bis Mai) hält sich das Rudel verstärkt um den Bau auf. Bei den Ausflügen zur Jagd bewegt sich das Rudel nicht weit vom Bau weg, da die Tiere zur täglichen Fütterung an den Bau zurückkehren müssen. Die Welpen beginnen ab drei Wochen das Umfeld des Baues zu erforschen und verlassen diesen ab etwa der achten Woche. Anfänglich werden Jungwölfe durch das Packen mit dem Gebiss am Nacken weitere Entfernungen getragen. Zwischen Mai und Juli werden die Jungen zu sogenannten „Rendezvous-Plätzen" geführt. Dort halten sie sich in dieser Zeit etwa 20 Tage lang am selben Platz auf. Neu bezogene Plätze sind dann durchschnittlich etwa 1,5 km voneinander entfernt. Im August und September halten sich die Tiere nur noch ca. sieben Tage an einem Platz auf, und die weiteren Plätze sind etwa 3 km voneinander entfernt. In der im Spätherbst beginnenden Wanderphase ziehen die Jungtiere bereits mit dem Rudel zur Jagd mit. Das Rudel zieht nun großräumig durch das ganze Territorium.

Im Sommer folgen die Wölfe einem tageszeitlich vorgegebenen Aktivitätszyklus. Zur Abenddämmerung hin ziehen die Tiere zur Jagd los und kehren noch in der Nacht oder in den frühen Morgenstunden zum Lager zurück. Durch die großen Anstrengungen bei der Jagd wären die Tiere bei großer Hitze tagsüber nicht imstande, die Körpertemperatur zu regulieren. Die Tiere halten sich am Tag auch bevorzugt an schattigen Ruheplätzen auf. Im Winter dagegen können Wölfe je nach Situation rund um die Uhr aktiv sein und zur Jagd aufbrechen. Die Zeiten größter Aktivität von Wölfen sind in von Menschen besiedelten Gebieten plastisch und richten sich nach den von Wölfen empfundenen Risiken, die von den Menschen ausgehen. Die Aktivitätsmaxima der Wölfe sind jedoch eigentlich weniger an menschliche Aktivitätsmuster angepasst, sondern an die Aktivität der Beutetiere, welche aber wiederum – größtenteils durch den Menschen beeinflusst – dämmerungs- bzw. nachtaktiv sind.

Nach längeren Streifzügen ruhen die Tiere meistens bis zu mehreren Stunden. Nach erfolglosem Nachhetzen einer Beute ruhen die Tiere bis zu 15 Minuten vor einem erneuten Beutezug. Nach dem Verzehr eines Beutetieres ruhen die Wölfe oft gleich neben dem Riss.

Wölfe können enorme Distanzen zurücklegen. Belegt sind Wanderungen von Einzeltieren auf der Suche nach Paarungspartnern bis zu 1000 km. In Finnland beobachtete man eine Tageswanderung von Wölfen in der Tundra, bei der in etwa 200 km zurückgelegt wurden. Bei Rudeln in den USA wurde festgestellt, dass im Winter Wanderungen von 50–70 km in 24 Stunden keine Seltenheit sind. Dabei ziehen die Tiere in rastlosem Trab hintereinander durch die Landschaft, jeweils in die Fußabdrücke des führenden Tieres stapfend. Dies spart im Winter in hohem Schnee zusätzlich Energie. Im Schnitt betragen die Wanderungen aber eher um die 25 km. Welpenlose Rudel oder Einzeltiere können auch im Sommer große Distanzen zurücklegen. Dagegen beschränken Rudel mit Welpen zur Fütterung dieser ihren Aktivitätsbereich auf das nähere Umfeld. Innerhalb von 24 Stunden werden kaum mehr als 10 km an Strecke zurückgelegt. Je nach verfügbarer Beute und Region können sich die angeführten Distanzen unterscheiden. Bei den vorliegenden Dichten an Schalenwild in Mitteleuropa werden die Distanzen eher an der unteren Grenze der Spanne zu finden sein als in der an Beutetieren eher spärlichen Tundra.

Bei den täglichen Wanderungen wird dabei oft nur rund ein Zehntel des Revieres genutzt. An Folgetagen werden größtenteils unterschiedliche Revierteile aufgesucht. Damit wird zum einen das vollständige Revier patrouilliert, zum anderen werden die Grenzen regelmäßig mit frischen Markierungen gekennzeichnet. Außerdem kann damit auch der Jagderfolg verbessert werden, da bereits vor kurzem bejagte Beutetiere mit mehr Aufmerksamkeit reagieren und schwerer zu erbeuten wären. Typisch für Wölfe ist, dass sie bei ihren langen Wanderungen ausgetretenen Pfaden anderer Tiere oder anthropogenen Strukturen wie Waldwegen, Bahngleisen, aber auch Bergrücken oder Gewässern folgen. Wölfe bewegen sich entlang sicherer Pfade, und die Kenntnis darüber wird von Generation zu Generation weitergegeben. Diese Pfade sind oft durch das Gebiet führende und sich überschneidende Rundwege, weshalb die Tiere im Winter oft an gleichen Stellen gesehen werden.

Abbildung 1: Wolfsmutter mit ihren Jungen (Foto: © Stefan Meyers)

Das Beutespektrum des Wolfes

In der Nahrungswahl sind Wölfe flexible Fleischfresser mit einer Präferenz für die am leichtesten erreichbare Beutetierart im Lebensraum. Die Hauptbeutetiere in Mitteleuropa sind jegliche Schalenwildarten, wie Rotwild, Rehwild, Schwarzwild und – wenn im Lebensraum vorkommend – auch Gamswild, Damwild und Muffelwild. Und ebenso nutzen sie die verschiedenen erreichbaren Nutztierarten, wie Schafe, Ziegen, Rinder, Pferde. Daneben erbeuten Wölfe auch kleinere Wildtierarten wie Biber, Dachse, Hasen, Waschbären bis hin zur Maus, aber auch kleinere Beutegreifer wie Füchse oder Marderhunde. Auch Fische und sogar Insekten, Aas, Obst, Abfall (auch Schlachtabfälle) werden bei Gelegenheit aufgenommen. Es können dabei auch individuelle Nahrungspräferenzen und saisonale und räumliche Spezialisierungen oder Gewöhnungen von Rudeln an bestimmte Nahrung auftreten. In der Regel machen in unseren Breiten aber die Schalenwildarten Rotwild, Rehwild und Schwarzwild die vorwiegenden Beutetiere aus (Abbildung 2).

Wo diese nicht in ausreichendem Maße zur Verfügung stehen, werden andere Beutetierarten genutzt, bzw. kann es bei einem Wechsel der Beutetiervorkommen auch zu einem Wechsel der Beutepräferenzen kommen. Selektiert werden bevorzugt schwächere Individuen, zu denen neben den Jungtieren auch erkrankte oder

Abbildung 2: Biomasseanteile der Beutetiere in Deutschland 2001–2016 (Quelle: DBBW 2017)

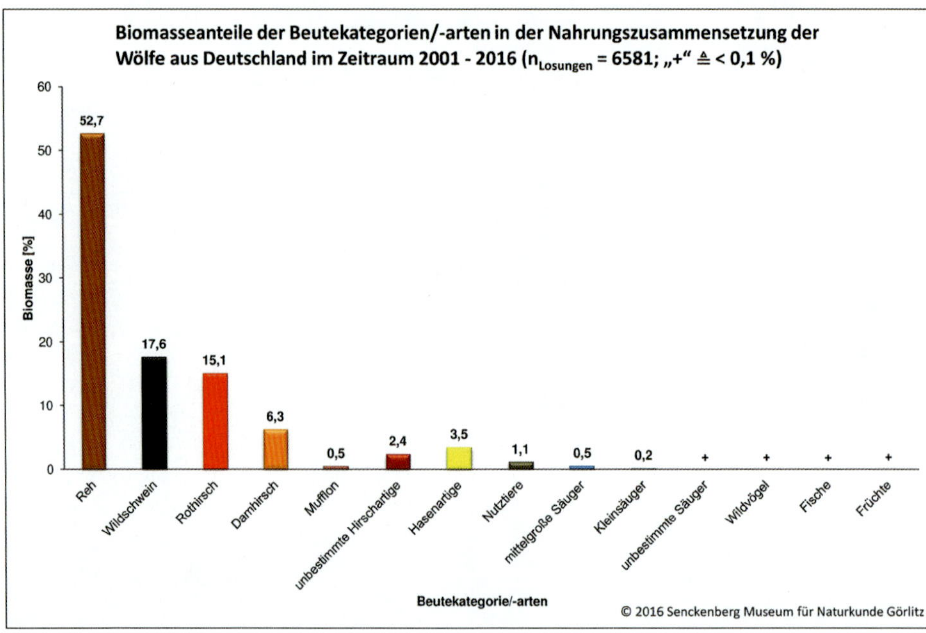

ältere Individuen zählen. Aber auch nach der Brunft geschwächte bzw. wehrlose Tiere (z. B. Rotwild nach dem Geweihabwurf) fallen Wölfen zum Opfer. Größere Beutetiere können ohne weiteres von Rudeln gerissen werden. Kleinere Individuen werden dagegen eher von Einzelwölfen präferiert. Einzelne Wölfe können aber auch lernen, ausgewachsene Rinder und Pferde zu töten. Angriffe auf Rinder und Pferde kommen vor allem dort gehäuft vor, wo Schalenwild und Schafe selten sind.

Tabelle 1: Überblick: Selektion von Beutetieren durch Wölfe aufgrund bestimmter Parameter nach Mech & Peterson in Mech & Boitani (2003) und Okarma & Langwald (2002)

Selektion nach:	*Parameter*
Spezies	Vermutlich werden in Systemen mit mehreren Beutetieren bestimmte selektiert, jedoch keine Beweise Kleinere und leicht zu erbeutende Arten werden bevorzugt
Geschlecht	Männchen werden am öftesten um die Brunftzeit getötet Weibliche Tiere werden bevorzugt
Alter	Kälber, Kitze und alte Individuen werden am öftesten getötet
Ernährungszustand	Tiere in schlechtem Ernährungszustand werden am öftesten erbeutet
Gewicht	Leichtere Individuen werden am häufigsten erbeutet
Krankheit	Erkrankte Tiere werden am häufigsten erbeutet
Parasiten	Zysten und Winterzecken machen Beutetiere anfälliger für einen Riss durch Wölfe
Verletzungen, Abnormitäten	Verletzte oder Tiere mit Abnormitäten werden bevorzugt
Physische Verfassung der Eltern- & Großelterngeneration	Nachkommen schwacher Mütter oder Großmütter werden am häufigsten getötet
Verteidigungsbereitschaft	Aggressive Tiere werden seltener getötet
Alter der Elterntiere	Nachkommen älterer Elterntiere werden am seltensten erbeutet

Eine Übersichtsstudie von 20 Forschungsarbeiten, durchgeführt in Italien zwischen 1976 und 2004, bestätigt einen positiven Zusammenhang zwischen Schalenwilddichten und dem mengenmäßigen Auftreten dieser Beutetiere in der Nahrungszusammensetzung von Wölfen. In alpinen Regionen werden z. B. auch Gämsen und Steinböcke gejagt. Abhängig von der Region und Gegebenheiten (Beutetierspektrum, Topografie) ändert sich die Nahrungszusammensetzung also dem Angebot entsprechend.

Sind Nutztiere unzureichend geschützt, werden diese angegriffen. Studien zeigen hier, dass durch Vorkommen größerer Schalenwilddichten und durch Schutz von Nutztieren der Anteil der Nutztiere im Beutespektrum der Wölfe am geringsten ist. In Österreich gibt es zwar hohe Schalenwilddichten, jedoch auch flächendeckend ungeschützte Nutztierbestände. In der Almwirtschaft konnte sich durch Wolfsabsenz eine Bewirtschaftungsform ohne Hirten, Hütehunde, Herdenschutzhunde und Nachtpferche entwickeln. Unter diesen Bedingungen ist nicht auszuschließen, dass Nutztiere vor allem in der Etablierungsphase der Wölfe in Österreich einen vergleichsweise hohen Anteil in der Beute ausmachen.

Rissraten an Nutztieren sind aber nicht vorhersagbar und gestalten sich je nach Wolfs- und Wilddichten, geografischen Gegebenheiten, Wild- und Nutztierarten, Schutzmaßnahmen und individuellen Vorlieben der Wölfe äußerst unterschiedlich. Eine Studie aus den Ligurischen Alpen (Norditalien) berichtet zum Beispiel, dass von Wölfen 64,4 % Schalenwildarten (hauptsächlich Schwarzwild und Rehe) und 26,3 % Nutztiere (hauptsächlich Ziegen) gerissen wurden. Über die Jahre gingen die Nutztierrisse zurück. Etablierte Rudel verursachten geringere Schäden an Nutztieren als durchziehende Einzeltiere.

In Weißrussland lag bei hohen Schalenwilddichten der Nutztieranteil (hauptsächlich Rinder) zwischen 4 und 6 %. Dagegen beobachtete man in Portugal in montanen Regionen mit geringer Schalenwilddichte bei gleichzeitig intensiver Nutztierhaltung (Ziegen und Pferde), dass Wölfe fast ausschließlich Nutztiere rissen.

In Frankreich beobachtete man 2013–2017 bei der voranschreitenden Kolonialisierung durch den Wolf, dass sich das Muster der Nutztierrisse durch Wölfe dynamisch änderte. Die Angriffe nahmen zu, die Angriffsorte änderten sich und waren teils auf bestimmte Gebiete konzentriert.

In Deutschland gibt die Dokumentations- und Beratungsstelle des Bundes zum Thema Wolf an, dass Schäden mit der Ausbreitung zunehmen, aber vor allem dort am höchsten sind, wo sich Wölfe in neuen Territorien etablieren und sich Schaf- und Ziegenhalter noch nicht auf die Anwesenheit der großen Beutegreifer eingestellt haben. Die Schäden gehen dann meist in ein bis zwei Jahren zurück, nachdem die Tierhalter mit der Anwesenheit von Wölfen umzugehen gelernt haben.

Diese Beispiele zeigen, wie vielfältig sich die möglichen Einflüsse auf Nutztiere darstellen und dass eine Generalisierung und einfache Übertragung auf andere Gebiete nicht möglich ist.

Wölfe passen ihre Gewohnheiten auch an menschliche Gegebenheiten an. So werden Wölfe in Italien regelmäßig an Mülldeponien von Dörfern beobachtet. Dort suchen sie nach Nahrungsresten. Gefährlich werden können solche Annäherungen an menschliche Siedlungen durch die sogenannte Habituierung. Durch die Fütterungsgewohnheiten kommen die Tiere mit wenig Scheu immer näher an Menschen heran. Dies kann zu gefährlichen Zwischenfällen führen und ist daher um jeden Preis zu vermeiden. Zudem kann es in der Nähe menschlicher Siedlungen neben Angriffen auf Haushunde verstärkt auch zur Paarung mit Haushunden und damit zur unerwünschten Hybridisierung dieser Art kommen.

Wieviel Beute braucht ein Wolf?

Ein Rudel jagt zusammen und es erlegt seine Beute mit Hetzjagden. Wölfe lassen von gejagten Tieren ab, wenn sie diese nach einer bestimmter Zeit nicht stellen können. Gestellte Tiere werden mit Bissen in die Hinterteile, Flanken und Rücken auf den Boden gezwungen und durch Bisse in die Kehle getötet. Erlegte Beute wird schnell aufgefressen. Große Fleischstücke werden mit den scharfen Zähnen aus der Beute herausgerissen und verschlungen. Dabei werden vor allem der hintere Teil und die Innereien gefressen. Bei der Mehrzahl der Beute bleibt nur der Mageninhalt, die Wirbelsäule mit Extremitätenknochen und Kopf sowie etwas Haut zurück. Dagegen werden gerissene Jungtiere wie Kälber vom Rotwild oder Schwarzwildfrischlinge meistens vollständig aufgefressen. Die Wölfe kehren auch einige Male zu Resten alter Beute zurück. Knochen ohne Fleisch werden dabei noch zerbissen, sofern sich diese noch verschlingen lassen. Die Beute wird bei ungestörtem Fressen also sehr gut genützt. Bei Nutztieren bleiben dagegen öfter aufgrund von Störungen mehr Reste übrig. Da bei vielen Rassen das Fluchtverhalten durch die Domestikation abgemildert wurde und die Fluchtmöglichkeiten der Nutztiere durch Zäune eingeschränkt sein können, kommt es bei Übergriffen auf Schaf- und Ziegenherden zudem häufig zu Mehrfachtötungen. In Deutschland waren es 2016 pro Wolfsübergriff durchschnittlich 3,8 Nutztiere. Zurück bleiben nicht nur Kadaver getöteter Nutztiere, sondern auch oft lebensgefährlich verletzte und stark verstörte Individuen.

Die Rissrate von Wölfen kann beträchtlich von der Rate der von ihnen aufgenommenen Beute abweichen, da die getöteten Beutetiere nicht immer vollständig aufgefressen werden. Wölfe können mit einer Mahlzeit kaum mehr als 10 kg aufnehmen. Sind die Beutetiere größer und der Wolf wird gestört, wenn er ein Beutetier erneut aufsuchen will, oder wird der Kadaver entfernt, müssen entsprechend mehr Beutetiere gerissen werden. Die tatsächliche Aufnahme an Nahrung ist wie bei vielen Raubtieren an den Jagderfolg geknüpft und daher oft unregelmäßig. Damit ist es schwierig, den tatsächlichen Bedarf eindeutig festzumachen.

Die Angaben in der Literatur über den Nahrungsbedarf und die Rissrate schwanken stark. Sie reichen von 1,7–10 kg Fleisch pro Tag. Nach einer Studie aus dem polnischen Białowieza Naturwaldreservat haben die Wölfe durchschnittlich etwa

5,3 kg Fleisch pro Tag und Wolf gefressen. Andere Studien rechnen mit einer täglichen Fleischration von etwa 2–3 kg zum Überleben. Beutetiere bestehen aber nicht nur aus Fleisch, sondern auch aus Fell, Knochen und Innereien. Das alles macht das Gesamtgewicht, die Biomasse eines Tieres aus. Im Durchschnitt kam man bei der polnischen Studie auf 7,7 kg Biomasse pro Tag und Wolf. Bei einer mittleren Beutetiermasse von 55 kg pro Tier, das entspricht etwa einem Rotwildkalb, macht das im Laufe eines Jahres bis zu 50 Stück (Rotwild-Einheiten) pro Wolf aus. Diese Zahl schwankt natürlich, je nach Gewicht der Beute, Gewicht des Wolfes, wie oft er gestört wird und wie viel Energie er verbraucht und was er an zusätzlicher Nahrung findet. Die 50 Stück erbeutet der Wolf auf einer Fläche von etwa 150–300 km². Andere Studien geben in Bezug auf den Nahrungsbedarf 3–4 kg Beute (Fleisch, Haut, Knochen) pro Wolf und Tag an. Die daraus resultierenden 1500 kg Beute pro Jahr entsprechen in etwa 130 Rehen oder 35 Stück Rotwild (aufgebrochen, Durchschnitt aller Altersklassen). Einige Studien drücken den Fleischbedarf pro Wolf mit kg an Beute je kg Körpermasse eines Wolfes aus. Dabei werden Spannen von 0,1 kg bis 0,21 kg Fleisch je kg Körpermasse angegeben. Heranwachsende Junge können zudem zwei- bis dreimal mehr Nahrung je kg Körpermasse benötigen als adulte Tiere. Die unterschiedlichen Angaben aus den verschiedenen Untersuchungen machen deutlich, dass man Rissraten nicht vereinfacht auf eine bestimmte Fläche umrechnen und auf Stück Wild hochrechnen kann.

Lebensraumeignung in Österreich

Eine Beschreibung von typischen Wolfslebensräumen ist nicht sinnvoll, weil Wölfe praktisch alle Lebensraumtypen nutzen können. Man bezeichnet sie daher als Habitatgeneralisten. Die Vielfalt an möglichen Lebensräumen zeigt sich auch durch ihr weites geographisches Verbreitungsgebiet, in dem alle denkbaren Lebensräume besiedelt werden. Wölfe findet man in geschlossenen bis offenen Wäldern, Wüsten, (Kälte-)Steppen, Gebirgsregionen, Ödland, Gras- und Buschlandschaften, Küstenregionen bis zu Feuchtgebieten. Neben Naturlandschaften können auch Kulturlandschaften, also von Menschen künstlich geprägte Landschaftstypen, Wölfen Lebensraum bieten.

Obwohl der Wolf prinzipiell überall vorkommen kann, gibt es einige Schlüsselfaktoren, die über die Lebensraumnutzung durch Wölfe entscheiden. Als positive Faktoren werden von zahlreichen Studien ein hoher Bewaldungsgrad sowie eine geringe Dichte menschlicher Infrastruktur (Verkehrsnetz und Siedlungsgebiete) genannt. Große Rückzugsräume, in denen sich europäische Wolfspopulationen halten konnten, befinden sich vor allem in waldreichen Regionen wie etwa den Apenninen in Italien oder den Karpaten. Die Häufigkeit des Auftretens von Wölfen nimmt mit zunehmender Waldbedeckung also zu. Für Mitteleuropa sind große Waldgebiete auch gleichzeitig jene Gebiete, in denen mit geringerer menschlicher Besiedelung zu rechnen ist.

Österreich hat einen Waldanteil von knapp 50 %, damit wäre eigentlich sehr viel grundsätzlich geeigneter Lebensraum vorhanden. Hoch fragmentierte Landschaften aus einem Wald-Agrarflächen-Mosaik bzw. auch reine Agrarökosysteme können als mögliche Lebensräume von einer möglichen Besiedelung aber nicht ausgeschlossen werden. Großflächig geringer Waldanteil findet sich in den östlichen Teilen des Landes sowie in weiten Teilen Nieder- und Oberösterreichs. Diese sind durch einen hohen Anteil an Agrarland geprägt. Rudel benötigen jedoch vor allem größere ungestörte Rückzugsräume zur Aufzucht ihrer Jungen. Damit dürften vermutlich zahlreiche landwirtschaftlich intensiv genutzte größere (Offen-) Landflächen weniger ideal für dauerhafte Besiedelungen sein. Entscheidend für die Etablierung von Rudeln sind aber vor allem das Vorhandensein von Nahrung und nur geringe menschliche Störungen bzw. Duldung der Tiere.

In der Literatur werden für eine ausreichend große ungestörte Kernzone zur Jugendaufzucht in etwa 10 km^2 genannt. Solche Ruhegebiete bzw. Tageseinstände sollten selten oder nie von Menschen betreten werden. Damit kommen in Österreich neben größeren geschlossenen Waldflächen und fragmentiert bewaldeten Flächen wie Truppenübungsplätzen auch Gebirgs- und Hochlandlagen als geeignete Wolfskernlebensräume in Frage. Als Alpenland finden sich hier ausreichend potenzielle Lebensräume. Für den Schweizer Kanton Wallis wurde eine höhere Vorkommenswahrscheinlichkeit für Wölfe zwischen 800–2000 m Meereshöhe beschrieben. Als Grund der Flächenmeidung unter 800 m vermuteten die Autoren den anthropogenen Druck in den Tallagen, wohingegen über 2000 m Meereshöhe ein Mangel an Beutetieren und die erhöhte geomorphologische Komplexität zur geringeren Lebensraumeignung beitrugen. Regionen mit sehr hohen Lagen werden auch von anderen Autoren als nicht sehr geeignetes Habitat eingestuft, obwohl diese entsprechend der genannten Anpassungsfähigkeiten des Wolfes nicht gänzlich als grundsätzlich nutzbares Gebiet für den Wolf auszuschließen sind. In den Abruzzen beobachtete man zum Beispiel, dass sich Wölfe tagsüber in unzugängliche Hanglagen des Gebirges zum Schutze zurückzogen und nachts zur Futtersuche in die Täler in Nähe menschlicher Siedlungen zogen. So wurde das komplette Gebiet trotz der Präsenz von Menschen durch zeitliche Meidung genutzt.

Großraubwild meidet von Natur aus die Nähe zum Menschen, wobei der Wolf im Vergleich zu Bär oder Luchs am erfolgreichsten bei der Anpassung an Kulturlandschaften ist. Studien über Wölfe in Europa (ohne Russland, Weißrussland und

Ukraine) zeigten, dass Wölfe hauptsächlich in Gebieten zu finden sind, deren Bevölkerungsdichte von 0–3050 Menschen/km^2 reicht, mit einem ermittelten Durchschnitt von 36,7 Menschen/km^2.

Aber auch wenn die Koexistenz mit dem Menschen grundsätzlich möglich ist, benötigen Wölfe wie bereits zuvor erwähnt Rückzugsräume in der Zeit der Jungenaufzucht. Daher werden Elterntiere immer gewisse Distanzen zu menschlichen Siedlungen suchen. In wenig besiedelten Gebieten wie dem Białowieza Nationalpark in Polen und den Rocky Mountains in den USA meiden die Wölfe die Nähe zu menschlichen Siedlungen zur Gänze. Aber auch in Bezug zu den für die Jungenaufzucht benötigten Ruhegebieten zeigt sich die große Anpassungsfähigkeit des Wolfes: Es wurden bereits weit kleinere Flächen als die angenommenen 10 km^2 Rückzugsraum beobachtet, in denen Rudel in bevölkerungsdichten Gegenden mit geringem Waldanteil vorkamen.

Straßen und Schienen können die Ausbreitung des Wolfes negativ beeinflussen. Sie können Barrieren oder einen wichtigen Mortalitätsfaktor darstellen. Zu Straßendichten wird in Studien erwähnt, dass Wölfe auch in Gebieten mit hoher Straßendichte (deutet zugleich auf eine hohe menschliche Präsenz hin) leben können, wenn diese dort toleriert werden und die Population trotz verkehrsbedingter Sterblichkeit bestehen kann. Eine hohe Straßendichte mit hohem Verkehrsaufkommen kann aber einen limitierenden Faktor für die Etablierung von Wolfsvorkommen in einer Region darstellen. Areale, die von einem dichten Schienennetz geprägt sind, werden gleichermaßen gemieden. Nichtsdestotrotz stellen Autobahnen für Wölfe keine vollständige Barriere dar, da selbst Zäune überwunden werden können oder Wölfe Querungen wie Brücken oder Unterführungen nutzen. Die Alpenregionen mit verhältnismäßig wenigen durchziehenden Hauptverkehrsadern stellen hier gegenüber den großen Ballungszentren am Rande des Hauptalpenkamms einen klaren Kontrast mit geringer dichter Infrastruktur dar.

Betrachtet man für Österreich die Waldbedeckung, Siedlungsdichte sowie das Straßen- und Bahnliniennetz, zeigt Abbildung 3, dass nach diesen Lebensraumkriterien im Prinzip die Alpen und Voralpenbereiche mit hohem Waldbedeckungsanteil und geringster menschlicher Infrastruktur großflächig attraktive Lebensräume für den Wolf darstellen.

Die Nahrungsverfügbarkeit ist ein wesentliches Kriterium für das Auftreten des Wolfes. Über Erfahrungen von Langzeitstudien ist bekannt, dass jene Faktoren, welche die jährliche Veränderung in natürlichen Wolfspopulationen bestimmen, normalerweise diejenigen sind, die die Beuteverfügbarkeit beeinflussen (z. B. Wetterabhängigkeiten wie tiefe Schneelage, die zu leichter zu erbeutendem Schalenwild führt). Die Beuteverfügbarkeit wird wiederum durch die Beuteanfälligkeit und

Abbildung 3: Zusammenfassende Darstellung der höherrangigen Straßen (Autobahn, Schnellstraße, Landesstraße) und Eisenbahnstrecken (orange, Quelle: GIP 2018), der Kronenbedeckung 50–100 % (grün, Quelle: Waldbedeckungskarte 2012 COPERNICUS Service) und der Siedlungen > 200 Einwohnerinnen und Einwohner (orange, Quelle: Statistik Austria 2018; Zählstand 31. 10. 2011)

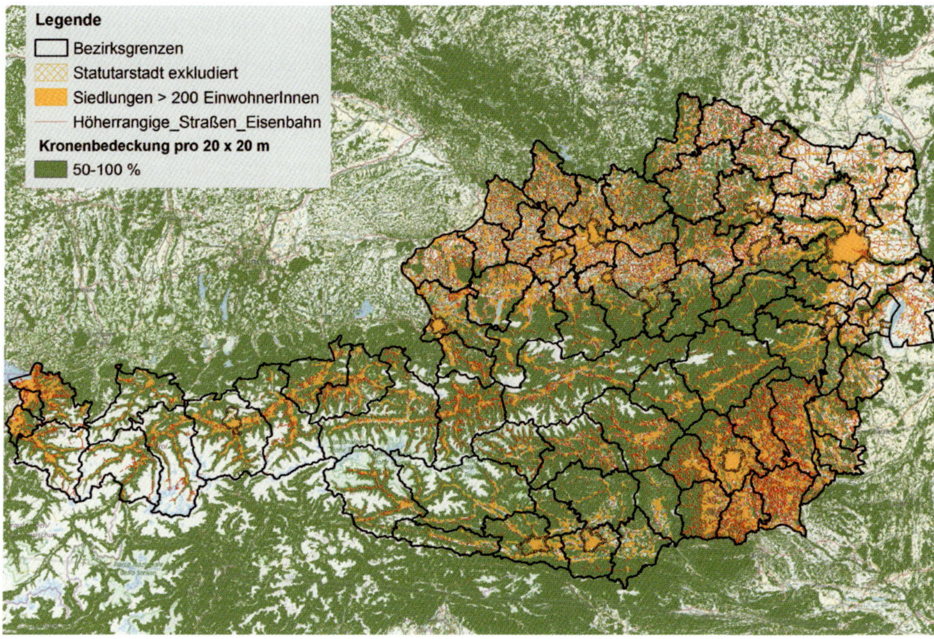

-dichte definiert. Diese beiden Werte werden wiederum von der Habitatqualität, Habitatform, anderen Prädatoren (inkl. Menschen) und Witterung beeinflusst. Diese Faktoren können Wolfszahlen ultimativ beeinflussen und limitieren. Über die Dichte von Schalenwild liegen für Österreich keine konkreten Zahlen vor. Daher muss man sich auf die jährlichen Jagdstrecken beschränken, die langfristig mit der Dichte korrelieren sollten. Abbildung 4 zeigt für jeden politischen Bezirk die erlegten Stück an Schalenwild pro 100 ha gesamte Bezirksfläche der gemittelten Abschusszahlen 2012–2016. Berechnet wurden die Werte für die Wildarten Rotwild, Rehwild, Gamswild und Schwarzwild, da diese das Hauptbeutespektrum in Österreich repräsentieren. Österreichweit erkennt man eine durchgehende Verfügbarkeit der potenziellen Hauptbeutetierarten. Die zwei oft genannten präferierten Beutetierarten Rot- und Rehwild kommen zusammen flächendeckend in Österreich vor. Rotwild ist besonders häufig im Alpenraum, Rehwild im restlichen Raum Österreichs als verfügbare Beute zu finden.

Mit den Darstellungen wurde aufgezeigt, welche ökologischen Bedingungen für den Wolf in Österreich vorliegen, um sich weiter auszubreiten. Diese potenzielle ökologische Tragfähigkeit berücksichtigt jedoch nicht Konfliktpotenziale mit den Menschen in der von ihm geprägten Kulturlandschaft. Als Gebiete mit hohem Konfliktpotenzial werden insbesondere Regionen gesehen, in denen Nutztierhaltung stattfindet. Eine der größten Herausforderungen stellt die Weidewirtschaft in den Almregionen dar, da sich hier Schutzmaßnahmen gegen Wolfsangriffe als sehr aufwendig gestalten. Jedoch wären gerade die Alpen gut geeignete Lebensräume für Wölfe. Bei der möglichen Tragfähigkeit ist davon auszugehen, dass Österreich für Wölfe großflächig attraktive Lebensräume bietet und dass sich in naher Zukunft weitere Rudel etablieren werden.

Wie viele Wölfe haben in Österreich Platz?

Wenn man neben dem verfügbaren potenziellen Lebensraum über die mögliche Anzahl an Wolfsindividuen in Österreich nachdenkt, benötigt es das Wissen um die räumliche Organisation von Rudeln mit möglichen Wolfsdichten.

Abbildung 4: Jagdstreckenmittelwert 2012–2016 der Wildarten Rotwild, Rehwild, Gamswild, Schwarzwild summiert und in Stück/100 ha Bezirksfläche dargestellt.

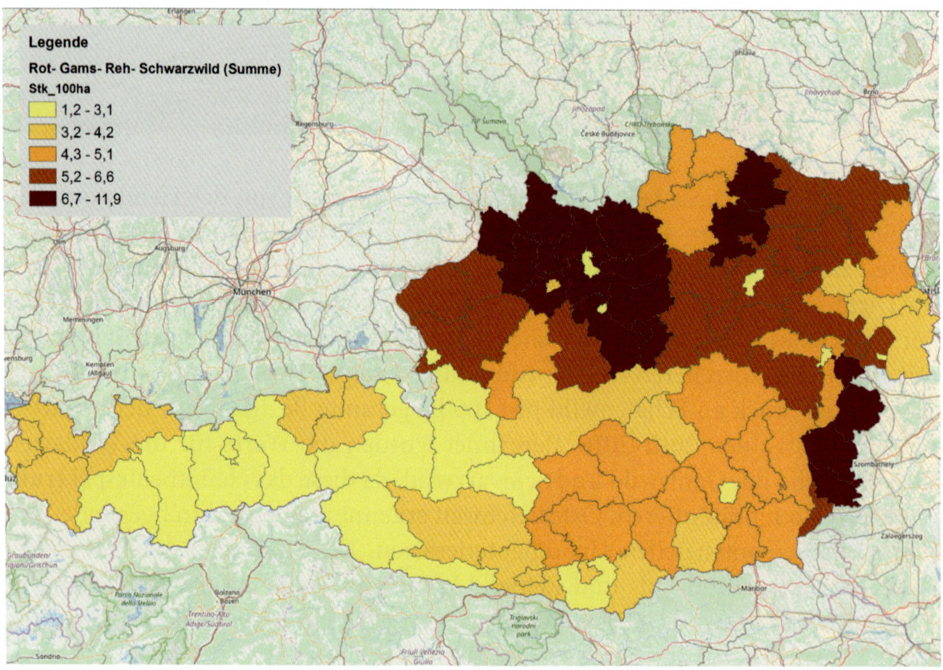

Wolfsrudel sind territorial und verteidigen ihr Revier gegenüber Eindringlingen. Damit sichert sich das Rudel die im Territorium vorkommende Nahrung. Benachbarte Territorien können sich aber auch teilweise überdecken und werden als Pufferzone zwischen Rudeln genutzt. Die Territoriumsgrenzen werden an Bäumen, Steinen oder Sträuchern mit Harn markiert. Zusätzlich dient das Heulen zur Abgrenzung der Territorien. Rudel der angrenzenden Territorien antworten, um so direkte Begegnungen und Konflikte mit Artgenossen zu vermeiden. Einzeln herumziehende Wölfe, meist auf der Suche nach einem eigenen Territorium bzw. Paarungspartner, werden im Gebiet eines territorialen Rudels verfolgt und angegriffen. Daher meiden Einzeltiere in der Regel besetzte Territorien. Attacken auf jegliche Eindringlinge fallen oft sehr heftig aus und können bis zum Tod einiger Tiere führen.

Angaben zu Territoriumsgrößen von Rudeln finden sich in der Literatur zahlreich. Jedoch schwanken diese sehr stark je nach Nahrungsverfügbarkeit, Größe der Beutetiere, geografischen Gegebenheiten, Rudelgröße und der Dichte anderer vorkommender konkurrierender Rudel. Bei Änderungen der Rahmenbedingungen, seien es Beuteverfügbarkeit oder Konkurrenzverhältnisse mit anderen Rudeln, können sich Streifgebiete auch wieder dementsprechend ändern. Mögliche Streifgebietsgrößen von einigen 1000 km^2 wurden in weitläufigen Gegenden wie zum Beispiel Alaska beobachtet. In Europa liegen die Streifgebietsgrößen mit ansteigender Größentendenz vom Süden (40°N) nach Norden (60°N) zwischen 140 km^2 bis 950 km^2. In der Lausitz (Deutschland) lag die durchschnittliche Reviergröße von 12 Rudeln bei 215 km^2. Der Truppenübungsplatz Allentsteig, in dem das erste reproduzierende Rudel in Österreich 2016 auftrat, hat 157 km^2. Die Gesamtmenge des Nahrungsangebots beeinflusst ebenso Territoriumsgrößen wie auch deren Erreichbarkeit und die Topografie. So können Reviere mit Hochgebirgsregionen und steilen Hängen meist größer sein, weil sie schlechter genutzt werden können. Saisonal sind Streifgebiete im Sommer kleiner als im Winter, da die Tiere im Sommer regelmäßig zur Fütterung der Jungen zurückkehren müssen.

Da die Territoriumsgröße durch Konkurrenz mit benachbarten Rudeln beschränkt wird, kann die Anzahl an möglichen Wölfen in einem bestimmten Gebiet (zum Beispiel Österreich) auch nur zu gewissen Maximalwerten anwachsen. Bei Erreichen der Lebensraumtragfähigkeit reguliert sich die Anzahl der Rudel dann durch intraspezifische Konkurrenz, Territorialverhalten und begrenzte Nahrungsressourcen also selbst. Dadurch wurden nach zahlreichen Beobachtungen in Nordamerika nur selten mehr als 40 Wölfe pro 1000 km^2 erreicht. Ein Vielfaches dieser Dichte ist in Ausnahmefällen möglich. In Europa werden überwiegend 1–30 Tiere pro 1000 km^2 als häufig vorkommende Dichten beschrieben. Unter diesen Vorgaben der Territoriumsgrößen und möglichen Dichten zusammen mit möglichen Lebensräumen könnten sich in Österreich einige hundert Tiere ansiedeln.

Weiters stellt sich die Frage, wie schnell Lebensräume besiedelt werden können. Besonders in der Wiederbesiedlungsphase, in der wir uns in Österreich zur Zeit befinden, können Wachstumskurven deutlich steiler ausfallen, da Jungwölfe zunächst fast unbegrenzt freie Territorien vorfinden und erfolgreich besetzen können. Somit steht einer Ansiedlung wortwörtlich aus der Perspektive konkurrierender Rudel im Moment wenig im Weg. Österreich ist von zahlreichen Teilpopulationen umgeben. Bei möglichen Wanderungsdistanzen von mehreren hunderten Kilometern benötigt es also nur noch den Zufall, dass zwei Tiere verschiedenen Geschlechts in einem zur Ansiedlung geeigneten Gebiet aufeinandertreffen.

Wird ein Gebiet erstmals von Wölfen (wieder-)besiedelt, so können wie erwähnt die Wachstumsraten sehr hoch sein. In „Upper Peninsula of Michigan", USA, stiegen nach der Rekolonialisierung zwischen 1993 und 1996 die Wolfsbestände um 90 % bei einer durchschnittlichen jährlichen Wachstumsrate von 58 %. In Nord-Michigan beobachtete man in 24 Jahren von 1993 (30 Wölfe) bis 2016 (434 Wölfe) eine langjährige Rate von 12 %. In Frankreich wurde die langfristige Populationsentwicklung seit Wiederauftreten des Wolfes 1992 mit durchschnittlich 12 % (Spanne 5–25 %) errechnet, und in Deutschland erhöhte sich der Wolfsrudelbestand innerhalb eines Jahres von 46 (2016) auf 60 (2017), was einem Wachstum des Bestands von ca. 30 % entspricht. Mit den verschiedenen möglichen Spannen ist eine klare Vorhersage der Entwicklungen schwer möglich. Bei unveränderten Gegebenheiten und gleichbleibender Gesetzeslage (FFH-Schutzstatus) wäre eine Besiedlung mit einigen hundert Wölfen in den nächsten zwei Jahrzehnten in Österreich möglich.

Die Zusammenfassung der verfügbaren Literatur belegt eindrucksvoll die große Anpassungsfähigkeit und Flexibilität des Wolfes hinsichtlich Lebensraumnutzung und Beutespektrum. Daher sind Vorhersagen, wie viele Wölfe in Österreich Platz haben werden oder wie sich die rückkehrenden Wölfe auf Wildtierpopulationen auswirken werden, nur schwer zu treffen. Aus diesem Grund ist es umso wichtiger, die Wolfsvorkommen exakt zu dokumentieren und die Bestandesentwicklung wissenschaftlich zu verfolgen.

Autor:

Andreas Daim MSc, wissenschaftlicher Mitarbeiter am Institut für Wildbiologie und Jagdwirtschaft an der Universität für Bodenkultur Wien,
Gregor-Mendel-Str. 33, 1180 Wien

Wolfsvorkommen in Österreich und seinen Nachbarländern

Georg Rauer

Quellen der Wolfsausbreitung

Wölfe breiten sich in Europa aus und haben Österreich erreicht. Das war absehbar, und doch ist es erstaunlich, wie erfolgreich Wölfe in der mitteleuropäischen Kulturlandschaft Fuß fassen können. Die für die Entwicklung in Österreich bestimmenden Vorkommen sind im mitteleuropäischen Tiefland, in den Westalpen, im Dinarischen Gebirge und in den Karpaten lokalisiert. In Deutschland und Westpolen haben die Wölfe in den letzten 20 Jahren ein exponentielles Wachstum wie aus dem Bilderbuch hingelegt, mit einer jährlichen Wachstumsrate von 36 % bzw. 38 %. Allein in Deutschland wurden im Monitoringjahr 2017/2018 in Summe 75 Rudel und 29 Paare erhoben, keine 20 Jahre nach der Bestätigung des ersten Rudels in Sachsen im Jahr 2000 (ein Monitoringjahr reicht von Mai bis April des Folgejahres). Wölfe aus der italienischen Wolfspopulation auf dem Apennin haben Anfang der 1990er Jahre die Westalpen besiedelt und eine ähnlich dynamische Entwicklung genommen, 65 Rudel und 12 Paare wurden im Monitoringjahr 2015/2016 in den Alpen registriert. In den letzten Jahren sind weitere Rudel dazugekommen, vermehrt auch im Ostalpenraum. Sechs Rudel und drei Paare sind 2017 im Trentino und in angrenzenden Provinzen bekannt geworden. Auch in Slowenien haben die Wolfszahlen zugenommen, wenn auch nicht so rasant wie in den zuvor erwähnten Ländern. Knapp 50 Wölfe – die Mitglieder grenzübergreifender Rudel eingeschlossen – betrug der slowenische Bestand im Monitoringjahr 2010/2011, 2016/2017 waren es 73 Wölfe, obwohl pro Jahr bis zu elf Wölfe im Rahmen des Managements erlegt worden sind. Die meisten der 10–14 Rudel besiedeln das Dinarische Gebirge im Süden des Landes, eine Ausbreitung in die slowenischen Alpen ist jedoch zu erwarten. Die Datenlage in den Karpaten ist nicht so übersichtlich. Für die Slowakei gibt es weit auseinanderliegende Angaben zum Wolfbestand. Während die Jagdstatistik durch Summieren der Angaben auf Revierebene auf 2000 bis 2200 Wölfe kommt, liegt die Expertenschätzung der Naturschutzbehörde bei 300–600 Tieren. Letztere Zahl wurde auch im Zuge der Art.-17-Berichtspflicht 2012 entsprechend der FFH-Richtlinie nach Brüssel gemeldet. In der Folge wurde 2013 die jagdliche Quote von ca. 140 Abschüssen pro Jahr auf die Hälfte herabgesetzt. Vielleicht führt das dazu, dass Wölfe aus den Karpaten à la longue als Quelle für Österreich an Bedeutung gewinnen.

Zielland Österreich

Wölfe sind gute Kolonisatoren. Jungtiere müssen mit dem Erreichen der Geschlechtsreife das elterliche Rudel verlassen und können auf ihrer Suche nach Revier und Partner hunderte Kilometer weit abwandern. Österreich liegt damit in Reichweite sich ausbreitender Jungwölfe aller oben genannten Vorkommen (siehe Abbildung 1). Mit Hilfe der Genetik können wir auch nachvollziehen, dass Abkömmlinge aus all diesen Wolfsbeständen zu uns vorstoßen. In ihren Herkunftsgebieten genetisch bestimmte Individuen wurden einige Zeit später in Österreich erfasst. So kennen wir von vier Wölfen das Herkunftsrudel in Deutschland, von zwei Wölfen den Erstnachweis in der Schweiz bzw. Frankreich und von zwei Wölfen das Herkunftsrudel in Slowenien. Einer der slowenischen Wölfe war überdies besendert, sodass wir seine Wanderroute durch Österreich verfolgen konnten. Dieses zweijährige Männchen ist zum Jahresende 2011 über den Seeberg nach Kärnten eingewechselt. Nach dem Besuch von vier Bundesländern in 38 Tagen hat es Österreich bei Sillian wieder verlassen, nördlich von Verona ein Revier etabliert und mit einem Weibchen aus den Westalpen ein Rudel gegründet, das heute noch besteht. Dieses Beispiel zeigt: Nicht jeder Wolf, der nach Österreich kommt, wird hier auch bleiben.

Dass von relativ wenigen Individuen die genaue Herkunft bekannt ist, liegt daran, dass in den Herkunftsgebieten nicht alle Wölfe genetisch erfasst sind und dass die Ergebnisse der genetischen Individualbestimmung zwischen den Labors nicht ver-

Abbildung 1: Bestätigte Wanderungen einzelner Wölfe nach Österreich aus den benachbarten Beständen

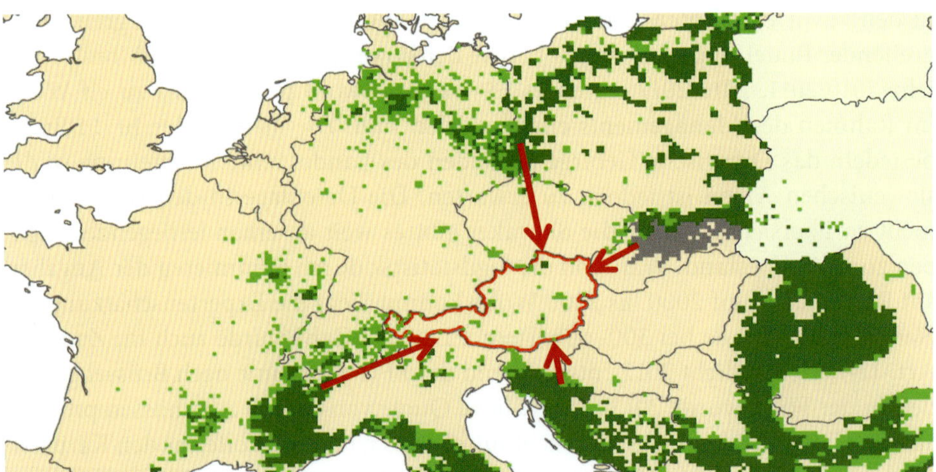

gleichbar sind, denn diese verwenden kein standardisiertes Verfahren. Das heißt, im Verdachtsfall muss eine in Österreich gesammelte Probe des betreffenden Individuums in dem Labor, das die vermutete Herkunftspopulation bearbeitet, analysiert werden. Das ist auch eine Kostenfrage. Aus den Karpaten wurde noch kein Wolf in Österreich individuell nachgewiesen. Der Grund dafür ist darin zu suchen, dass in der Slowakei individuelle genetische Identifizierung von Wölfen bisher nur in kleinen, lokalen Projekten in Angriff genommen wurde. Trotzdem gibt es genetische Indizien, dass auch aus dieser Richtung Wölfe nach Österreich kommen.

Die Situation in Deutschland

In den Osten Deutschlands sind schon vor 1990 hin und wieder einzelne Wölfe aus Polen eingewandert. Zu Zeiten der DDR war der Wolf im Jagdrecht und genoss keine Schonung, alle Einwanderer wurden früher oder später erlegt. Die Ausdehnung der strengen Schutzbestimmungen auf die östlichen Bundesländer nach der Wende schuf die Voraussetzung für die rasante Bestandsentwicklung. Anfangs noch zögerlich, nahm sie rasch an Fahrt auf. Im Jahr 2000 ist das erste Rudel entstanden, 2006 waren es drei, 2012 bereits 33, und 2017 stieg die Rudelzahl auf beachtliche 75. Die Population befindet sich weiterhin in der Phase exponentiellen Wachstums mit jährlichen Wachstumsraten über 30 %. Diese Entwicklung hat niemand vorhergesehen. Wölfe sind anpassungsfähig und können überall leben, wo man sie lässt, sofern ausreichend Nahrung und Rückzugsräume für die Jungenaufzucht zur Verfügung stehen. Diese Rückzugsräume müssen keine Wildnis sein, auch in der Kulturlandschaft finden sich Flecken, die für Menschen ausreichend unattraktiv und unzugänglich sind. Truppenübungsplätze haben in der Anfangsphase eine entscheidende Rolle gespielt, und auch heute noch siedeln viele Rudel auf militärisch genutztem Gebiet. Aber mittlerweile finden Wölfe durchaus außerhalb dieser geschützten Bereiche ihre Nischen. Das Wolfsgeschehen in Deutschland ist auch ein schönes Beispiel dafür, dass zügiges Populationswachstum bei Wölfen mit der Möglichkeit der Ausbreitung gekoppelt ist. Nur dann können diese hohen Reproduktionsraten aufrechterhalten werden. Interessant ist, dass die Ausbreitung in Deutschland von Sachsen ausgehend v. a. in nordwestlicher Richtung erfolgt ist und spiegelverkehrt in Polen v. a. in nordöstlicher Richtung. Das Herkunftsland der Pioniere im deutsch-polnischen Grenzgebiet um die Jahrtausendwende war Ostpolen. Die ostpolnischen Wölfe haben sich nicht schrittweise in westlicher Richtung in Polen ausgebreitet, sondern einen großen Sprung ins westpolnische Grenzgebiet gemacht und von Westen aus Polen besiedelt. Für Österreich und Tschechien ist von Bedeutung, dass sich in den letzten Jahren Wölfe aus Deutschland und Westpolen vermehrt in südliche Richtung auf den Weg machen.

Die Situation in der Schweiz

Die Situation in der Schweiz ist der in Österreich durchaus ähnlich: überwiegend ein- bzw. durchwandernde Jungwölfe aus Nachbarländern, einige in einem Gebiet länger verweilende Individuen, erste Rudelbildungen. Die Anzahl der Wölfe ist etwas größer als in Österreich, die Entwicklung hat auch schon etwas früher eingesetzt. Im Zeitraum von Jänner 2017 bis Dezember 2018 wurden in der Schweiz 48 Wölfe genetisch nachgewiesen (23 Weibchen, 25 Männchen). Das ist die Mindestanzahl, es wurden ja nicht alle Wölfe genetisch erfasst. Anfang der 1990er Jahre haben Wölfe aus dem Apennin begonnen, die Westalpen zu besiedeln, 1995 sind die ersten Wölfe in der Schweiz beobachtet worden. Im Gegensatz zu den französischen und angrenzenden italienischen Alpen, wo die Bestandsentwicklung zügig vorangeschritten ist, hat es in der Schweiz über 15 Jahre gebraucht, bis das erste Paar sich gefunden und Nachwuchs produziert hat. Das Rudel am Calanda in Graubünden hat seit 2012 jedes Jahr Welpen großgezogen. Weitere Rudel entstanden 2015 im Tessin im Grenzgebiet zu Italien und 2016 im Wallis, wobei Letzteres nicht kontinuierlich von denselben Elterntieren gebildet wurde. 2018 ist noch ein Rudel in Graubünden dazugekommen. Das Calandarudel liegt 20 km von der österreichischen Grenze entfernt. Abwandernde Jungtiere aus diesem Rudel sind in fast alle Himmelsrichtungen losgezogen, jedoch erstaunlicherweise noch nicht in Vorarlberg oder Tirol aufgetaucht. Alle Wölfe in der Schweiz stammen von Wölfen aus den französisch-italienischen Alpen ab. Die für Österreich erwartete Durchmischung von Wölfen verschiedener Herkunftsregionen findet in der Schweiz nicht statt, obwohl die Schweiz für Wölfe aus Deutschland, Slowenien oder der Slowakei nicht unerreichbar ist. Bisher gab es erst zwei nachgewiesene Verpaarungen von Wölfen verschiedener Herkunftsregionen in Mitteleuropa, im Bayerischen Wald ein Weibchen aus den Westalpen mit einem Männchen aus Deutschland und nördlich von Verona ein Weibchen aus den Westalpen mit einem Männchen aus Slowenien.

Die Situation in Südtirol

Im Mai 2016 ist das erste Mal wieder ein Wolf in Südtirol festgestellt worden, bestätigt anhand von DNA-Analysen an einem gerissenen Stück Rotwild aus dem Ultental. Derselbe Wolf, das Männchen M24, war kurz zuvor im benachbarten Brentagebiet im Trentino genetisch erfasst worden. Auch für die Provinz Trento war das der erste Nachweis eines lebenden Wolfs seit Beginn der Wiederausbreitung der Wölfe aus dem Apennin in die Westalpen. Im Trentino ist das erste Rudel 2013 aufgetreten, im Grenzgebiet zum Veneto, weitere Rudel folgten ab 2016, 2018 waren es bereits sechs, möglicherweise sieben Rudel, alle in Grenzregionen gelegen. Das Rudel im Val di Non hat Teile seines Territoriums am Nonsberg auf Südtiroler Seite und kann damit als erstes Südtiroler Wolfsrudel bezeichnet werden. Es besteht seit 2017 und hat zum Jahresende 2018 sieben Tiere umfasst, die beiden Elterntiere, vier Welpen und einen Jahrling. Im August 2018 wurde die Fähe vom Amt für Jagd und Fischerei gefangen und besendert, seither wird das Rudel intensiv überwacht. Interessanterweise hat dieses Rudel noch keine Weidetiere gerissen, ganz im Gegensatz zu einigen anderen Trentiner Rudeln, die große Probleme bereiten, weil sie regelmäßig Rinder auf Almen attackieren. Damit begonnen hat das Rudel am Lessinia-Plateau, Nachkommen haben das Verhalten weiter verbreitet. 2017 wurden in Südtirol sechs Wölfe genetisch nachgewiesen, 2018 waren es 13 (sechs Männchen, sieben Weibchen). Die Mehrzahl der Nachweise liegt in Randgebieten zum Trentino, aber auch nahe der österreichischen Grenze werden mitunter Wölfe beobachtet, so zuletzt im Frühjahr 2019 im Raum Sterzing.

Genetische Herkunftsbestimmung

Zur genetischen Analyse der Herkunft von Wölfen werden DNA-Proben aus Losung, Speichel (von Rissen) oder Gewebsproben tot aufgefundener Individuen gewonnen. Mithilfe dieser Proben wird ein Abschnitt auf der mitochondrialen DNA sequenziert, d. h. die Abfolge der Basenpaare bestimmt. Mitochondrien sind Zellorganellen, die eine eigene ringförmige DNA besitzen und nur über die mütterliche Eizelle vererbt werden. Zwischen den Arten bestehen deutliche Unterschiede in der Sequenz des untersuchten Abschnitts auf dem DNA-Molekül, aber auch innerhalb einer Art gibt es kleine Variationen in diesem Abschnitt. Diese sogenannten Haplotypen sind nicht gleichmäßig über die verschiedenen Wolfspopulationen verteilt, ein bestimmter Haplotyp kann also in manchen Populationen häufig und in anderen selten bis gar nicht vorkommen. Die Wölfe am Apennin und in den Westalpen haben z. B. fast alle denselben Haplotyp, der nur in diesen Populationen zu finden ist. Ein Wolf in Österreich mit diesem Haplotyp wird also mit großer Wahrscheinlichkeit aus den Westalpen abstammen. Den häufigsten Haplotyp der Wölfe im mitteleuropäischen Tiefland findet man auch bei Wölfen im Baltikum und in Schweden. In Österreich haben wir Haplotypen gefunden, die aus den Karpaten und dem Baltikum bekannt sind, nicht aber aus den drei anderen möglichen Herkunftsregionen. Wir können also davon ausgehen, dass diese Wölfe aus den Karpaten nach Österreich gekommen sind.

Im 20. Jahrhundert war der Wolf in Österreich ein seltener Gast. Auch damals hatten Wölfe die Fähigkeit, weit zu wandern, aber der hohe Verfolgungsdruck in den bestehenden Rückzugsgebieten führte dazu, dass der Nachwuchs vor allem die lokalen Verluste ausgleichen musste. Ab den 1970er Jahren hat sich die Situation in den Reliktpopulationen durch Unterschutzstellung bzw. Zurücknahme der jagdlichen

Foto © Heinz-Dietrich Hubatsch

Abbildung 2: Bestandsentwicklung der Wölfe in Österreich im Zeitraum 2000–2018. Bestätigte Wölfe sind genetisch erfasste Individuen. Nicht sicher bestätigte Wölfe wurden aus DNA-Nachweisen ohne individuelle Zuordnung und sicheren Fotonachweisen abgeleitet; bei ihnen ist nicht unsicher, ob es sich um eigenständige Individuen handelt oder die Nachweise doch von einem der genetisch erfassten Wölfe stammen. Bei den Welpen wurde davon ausgegangen, dass im Folgejahr noch die Hälfte der Welpen im Rudel verbleibt.

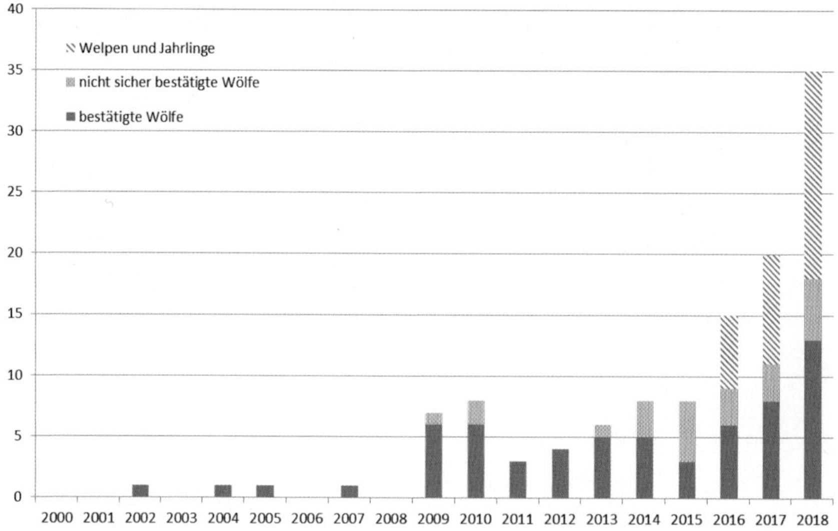

Verfolgung sukzessive geändert. Die italienische Population war die erste, bei der sich das Entwicklungspotenzial unter diesen veränderten Rahmenbedingungen abzeichnete. Mit dem Auftreten erster Rudel in den Westalpen wurden bereits – in dieser Zeit noch mutige – Prognosen geäußert, dass Österreich wieder von Wölfen besiedelt werden könnte. Die Entwicklung der Wolfsnachweise in Österreich seit der Jahrtausendwende ist in Abbildung 2 dargestellt. Bereits im Jahr 1996 wurde ein Wolf im Mühlviertel von einem Jungjäger mit einem kapitalen Fuchs verwechselt, 2002 wurde ein Wolf als vermeintlich wildernder Hund an einer Rotwildfütterung bei Bad Ischl erlegt, 2004 wurde ein wolfsähnliches Tier am Dobratsch fotografiert und 2005 eines am Perchauer Sattel, mit Rindern neugierig interagierend. 2007 hat sich ein Wolf einige Zeit am Lahnsattel, bei Neuhaus und Göstling in der Nähe von Rotwildfütterungen aufgehalten und etliche Stücke Rotwild gerissen.

Der Wolf wird alltäglich

Im Jahre 2009 hatte sich die Situation in Österreich schlagartig geändert, denn von nun an wurden mehrere Wölfe pro Jahr nachgewiesen. 2009 war aber auch das erste Jahr, in dem begonnen wurde, zum Zweck des Monitorings Wolfsmeldungen nachzugehen und zu überprüfen. Es kann also sein, dass in den Jahren davor einige Wölfe übersehen bzw. nicht registriert wurden. Im Zeitraum 2009–2015 wurden in Österreich im Durchschnitt fünf bis sechs Wölfe nachgewiesen, fast ausschließlich in den Alpen. Die Mehrzahl dieser Tiere hielt sich nur kurz in Österreich auf, zumindest wurden sie nur einmal bis wenige Male innerhalb eines Zeitraums von wenigen Monaten erfasst und dann nie wieder. Manche wurden nur an einem Ort detektiert, andere konnten auf ihrer Wanderung ein Stück verfolgt werden. In Abbildung 3 ist jeweils der letzte Beobachtungspunkt eingetragen. Der besenderte Wolf aus Slowenien wurde bereits weiter oben erwähnt. Einige Wölfe haben sich hingegen in einem Gebiet niedergelassen und bis zu drei Jahre dort aufgehalten. Hinweise darauf, warum sie wieder verschwunden sind, haben sich in der Regel nicht ergeben. Je länger sie geblieben sind, umso unwahrscheinlicher ist es jedoch, dass sie einfach weitergezogen sind. Die Möglichkeit illegaler Abschüsse, ein Verdacht, der beim Wolf wie bei den anderen großen Beutegreifern immer präsent ist, kann weder von der Hand gewiesen werden noch gibt es konkrete Hinweise.

Abbildung 3: Verteilung der Wölfe in Österreich im Zeitraum 2009–2018. Die Größe der Kreise entspricht der Aufenthaltsdauer (maximal 36 Monate). Die Individuen werden mit den Laborcodes bezeichnet (zwei unterschiedliche Arten von Codes, weil die Proben bis 2015 an der Universität Lausanne untersucht wurden und ab 2016 an der Veterinärmedizinischen Universität Wien).

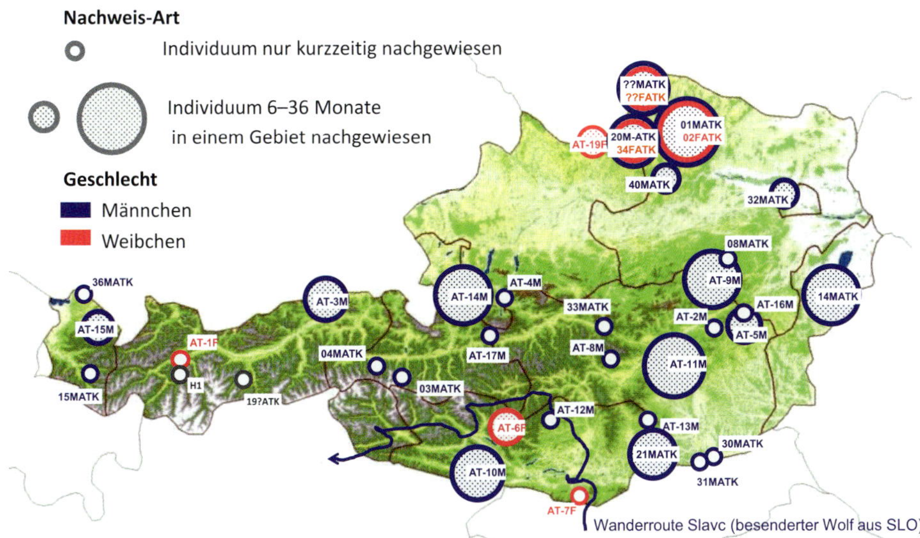

Datenquelle: Landesjagdverbände und Ämter der Landesregierungen; FIWI DNA-Analyse: Uni Lausanne, Vetmeduni Vienna Grafik: G.Rauer

Lediglich ein Wolf wurde nachweislich erlegt, das war aber ein Sonderfall. Der Wolf wurde beobachtet, wie er sich in einer Scheune hinter einem Silo versteckte, und in der Dämmerung für einen Fuchs gehalten. In seinem schwer einsehbaren Versteck wurde der vermeintliche Fuchs mit der Schrotflinte zur Strecke gebracht. Ein Vorderlauf des Tieres war auf Höhe der Mittelhandknochen abgetrennt, aber gut verheilt, und alle Zähne waren trotz seines jugendlichen Alters unverhältnismäßig stark abgenutzt. Die Art der Abnutzung sprach dafür, dass er längere Zeit in Gefangenschaft gehalten worden war und die Gitterstäbe eines Käfigs oder Geheges bearbeitet hatte, obwohl die Genetik ihn als Abkömmling eines slowenischen Rudels auswies und er in den beiden Jahren davor im genetischen Monitoring in Österreich bereits Spuren hinterlassen hat. Der Werdegang dieses Wolfs wurde nie aufgeklärt. Noch ein zweiter Todesfall ist bekannt geworden. Bei Ehrenhausen im Süden der Steiermark ist ein Wolf mit einem Zug kollidiert. Zunächst wurde er als herrenloser Hund an die Tierkörperverwertung überstellt, dort aber von einem Mitarbeiter als Wolf erkannt und entsprechend gemeldet.

Die ersten Rudel in Österreich

Im Jahr 2016 erfolgte der nächste qualitative Schritt im österreichischen Wolfsgeschehen, die Bildung des ersten Rudels am Truppenübungsplatz (TÜPL) Allentsteig in Niederösterreich. Schon in der zweiten Hälfte des Vorjahres verdichteten sich die Verdachtsmomente, dass sich Wölfe am TÜPL eingefunden hatten, die Kommandantur des Bundesheeres hielt diese Information damals aber noch zurück. Im Februar 2016 wurde das Wolfsvorkommen am TÜPL dann öffentlich kundgetan. Zu diesem Zeitpunkt war anhand von Fährten und Wildkameraaufnahmen der Verdacht schon gut begründet, dass sich hier ein Paar gefunden hat. Dies konnte mit der DNA-Analyse von Losungen auch rasch bestätigt werden. Mitte August wurden vom TÜPL dann die ersten Wildkamera-Aufnahmen von Welpen in Österreich der Presse präsentiert. Viel ist spekuliert worden, warum das erste Rudel gerade am Truppenübungsplatz entstanden ist, für Wolfsgegner ein Beweis, dass nachgeholfen worden wäre. Es gibt aber eine einfache biologische Erklärung: Der TÜPL Allentsteig ist optimales Wolfshabitat aufgrund der hohen Wilddichte und der eingeschränkten Zugänglichkeit für Menschen. Wölfe sind mobil und darauf ausgelegt, günstige Plätze ausfindig zu machen. Truppenplätze haben auch in Deutschland eine wichtige Rolle in der frühen Besiedlungsphase gespielt. Und beide Elterntiere des Allentsteiger Rudels sind überdies auf Truppenplätzen aufgewachsen, das macht den TÜPL für die beiden noch attraktiver. Das Rudel hat im ersten Jahr sechs Junge gehabt, es wurden zwar nur maximal fünf Welpen auf einmal beobachtet, in den DNA-Analysen ist jedoch ein sechster aufgetaucht. 2017 wurden ebenfalls sechs Welpen genetisch festgestellt und 2018 wurden bis zu vier Welpen beobachtet, genetische Analysen der Losungsproben aus diesem Jahr liegen noch nicht vor. Überraschenderweise haben wir noch keinen Nachwuchs aus dem Allentsteiger Rudel außerhalb des Territoriums in den DNA-Analysen gefunden, obwohl vom ersten und zweiten Wurf ein großer Teil der Jungtiere schon abgewandert sein muss.

Zwei Jahre nach der ersten Rudelbildung sind 2018 zwei weitere Rudel, wiederum im niederösterreichischen Waldviertel, dazugekommen, eines an der Grenze zum oberösterreichischen Mühlviertel bei Karlstift und eines weiter nördlich bei Litschau. Letzteres hat einen großen Teil seines Territoriums auf tschechischer Seite der Grenze, und auch die Wurfhöhle und ersten Rendevousplätze sind in Tschechien gelegen. Die Wölfe des Karlstifter Rudels sind ebenfalls Grenzgänger, aber bei weitem nicht in einem Ausmaß, wie es vom Litschauer Rudel bekannt ist. Die DNA aus den im Karlstifter Wolfsterritorium gesammelten Losungsproben konnte sechs Welpen zugeordnet werden, maximal fünf Welpen waren auf Wildkameraaufnahmen zu sehen. Vom Litschauer Rudel standen nur wenige Losungsproben zur Verfügung, daher sind bei weitem noch nicht alle Rudelmitglieder genetisch identifziert, vier Jungtiere sind auf einem nahe der Wurfhöhle aufgenommenen Video bestätigt. Auffallenderweise ist vom Vater des Karlstifter Rudels über das ganze Jahr 2018 keine Probe angefallen, der letzte genetische Nachweis stammt vom Dezember 2017. Zur Ranzzeit muss er noch da gewesen sein, sonst könnte er nicht der Vater sein, aber möglicherweise ist ihm im Laufe des Jahres etwas zugestoßen. Rein spekulativ

Abbildung 4: Wolfsnachweise 2018 in Österreich und deren individuelle genetische Zuordnung

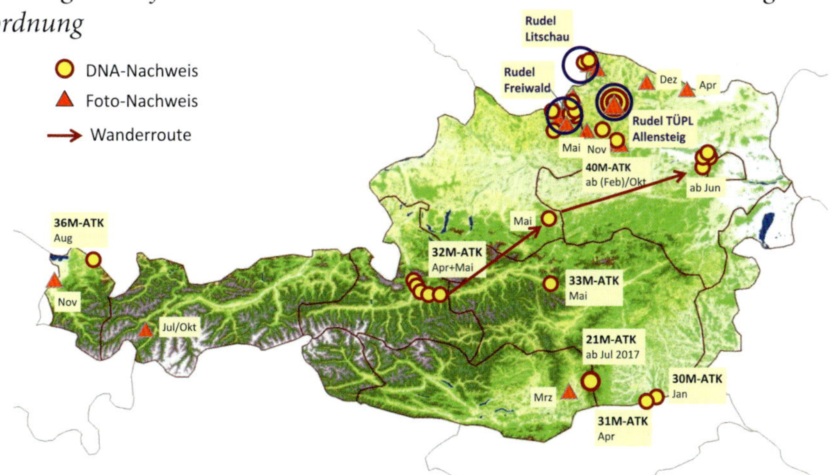

Datenquelle: Landesjagdverbände, Landwirtschaftskammer, Landesregierungen, FIWI DNA-Analyse: Vetmeduni Vienna Grafik: G. Rauer

könnte man auch einen Zusammenhang damit herstellen, dass das Weibchen des Karlstifter Rudels im Sommer so viele Schafe gerissen hat – vielleicht hat es die Jungen allein versorgen müssen und entsprechend risikofreudiger agiert.

Ausblick für Österreich

Das Waldviertel in Niederösterreich ist in den letzten Jahren zum Hotspot des Wolfsgeschehens in Österreich geworden. Die drei Rudel könnten zur Keimzelle für weitere Rudelbildungen werden. Bereits 2018 hat es südlich der drei Rudel im Weinsberger Wald und am Ostrong vermehrt Wolfsaktivität gegeben, ein Individuum konnte genetisch identifiziert werden, andere Proben widersetzten sich der individuellen Zuordnung. In den ersten Monaten des Jahres 2019 konnten zwei weitere Individuen festgestellt werden. Eines ist noch nicht bestimmt, es könnte ein Weibchen sein. Interessant ist, dass alle zugewanderten Wölfe im Waldviertel einen der beiden Haplotypen aufweisen, die alle Wölfe im mitteleuropäischen Tiefland auszeichnen, und somit mit großer Wahrscheinlichkeit aus dieser Region stammen. Lange Zeit haben sich Wölfe aus dieser Region ausschließlich nach Nordwesten und Nordosten ausgebreitet, was zu der Überlegung geführt hat, die Abwanderer suchten vertraute Habitate im flachen Land und mieden gebirgigere Regionen. Jetzt hat man den Eindruck, die Tieflandwölfe hätten ihre „Abneigung gegenüber Bergen" überwunden und den Süden für sich entdeckt.

2018 gab es aber auch in einer ganz anderen Region einen Verdacht der Rudelanbahnung. Im Sommer wurden in Fiss im Tiroler Oberland zwei Wölfe beobachtet und fotografiert und auch von Schweizer und deutschen Experten als Wölfe klassifiziert. Im Herbst wurden dann noch einmal zwei wolfsartige Caniden zusammen auf Fotos einer Wildkamera dokumentiert. Genetische Proben wurde leider keine gesammelt, um eine letzte Unsicherheit zu beseitigen. Über den Winter bis ins Frühjahr 2019 wurden jedoch keine weiteren Hinweise gesammelt, auch keine annähernd verdächtigen Spuren im Schnee. In Anbetracht der Entwicklung des Wolfsbestands im italienischen Trentino ist es durchaus möglich, dass auch eine Besiedlung aus dem Süden wahrscheinlicher wird.

Alles in allem kann auch in Österreich mit einer exponentiellen Bestandszunahme und entsprechenden weiteren Rudelbildungen gerechnet werden.

Autor:

Dr. Georg Rauer, Wolfsbeauftragter der Koordinierungsstelle für den Braunbären, Luchs und Wolf (KOST), Forschungsinstitut für Wildtierkunde und Ökologie an der Veterinärmedizinischen Universität Wien, Savoyenstr. 1, 1160 Wien

Weidewirtschaft und Wolf – geht das?

Daniel Heindl

Weltweit findet man in historischen Dokumenten Angriffe von Wölfen auf Menschen und Nutztiere. Besonders dramatisch werden Situationen geschildert, wenn die Bevölkerung in strengen Wintern, nach Kriegen und Seuchen unter der Bedrohung von Wölfen zu leiden hatte. Dementsprechend verwundert es nicht, dass es nach der Recherche von Georg Jäger auch Regionen gab, in denen die Tötung von Wölfen Recht und Pflicht darstellte. Die Verfolgung des Wolfes führte letztendlich dazu, dass diese großen Beutegreifer aus vielen Regionen verschwanden. Man muss sich immer vor Augen halten, warum dies geschah. Es ging um Leib und Leben und um die Nahrungsgrundlage der Bevölkerung sowie Steuereinnahmen für die Obrigkeit. Schwenkt man nun in die heutige Situation, kann man die erste Begründung für eine Verfolgung und Ausrottung der Wölfe nicht mehr geltend machen. Leib und Leben ist (derzeit) durch Wölfe nicht bedroht. Aktuell sind Wolfsattacken ohne oder gar mit Todesfolge bei Menschen in Europa sehr selten. Für den unmittelbar betroffenen Landwirt und seine Familie sind Zahlenspiele jedoch ein schwacher Trost. Die Nahrungsversorgung kann zwar auch durch Import von Lebensmitteln bewerkstelligt werden, sie kann aber dadurch nicht garantiert und sichergestellt werden.

Die Situation, bevor die Wölfe kamen

Betrachten wir nun die Weidehaltung von Nutztieren, bevor Wölfe und gewissermaßen auch Bären im Alpenraum auftraten. Verluste an Nutztieren traten zu dieser Zeit nur durch das Wetter, Krankheiten und Unfälle auf. Die Weidehaltung konnte einfacher, mit weniger Personal und Schutzaufwand gestaltet werden. Überall dort, wo Beweidung möglich war, wurde und musste auf diese Futterbasis zurückgegriffen werden. Einher ging auch die Abwanderung von Arbeitskräften aus der Landwirtschaft in andere Wirtschaftsbereiche. Und mit der Erfindung des Drahtzaunes und in der Folge des Elektrozaunes konnten Weidetiere sehr einfach gelenkt und gehalten werden. Die permanente Anwesenheit von Hirten (früher oftmals Kinder) bei den Herden war nun nicht mehr notwendig. Als wesentliches Merkmal galt in dieser Haltungsform, die Weidetiere einzuzäunen. Ein Schutz gegen äußere Angriffe war nicht mehr nötig.

Die Alm- und Weideflächen sind aufgrund ihrer Nutzung mit Tieren auch für andere Bereiche wichtig. Als Beispiele seien nur der Tourismus oder die

Biodiversität genannt. Wichtig zu erwähnen ist auch, dass viele Vermarktungsprogramme bzw. Produktionslinien (z. B. der Bio-Landbau) die Weidehaltung als ein wesentliches Merkmal hervorheben. Auch vor diesem Hintergrund betrachtet war und ist die konfliktfreie Alm- und Weidewirtschaft für Betriebe notwendig.

In den Regionen Europas, in denen weiterhin Wölfe überlebten, liegt die Hauptaufgabe der Tierhalter und Hirten weiterhin im Schutz der Weidetiere. Dies erfolgt durch einzelne Maßnahmen oder einer Kombination daraus. Sei es die ständige Anwesenheit von Menschen, Nachtpferche, Herdenschutzhunde, Hütehunde, Stallungen bis hin zur Bejagung der Wölfe.

Situation aktuell in Europa

In den folgenden Beispielen sollen für einige Länder die Auswirkungen der Wölfe auf die Weidetierhaltung herausgearbeitet werden. Die Unterschiede hinsichtlich der bäuerlichen und staatlichen Strukturen, die Rechtslage, die vorhandenen und eingeleiteten Schutzmaßnahmen, die finanziellen Mittel usw. werden nicht im Detail beschrieben. Nach Jenewein ist kein Land direkt mit einem anderen vergleichbar. Alle Beispiele zeigen jedoch einheitlich auf, dass durch die Wölfe ein markanter Rückgang der Weidetierhaltung – in erster Linie der Schafhaltung – zu verzeichnen ist. In der Folge sind auch die großen Wiederkäuer und Pferde betroffen. Österreich betreffend muss davon ausgegangen werden, dass die Entwicklung wahrscheinlich noch dramatischer ablaufen wird. Der Grund liegt in der vergleichsweise kleineren Betriebs- und Flächenstruktur der Alm- und Weidegebiete in der Alpenrepublik.

In **Spanien** gab es immer Wölfe. Daher waren bestimmte Schutzmaßnahmen und die Bejagung immer schon Elemente der Weidehaltung. Nach Grill lebt nördlich des Flusses Duero der Großteil der spanischen Wolfspopulation, die historisch bedingt und durch die Einstufung in Anhang V der FFH-Richtlinie immer bejagt wurde. Südlich des Duero befinden sich größere Viehbestände, wo unter dem strengen Schutzstatus gemäß Anhang IV die Wölfe nicht bejagt werden dürfen. Dies hat zur Folge, dass südlich des Duero etwa 15 % der gesamten spanischen Wolfspopulation rund 85 % der Schäden an Weidevieh verursachen.

Italien hatte auch immer Wolfsvorkommen am Apennin. Diese Population steht unter strengem Schutz, jedoch gibt es permanent illegale Tötungen. Egal ob Spanien, Italien, der **gesamte Balkan oder Osteuropa** betrachtet werden, die Tötung von Wölfen war immer ein Teil der Schutzmaßnahmen für die Weidehalter. In jenen Ländern gibt es eine Fülle an verschiedenen Schutzmaßnahmen, sei es die permanente Behirtung, Nachtpferche oder die Bewachung durch Herdenschutzhunde verschiedenster Rassen.

In **Frankreich** wanderten von Italien kommend die ersten Wölfe 1992 ein. Der aktuelle Verbreitungsschwerpunkt liegt in den französischen Alpen. Der Schafbestand in den Alpen hat sich im Zeitraum 1988 bis 2010 von über 800.000 Schafen auf 425.000 beinahe halbiert. Der Rückgang fand vor allem in Betrieben mit kleineren Herden bzw. bei kleineren Almstrukturen statt.

Bei solchen Statistiken wird der Unterschied zwischen den Ursachen Strukturwandel an sich (z. B. Aufgabe durch wirtschaftliche Zwänge, kein Hofnachfolger) und Einfluss der Wölfe meist nicht erhoben und eigens dargestellt.

In Frankreich wurde und wird in den verbleibenden größeren Herden verstärkt Herdenschutz mit Hirten, Pferchen, Zäunungen und Herdenschutzhunden betrieben. Das zentralistische Frankreich weist nach Jenewein für 2017 diesbezüglich folgende Zahlen aus: Bei Anwesenheit von offiziell 360 Wölfen im Jahr 2017 wurden in über 3.000 Wolfsattacken rund 11.000 Nutztiere (Schafe, Ziegen, Rinder, Pferde, Hunde) gerissen. 92 % der Attacken fanden auf geschützte Herden statt und etwas 50 % der Attacken erfolgten während des Tages.

Im föderalistischen **Deutschland** wurden durch das Auftauchen der Wölfe in jedem Bundesland eigene Strukturen hinsichtlich Monitoring, Rissbegutachtung, Beratung, Vorgaben für den Herdenschutz usw. aufgebaut. Innerhalb Deutschlands gibt es somit bundesländerweise eigene Strukturen mit dementsprechendem Personalaufwand. Der Aufbau des Herdenschutzes mit den drei Säulen (Zaun, Hirte, Hunde) wird massiv gefordert, vorangetrieben und von Tierhaltern oftmals ohne Behördeneinmischung selbst umgesetzt. Diese Umsetzungen sind je nach Betrieb sehr unterschiedlich. Nach eigener Einschätzung hängen diese nicht nur vom persönlichen Interesse des Betriebsleiters ab, sondern auch vom umgebenden Nahrungsangebot und den Fähigkeiten eines Wolfsrudels.

Im Freistaat Sachsen gingen die Schafbestände seit dem Auftauchen der ersten Wölfe um die Hälfte zurück. Ob die Rückgänge durch die Mehraufwendungen hinsichtlich Arbeit, Geld- und Mitteleinsatz oder soziale Belastungen (nächtliche Ausrückungen, Verkehrsunfälle) bedingt sind, wurde als eigener Faktor nicht erfasst. Aus den Risstabellen der einzelnen Bundesländer ist jedoch erkennbar, dass trotz Maßnahmen mit Zäunen und Hunden die Übergriffe in geschützten Herden zunehmen und teilweise schon über 50 % betragen. Als geschützte Herden werden in Deutschland nur jene Herden ausgewiesen, die die behördlichen Anforderungen an Herdenschutz erfüllen. Diese technischen Vorrichtungen werden von den intelligenten, lernfähigen Raubtieren schon zunehmend bis laufend überwunden. Hier war in Deutschland ein Wettrüsten zwischen Behördenvorgaben, Tierhalteraufwand und Wolfshunger schon vorgezeichnet. Sachsen reduzierte aufgrund von Praxiserfahrungen sogar die vorgeschriebene Zaunhöhe für den anerkannten Schutz.

In Deutschland wird in den Berichten der Bundesländer neben der Produktion von Milch und Fleisch als weitere Aufgaben der Schaf- und Ziegenhaltung ausdrücklich die Entwicklung von Offenlandbereichen für die Artenvielfalt und die Deichpflege genannt. Für viele Schafhalter haben diesbezügliche Prämien für die Bewirtschaftung von Ökoflächen einen bedeutenden Anteil am betrieblichen Erfolg. In einigen Beweidungsprojekten auch von Naturschutzverbänden spielt der Erlös aus der Produktion oftmals gar keine Rolle mehr. Die Verluste im Nutztierbereich beschränken sich in unserem Nachbarland nicht mehr auf die Kleinwiederkäuer. Rinder, Pferde, Farmwild und Hunde findet man bereits in größeren Stückzahlen in den Risstabellen.

Die zuständigen **Schweizer** Organisationen liefern sehr ausführliche Berichte hinsichtlich Wolfsvorkommen, Rissen, Schutzmaßnahmen bis hin zu nächtlichem Gebell der Herdenschutzhunde. Auch hier wird mit gewaltigem finanziellem Aufwand (derzeit noch) die Wolfspräsenz neben der Alm- und Weidehaltung finanziert. Tödliche Angriffe auf Nutztiere finden laut Jahresbericht Herdenschutz zu rund 90 % in ungeschützten Herden statt. Somit ergibt sich ein ganz anderes Bild als in Frankreich und Deutschland. Vieles spricht dafür, dass es die Schweizer besser machen. Nach Jenewein ist die Zahl der Schweizer Schafalpen rückläufig und hat sich in wenigen Jahren von rund 1.000 auf 700 verringert. Insbesondere Regio-

Abbildung 1: Elektrisch gesicherte Herdenschutzzäune brauchen eine professionelle Betreuung. (Foto © August Bittermann/LK Niederösterreich)

nen mit kleinen Herdenstrukturen sind davon betroffen. Vielfach wurden Herden zusammengelegt, womit eine flächendeckende Alpbewirtschaftung nicht aufrechterhalten werden konnte.

Hinsichtlich des Herdenschutzes wird festgelegt, welche Schutzmaßnahmen auf der Alpe zu treffen sind. Dies kann auch bedeuten, dass keine Maßnahme mit vertretbarem Aufwand umsetzbar ist. Kommt es jedoch zu einem Wolfsangriff, müssen für das kommende Jahr, um Entschädigungszahlungen weiter zu erhalten, Maßnahmen gesetzt werden. Diese sind in der Regel der Zusammenschluss mit anderen Herden zu einer gemeinsamen Beweidungseinheit oder die Auflassung der Alpe. Vor allem in den Almgebieten mit verbrieften alten Rechten bzw. einer gewachsenen Eigentümerstruktur wird für die betroffenen Almbäuerinnen und Almbauern die Tatsache schlagend, dass der Schutz der Wölfe über deren Rechte steht.

Im Tourismusland Schweiz mit einer dichteren touristischen Infrastruktur in Spanien oder Rumänien treten trotz großer Aufwendungen in Hinblick auf die Züchtung von Herdenschutzhunden, aber auch hinsichtlich der Ausbildung von Halter und Hund bereits Spannungsfelder auf. Infolge von Bissattacken durch Herdenschutzhunde gibt es bereits zeitlich eingeschränkte Beweidung und die Verlegung von Tourismussteigen. Einzelne Regionen planen bereits, den Einsatz von Herdenschutzhunden zu verbieten.

Für den Tierhalter wird aus dem Zahlenmaterial der vielen Wolfsmonitoringberichte das Wesentliche als Information nicht mitgeliefert: Welche Rudel verursachen Risse in ihren Revieren? Welche Rudel überwinden permanent Herdenschutzmaßnahmen? Welche Rudel verhalten sich völlig unauffällig und warum? Können Attacken durch den Herdenschutz verhindert werden? Offenbar kann derzeit sehr viel Geld für den Schutz der Wölfe zur Verfügung gestellt werden. Wieviel kommt tatsächlich beim einzigen Betroffenen, dem Tierhalter, an? Welche Rechnung wird langfristig angestellt werden, wenn der Nutzen (die Produktion von Tieren und die Leistung für die Kulturlandschaft) die Kosten bei weitem unterschreitet?

In jedem Land, in dem Wölfe in Kulturlandschaften leben, gibt es unterschiedliche Lösungsansätze. In Summe betrachtet sind diese Lösungen immer nur bruchstückhaft erfolgreich. Nirgends läuft es ohne Konflikte und Verluste auf Seite der Landwirtschaft ab. Vor diesem Hintergrund ist die abwehrende Einstellung „Wozu das Ganze“ und die Grundhaltung „Wir kommen ohne Wölfe aus, wir brauchen keine Wölfe“ zu verstehen und müsste von jedem Interessenvertreter im System Wolf ernst zu nehmen. Dass dann doch wieder von der bäuerlichen Bevölkerung angedacht wird, sich bzw. die Nutztiere zur Not auch mit Gewalt gegen Wölfe zu verteidigen, ist der Verpflichtung den eigenen Tieren gegenüber geschuldet und geschieht kaum aus Begeisterung.

Vermarktungsprogramm mit Wolf

Bäuerliche Betriebe mit Tierhaltung und Weidehaltung haben keinen Vorteil, wenn der Wolf in **Österreich** wieder zum Alltag wird. Eigentlich haben sie nur Nachteile zu erwarten. Aus der Sicht der Weidehaltung sieht man den enormen Einsatz an finanziellen Mitteln für Behörden, Institute, Forscher, Tierschützer und Firmen. Das Gegenargument hinsichtlich der Entschädigungszahlungen und Förderungen für Schutzmaßnahmen übersieht Wesentliches. Entschädigungen und Förderungen für zuerst bezahlte Rechnungen sind kein Verdienst. Wäre hier nicht die Möglichkeit, aus der Not eine Tugend zu machen? Es gibt doch genügend Beispiele, wie aus einem regionalen Nachteil ein vermarktungstechnischer Vorteil für die bäuerliche Familie entwickelt werden konnte. Kann man durch die Anwesenheit von Wölfen einen Mehrerlös bei den landwirtschaftlichen Produkten erzielen?

Derzeit ist dem Autor nur ein Projekt in dieser Richtung bekannt, und zwar aus Spanien. Das 2018 gestartete Vorhaben soll unter der Bezeichnung „Beweidung mit Wolf" einen höheren Produktpreis ermöglichen. Denn Betriebe können auch dort die Mehrkosten für Herdenschutz und die Kosten an Tierverlusten und Minderleistungen nicht zur Gänze über Zuzahlungen des Staates abdecken. Der Start dieses Vermarktungsprojektes wurde medienwirksam verkündet. Die Zukunft wird zeigen, ob das Projekt erfolgreich sein wird. Eigentlich müsste es für die Schäfer Deutschlands, der Schweiz oder Frankreichs einfach sein, auch solche Vermarktungsprogramme zu starten. Ein Gutteil der im Norden Deutschland produzierten Milch könnte jetzt schon als „Wolfsmilch" vermarktet werden. Wenn die landwirtschaftliche Seite sich mit dem unausweichlichen aufgezwungen Zusammenleben abfindet und sich wieder auf die Produktion und Vermarktung konzentriert, müssten doch solche Projekte zu starten sein. Die Ironie grüßt leise. Ein Projekt zu starten ist einfach, es danach auf die Reise zu schicken, ist schwieriger. Es schließlich erfolgreich zum Abschluss zu bringen, noch viel mehr. Und spätestens dann, wenn flächendeckend Wölfe als Vermarktungsgehilfen fungieren, ist aus den Erfahrungen und Gesetzen des Marktes der Vorteil für die bäuerlichen Betriebe wieder dahin.

Auftretende Probleme

Die Wieder- oder Neubesiedelung von Gebieten durch eine Art ist meistens mit keinen großen Veränderungen in der Landschaft erfassbar. Doch manche Arten, egal ob Pilz oder Großraubtier, wirken stark verändernd und konkurrenzierend bis ausrottend auf andere Arten. Das Öko- und Kultursystem der Alpen ist über 150 bis 200 Jahre ohne die Tierart Wolf ausgekommen. Die nun auftretenden Veränderungen treffen im hohen Maße die Tierhalter und Hirten. Ein Hauptgrund der grundsätzlichen Ablehnung in dieser Bevölkerungsgruppe liegt darin, dass der zusätzliche Faktor Wolf von den eigentlich Hauptbetroffenen nicht gewünscht wurde.

Von Vereinen, Organisationen oder Parteien wird das Zusammenleben als möglich eingefordert. Auch dass den betroffenen Tierhaltern geholfen werden muss, ist immer wieder zu hören. Die eigentliche Arbeit und die Verantwortung bleiben jedoch wieder nur am Bauern und am Hirten hängen. In vielen Ländern gibt es Lösungen und Erfolge. Übersehen wird da gerne der steinige Weg dorthin, der von Misserfolgen, Rückschlägen und Rahmenbedingungen begleitet wird. Diese Rahmenbedingungen umfassen z. B. Besiedelungsdichte, Landnutzungsformen, Tourismus, Tierzuchtrecht und Arbeitsrecht. Maßnahmen einfach zu kopieren und zu transferieren, ohne den entsprechenden Rahmen und die lokalen Begleitumstände zu kennen und zu verstehen, kann nicht erfolgreich sein.

In den folgenden Punkten wird versucht, die Erfahrungen aus anderen Regionen und die auftretenden Schwierigkeiten in Österreich zusammenzufassen.

Zäune als Barriere

Es gibt verschiedene technische Zaunlösungen, z. B. fixe oder flexible Einzäunung, 24-Stunden-Zäunung oder der Einsatz eines Nachtpferchs. Mit dem Kauf allein ist es nicht getan. Die Errichtung und das Aufstellen ist im steilen, unwegsamen Gelände eine Herausforderung. Vor allem, weil es keine Durchschlupfmöglichkeiten geben darf. Ebenso sind die Zäune zu warten, und vor allem bei Elektrozäunen ist der Begleitwuchs zu mähen, um Stromverluste so gering wie möglich zu halten. Einen Netzzaun kann man nur ausmähen, indem man ihn abbaut und neu aufstellt.

Daraus folgend wird es Alm- und Weidebereiche geben, die nicht eingezäunt werden können. In Wolfsgebieten werden die Zäune mehr oder weniger jeden Tag von Wölfen kontrolliert. Daraus folgt eine Notwendigkeit der täglichen genauen Kontrolle. Eine Zaunkontrolle ist bereits jetzt für Weidehalter eine Selbstverständlichkeit bzw. vorgeschrieben. Wird der Zaun zu Boden gedrückt, z. B. durch abbrechende Äste bei Sturm oder durch Wildtiere beim Durchschlüpfen, so verbleiben bei einer guten Weide die Nutztiere innerhalb des Zaunes. Der Zaunschaden führt ohne Wölfe nicht gleich zu einem Tierschaden.

Sächsische Schafhalter haben auch bezüglich der eingezäunten Mindestgröße unterschiedliche Erfahrungen mit den einzelnen Rudeln gemacht. So mag in einem Gebiet eine kleine Koppel oder ein Nachtpferch möglich sein. Andernorts wird nichts unter 2 ha eingezäunt, damit die Schafe immer genügend Abstand zu den Wölfen am Zaun einhalten können.

Herdenschutzzäune trennen Weideflächen von Waldgrundstücken oder Gewässern ab. Viele Wildarten können zumindest während der Weidesaison diese Flächen als Futterquelle nutzen. Diese Auszäunung von den Futterflächen betrifft je nach Maschenweite bzw. Zaunhöhe vom Igel bis zum Rotwild jede Größenordnung an Wildtieren.

Hält der Hund seine Verwandtschaft auf Abstand?

Herdenschutzhunde sind unabhängig von ihrer Herkunft und Rasse Arbeitstiere und keine Maschinen. Sie erfüllen ihre Aufgabe, können jedoch nach derzeitiger Rechtslage nicht wie in ihren „Herkunftsländern" arbeiten, gehalten und gezüchtet werden. Ein großer Punkt – für Tierzüchter selbstverständlich – ist die Frage: Was passiert mit ungeeigneten Hunden? Herdenschutzhunde sind auch immer wieder zu „überprüfen", ob nicht aus dem Spiel mit den Schafen einmal Ernst wird, denn solche Hunde sind weder für den Arbeitseinsatz noch als Familienhunde geeignet. Was passiert mit solchen Hundeindividuen in den aktuellen Zuchtländern?

Hund und Mensch brauchen bezüglich der Herdenschutzarbeit eine Ausbildung, so wie es bereits in der Schweiz durch AGRIDEA erfolgt. Diese gilt es natürlich auch in Österreich einzurichten. Ebenso ist zu bedenken, dass es Tierhalter gibt, die keine Hunde mögen oder nicht mit ihnen umgehen können. Eine Zwangs-

Abbildung 2: Die Vegetation entlang von Herdenschutzzäunen muss selbstverständlich kurz gehalten werden. (Foto © Reinhard Gastecker/LK Niederösterreich)

verpflichtung führt zum Scheitern. Das Argument „Wer keine Hunde halten mag, soll auch keine Nutztiere halten" sollte von Wolfsbefürwortern nicht ernsthaft in Erwägung gezogen werden.

Und wenn der Herdenschutzhund seine Arbeit macht, ist er dann böse, wenn er ebenso Menschen verbellt, am Durchqueren der Weide hindert oder gar zubeißt? Die Haftungsfrage wird dem Tierbesitzer aufgebürdet, denn Polizzen können langfristig von Versicherungen gekündigt werden. Im Endeffekt muss es gesetzlich und gesellschaftlich auch akzeptiert sein, dass Herdenschutzhunde im Arbeitseinsatz von Wölfen getötet werden.

Der Jahresbericht Herdenschutz Schweiz führt teilweise detailliert die Gründe an, warum Wolfsattacken auch mit Hunden geschützte Herden betreffen. Kranke, erschöpfte Herdenschutzhunde, läufige Hündinnen, für die Hunde nicht völlig einsehbares Gelände oder auch Schafrassen, die sich weiträumig verteilen, sind oft Erfolgsfaktoren für Wölfe. In Österreich werden mehr Rinder gealpt und geweidet als Schafe. Diesbezüglich gibt es so gut wie kaum Erfahrung. Wie integriere ich Herdenschutzhunde in einen Rinderbestand, der aus vielen verschiedenen Herden zusammengesetzt ist?

Plötzlich Arbeitgeber

Auf Weiden kann sich die tägliche Behirtung bei guter Futterführung, einfacher Übersicht über die Fläche, gesicherter Wasserversorgung und Einzäunung auf eine kurze Zeit erstrecken. Im Almgebiet hat das Hirtenpersonal jedoch oft weite Wegstrecken zurückzulegen, bis alle Tiere überprüft sind. Nach getaner Arbeit kann in der Almhütte oft ein Ausschank für Wanderer erfolgen. Egal, ob man nun die klassischen Hirtenländer hernimmt oder die neuen Strukturen in Frankreich oder der Schweiz, überall ergibt sich ein vorherrschendes Bild. Die nun größeren Herden brauchen eine permanente Behirtung, oftmals abwechselnd durch zwei Personen.

Durch den höheren Arbeitskräftebedarf an Hirten wird ein Almbauer, eine Agrargemeinschaft zum Arbeitgeber mit vielen Vorgaben. Vorhandene Unterkünfte reichen oftmals hinsichtlich der Anzahl der Hirten nicht aus. Auch darf man Hirtenpersonal den Anspruch auf einen gewissen Komfort nicht absprechen. Investitionen sind die Folge. Und ja, man kann es drehen wie man will, wer bezahlt dies?

Die Frage ist auch, ob sich genügend Personen finden, die diese Arbeit zu vollbringen bereit sind. „Angelehnt am Hirtenstab in die Sonne blinzeln" ist nur ein Fotomotiv. Die Ausbildung muss auf neue Beine gestellt werden. Ebenso braucht es eine Verantwortung den Bauern und den anvertrauten Tieren gegenüber und gute Nerven bei Tierverlusten.

Nutztiere sind mehr als nur Ohrmarken

Tierhalter tragen Verantwortung für ihre Tiere. In dieser Partnerschaft sorgt der Mensch für das Wohl des Tieres und das Tier ermöglicht es dem Menschen zu leben. Bei der Anbindehaltung war immer ein enger Kontakt zum Tier gegeben. Durch die Laufstallhaltung entstand eine gewisse Distanz, die mit einem Verwildern nicht gleichzusetzen ist. Nutztiere können viel mehr innerhalb der Herde und zum Menschen hin agieren. Auf den Weideflächen ermöglicht die erweiterte Raumnutzung für unsere Nutztiere jedoch auch, ihre sozialen Eigenheiten noch mehr auszuleben. Der Ablauf des sozialen Lebens wird durch das Auftauchen von Großraubtieren verändert. Besonders ausgeprägt ist dies in Mutterkuhherden, wo alle herdensozialen Elemente vorhanden sein können. Die Herde kann von Kühen mit ihren Kälbern über Kalbinnen bis zum Stier aufgebaut sein.

Die Weidetiere, aber auch Tiere in offenen Stallanlagen reagieren auf Kontakt und Angriffe durch Großraubtiere. Sei es durch nervöses Verhalten, Zusammenrottung oder erhöhte Fluchtbereitschaft, Leistungseinbußen bis hin zum Verwerfen. Möglicherweise reagieren die Rassen der verschiedensten Tierarten unterschiedlich. Für Weidegebiete von Rindern, die von Touristen mit Hunden betreten werden, wird die Wahrscheinlichkeit von – aus Rindersicht berechtigten – Angriffen auf deren Hunde steigen.

Die Erfahrungen aus zeigen weitere Problemfelder auf. Werden Herdenschutzzäune von Wölfen überwunden, so kommt es durch das natürliche Jagdverhalten des Wolfs zu mehr Tötungen, als unmittelbar zum Fressen benötigt wird. Kluge Ratgeber erklären dies damit, dass die Nutztiere nicht flüchten können. Brechen Nutztiere jedoch aus und es kommt zu Beschädigungen an Gärten, Häusern, Autos bis hin zu Personenschaden mit Todesfolge, wird der Tierhalter haftbar gemacht. Die Haftpflichtversicherung springt ein, aber nicht immer. Die persönliche Haftung bis hin zum Betriebsruin sind keine Gedankenspiele mehr in unserem Rechtssystem. Nie wird in solchen Fällen das Wolfsrudel als auslösender Faktor verantwortlich gemacht werden.

Das Tierschutzgesetz fordert den Schutz der Nutztiere gegenüber Fressfeinden. Wird diesem nicht oder mangelhaft (und sei es nur wegen eines Zaunschadens durch herabfallende Äste) nachgekommen, welche Folgen erwarten den Landwirt? Anzeigen diesbezüglich gab es bereits in Deutschland. Die Problematik des fehlenden Tierschutzes gegenüber verletzten Nutztieren, die von Wölfen angegriffen wurden, ist ein eigenes, für Bäuerinnen und Bauern unverständliches Kapitel.

Die Bäuerinnen, Hirtinnen, Bauern und Hirten

Viele Betriebe werden im Nebenerwerb geführt. Die Weide- und Almwirtschaft bietet viele Vorteile für den landwirtschaftlichen Betrieb (z. B. Steigerung der Tiergesundheit, Erweiterung der heimbetrieblichen Futterbasis, Vermarktungsmöglichkeiten, Arbeitsentlastung), für Tourismus, Naturschutz usw. Durch die zunehmende Führung von Betrieben im Nebenerwerb stellt eine weitere Arbeitsbelastung bestimmte Betriebsabläufe in Frage. Zäune und Hunde werden möglicherweise zu 100 % finanziert, die eigentliche Arbeit jedoch nicht. Verletzte, getötete, versprengte Weidetiere bedeuten Abwesenheit vom Arbeitsplatz, Urlaub nehmen, Organisationsstress.

Ebenso darf ein weiterer Aspekt, vor allem die Almwirtschaft betreffend, nicht übersehen werden. Weiderechte, Servitute, Almgemeinschaften wurden mühevoll erarbeitet oder erstritten. Wenn nun Bauern sehen, dass durch den Faktor Wolf diese identitätsstiftenden Einrichtungen aufgegeben werden müssen oder sollen, braucht man sich nicht über fehlende Hurra-Rufe wundern.

Der Tierhalter wird es hinsichtlich seiner Nutztiere wohl immer falsch machen, je nachdem, worauf die Absicht der Gegenseite abzielt. Der Wolf lebt in diesem Zusammenleben immer auf der „richtigen“ Seite. Das Verständnis diesbezüglich fehlt hier und mit Aufrufen zur Hilfestellung ist noch keine Arbeit geschehen oder Verantwortung übernommen. Diese psychische Belastung wird vollständig übersehen und ignoriert.

Die Futterfläche ist oftmals Erholungsfläche

Weiden und Almen, bewirtschaftete Almhütten sind selbst oft Erholungsflächen und Ziele von Touristen. Weiters kreuzen Wanderwege oder Mountainbikestrecken aufgrund von Wegerechten oder vertraglichen Vereinbarungen Weidegebiete. Zerzäunte Landschaften, durch Herdenschutzhunde blockierte Durchgänge sind oftmals die Folge, wenn sich Wegebetreiber und Tourismusbetriebe nicht konstruktiv hinsichtlich einer sicheren Lösung in Bezug auf Herdenschutz einbringen. Möglicherweise ist es einfacher, Wanderwege zu verlegen, um größere, leichter zu schützende Weidegebiete nicht zu durchtrennen. Viel Informationsbedarf hinsichtlich Änderung der Raumnutzung, Umgang mit Herdenschutzhunden und sich schützende Rinderherden ist gegeben.

Politische und soziale Rahmenbedingungen

Leistung für die Gesellschaft

Eine der vielen Stehsätze in dem Gegensatz Landwirtschaft und Wölfe lautet, dass die Bauern mit ihren Verlusten und Mehraufwendungen nicht allein gelassen werden sollen. Die Europäische Kommission hat entschieden, dass Investitionen in Vorsorgemaßahmen gegen Risse von Weidetieren durch Wölfe zu 100 % durch die Länder finanziert werden können, ohne dass dies als unzulässige Beihilfe gilt. Es handelt sich dabei um eine Kann-Bestimmung.
Betroffen sind folgende Vorsorgemaßnahmen:

- Zäune (Material, Wartung)
- Hirten (Lohn, Unterbringung)
- Herdenschutzhunde (Anschaffung, Futter, Tierarzt, Unterbringung, Versicherung)
- Nutztiere (Tierverluste, Tierarztkosten, Leistungseinbußen, Versicherung)
- Arbeitsleistung (Errichtung und Wartung von Zäunen, Arbeit mit den Hunden, Tierbergungen)

Die große Frage ist auch: An welche Bedingungen knüpft jeder einzelne Staat bzw. das zuständige Bundesland die Auszahlung? In der Thematik scheint es den Weidetierhaltern vordergründig immer nur um Geld zu gehen. Man vergisst jedoch, dass die vielen von Tierhaltern hinsichtlich der Wölfe zu erbringenden Mehraufwendungen nur teilweise entschädigt werden. Eine vollständige Abgeltung ist offenbar nicht möglich. Da muss man sich schon fragen, ob alle Wolfsbeauftragten, Wissenschaftler, Gutachter, Beamten usw. auch nur teilweise bezahlt werden. Die Landwirtschaft leistet hier für die Gesellschaft einen Mehraufwand, der nicht abgegolten wird.

Die Bäuerinnen und Bauern liefern mit jedem Produkt immer Leistungen mit, die wertgeschätzt, jedoch nicht im Produktpreis honoriert werden. Da diese Leistungen in Österreich aber auch sehr wichtig sind, hat man im Bereich der Umweltmaßnahmen einen Weg gefunden, diese Leistungen im Rahmen freiwilliger Verträge zu beschreiben und zu honorieren.

Bereits jetzt, noch ehe von offizieller Seite der günstige Erhaltungszustand des Wolfsbestandes erreicht ist, gibt es in Deutschland Fragen nach der Rechtfertigung dieser Zahlungen. Nutztierverluste und der mit der Nutztierhaltung verbundene Mehraufwand bei Wolfsvorkommen soll kostenlos von den betroffenen Landwirten getragen werden. Tierhalter bekommen gegengerechnet, dass prozentuell nur wenige Nutztiere vom Gesamtbestand eines Landes durch die Anwesenheit der Wölfe betroffen sind. Dem unmittelbar durch einen Riss betroffenen Tierhalter nützen Statistiken jedoch kaum. Sorgen und Ängste der Betroffenen werden nicht wahrgenommen!

Raumnutzung

Weidehaltung wird man auch zukünftig als Produktionsform bei Wolfsvorkommen finden. Verschwinden werden die kleinen Herdeneinheiten. Selbst bei vollständiger Bezahlung aller Herdenschutzmaßnahmen wird bei einer Wolfsattacke die gesamte kleine Einheit Herde betroffen sein. Besitzer beenden in der Regel daraufhin die Tierhaltung. Die übrig bleibenden großen Betriebsstrukturen erlauben keine Bewirtschaftung der kleinen, Randlinien schaffenden, ökologisch wertvollen Flächen mehr. Derzeit wird diesen kleinen Strukturen hinsichtlich des Naturschutzes große Aufmerksamkeit zuteil. Beweidungsprojekte an Flüssen, im Wienerwald und auf Trockenrasenflächen sind ein Zeichen dieser Zusammenarbeit zwischen Landwirtschaft und Naturschutz. Einer Zusammenarbeit, die durch das Prinzip „Schützen durch Nützen" gekennzeichnet ist. Ist auf diesen Flächen oder entlegenen Almgebieten eine Weidenutzung nicht mehr möglich, so stellt dies für die eigentlich dynamisch handelnde Natur kein Problem dar. Die Frage vonseiten der Landwirtschaft lautet hier auch wieder: Wer eignet sich diese Flächen hinsichtlich weiterer Nutzung nun an? Auch eine Ausweisung als Nationalpark ist eine Nutzung, nur eben in anderer Form und durch einen anderen Begünstigten.

Abbildung 3: Konflikte zwischen Alpintourismus und Herdenschutz sind vorprogrammiert. (Foto © August Bittermann/LK Niederösterreich)

Wertschätzende Kunden oder konsumierende Leistungsbezieher

Weidehaltung war über Jahrhunderte eine Notwendigkeit und Selbstverständlichkeit im Rahmen der Tierhaltung. Mit der Bio-Tierhaltung sowie der Verpflichtung zur Weidehaltung in verschiedensten Vermarktungsprogrammen reifte das Bewusstsein, Beweidung als etwas Gutes darzustellen. Mit der Wolfspräsenz kommt es nun zu einem Spannungsfeld zwischen den Wünschen der wertschätzenden Kunden und dem Schutz der Nutztiere. Herdenschutzmaßnahmen funktionieren nicht, wenn man den absoluten Anspruch stellt. Trotz Sicherungsmaßnahmen wird es immer Risse geben. Dieser absolute Anspruch wird jedoch an die Bäuerinnen und Bauern gestellt. Sei es bei der Abwicklung von Ausgleichszahlungen, der Erfüllung von gesetzlichen Auflagen (z. B. Tierschutz) oder der Einhaltung von Kriterien für den Biolandbau und von Vermarktungsprogrammen. In etlichen Fällen werden die Wölfe die Tiere in den Stall zurücktreiben. Und selbst hier sind die offenen, sonnendurchfluteten Stallungen durch bautechnische Maßnahmen abzuschotten.

Wer Verständnis für kleinbäuerliche Strukturen fordert und die Weidehaltung wünscht, muss auch bereit sein, der Einschränkung der räumlichen Ausbreitung des Wolfes zuzustimmen. Ansonsten sind Unterstützungsforderungen nur leere Phrasen. Die ländliche/bäuerliche Bevölkerung ist mit den Wölfen und deren Auswirkungen konfrontiert, nicht jene, die uneingeschränkt die Rückkehr des Wolfes begrüßen. Der Mehraufwand an technischen Hilfen, Versicherungen, Arbeits- und Nervenbelastung kann mit Entschädigungszahlungen wohl kaum vollständig ausgeglichen werden. Kurzfristig ist es ein Kampf der Weide- und Almwirtschaft, mittel- und langfristig wird es ein Überlebenskampf für den ländlichen Raum sein.

Autor:

Dipl.-Ing. Daniel Heindl: Niederösterreichischer Bauernbund und Landwirtschaftskammer Niederösterreich, Wiener Straße 64, 3100 St. Pölten

Die betriebswirtschaftlichen Auswirkungen der Rückkehr des Wolfes auf die Almwirtschaft

Anna Hinterseer, Andreas Niedermayr, Martin Kapfer und Jochen Kantelhardt

Bedeutung einer zunehmenden Wolfspräsenz im Ostalpenraum für die Landwirtschaft und speziell für die Almwirtschaft

Die heutige Landwirtschaft und vor allem die Almwirtschaft ist an die Koexistenz mit Großraubtieren nicht mehr angepasst. Europaweit beeinflusst neben der zunehmenden Wolfspopulation vor allem die sukzessive Veränderung der alm- und weidewirtschaftlichen Praktiken die Häufigkeit von Schadensfällen durch Wolfsangriffe. So fanden nach Angaben des schweizerischen Bundesamtes für Umwelt etwa 84 % der Nutztierrisse in der Schweiz auf Almen statt. Aufgrund von Flächennutzungskonkurrenz und der Tatsache, dass Nutztiere von Wölfen gerissen werden, prognostizieren Fechter und Storch ein hohes Konfliktpotenzial zwischen Mensch und Wolf.

In Österreich gibt es laut Daten aus dem integrierten Verwaltungs- und Kontrollsystem (Invekos) des Bundesministeriums für Nachhaltigkeit und Tourismus rund 8.500 Almen. In 756 der insgesamt rund 2.100 österreichischen Gemeinden gibt es zumindest eine Alm. Die Almwirtschaft konzentriert sich auf den alpinen Bereich. Der hohe Stellenwert der Almwirtschaft in Österreich wird z. B. daran ersichtlich, dass jährlich rund 460.000 Tiere von circa 40.000 Betrieben (entspricht ca. einem Viertel der österreichischen Betriebe) auf Almen aufgetrieben werden. Auf rund zwei Drittel der Almen wird vorwiegend Galtvieh (nicht laktierendes Vieh wie Jungvieh, Ochsen, Stiere, Kalbinnen) gehalten (Galtviehalmen). Almen mit einer stärkeren Mischung unterschiedlicher Tiergattungen (gemischte Almen) machen rund ein Fünftel aus. Reine Schafalmen spielen mit einer Anzahl von 160 eine untergeordnete Rolle. Allerdings ist hier nach Angaben der deutschen Dokumentations- und Beratungsstelle des Bundes zum Thema Wolf (DBBW) das Konfliktpotenzial am größten, da Schafe innerhalb der Gruppe der domestizierten Tiere das wichtigste Beutetier sind. Darüber hinaus werden Schafe auch auf vielen Almen gehalten, die nicht als reine Schafalmen eingestuft sind. Insgesamt werden auf rund 850 Almen Schafe aufgetrieben (inklusive Ziegen sind es rund 1.300 Almen mit Schafen und/oder Ziegen).

Als entscheidend für das einzelbetriebliche Risiko eines Wolfsangriffs auf Almen sind Faktoren anzusehen, die im Zusammenhang mit den auf der Alm gehaltenen

Tieren sowie deren Haltungsform auf der Alm stehen. Schafe und Ziegen stellen die Hauptrisikogruppe dar, gefolgt von Kälbern und Fohlen. Mit zunehmender Körpergröße bzw. zunehmendem Lebensalter sinkt das Risiko eines Angriffs. Obwohl Angriffe auf adulte Rinder und Pferde nicht gänzlich ausgeschlossen werden können – vor allem, wenn Wölfe im Rudel jagen und andere Beutetiere schwieriger zu erbeuten bzw. selten sind –, ist nach Angaben von Mettler et al. das Risiko für Almen mit vorwiegend adulten Rindern oder Pferden vergleichsweise gering.

Neben Alter und Größe der Nutztiere hat auch die Haltungsform der Tiere auf der Alm einen wesentlichen Einfluss auf das Risiko eines Wolfangriffes. Kleinere Gruppen, so Mettler et al., werden eher von Wölfen angegriffen als große geschlossene Herden. Solche einzelnen Gruppen bilden sich vor allem dann, wenn mehrere Betriebe gemeinsam eine Alm bestoßen. Eine intensive Betreuung durch Behirtungspersonal kann das Risiko eines Angriffs verringern, da die Herde dadurch kompakter geführt wird.

Herdenschutzmaßnahmen und deren Umsetzung

Herdenschutzmaßnahmen

Ist das Risiko von Wolfsangriffen auf Almen erhöht, so stellt sich die Frage, ob Herdenschutzmaßnahmen ergriffen werden sollen. In Betracht kommen allen voran wolfssichere Herdenschutzzäune, Herdenschutzhunde, permanente Behirtung mit Hütehunden sowie eine Kombination aus mehreren Maßnahmen. Aus praktischer Sicht und unter Berücksichtigung der zusätzlichen Kosten ist es wichtig festzuhalten, dass es nicht „eine beste Herdenschutzmaßnahme“ für alle Betriebe gibt. Vielmehr ist die individuelle betriebliche Ausgangssituation entscheidend (z. B. Herdengröße, Weideführung sowie geographische und topographische Gegebenheiten). Der Erfolg von Herdenschutzmaßnahmen hängt außerdem sehr stark von deren sachgemäßer und an den jeweiligen Standort angepasster Umsetzung ab. Daher ist zu empfehlen, dass Betriebe für die adäquate Umsetzung von Herdenschutzmaßnahmen Experten zu Rate ziehen, in Österreich etwa von der Nationalen Beratungsstelle für Herdenschutz.

Herdenschutzzäune

Wolfssichere Herdenschutzzäune müssen im Vergleich zu herkömmlichen Zaunsystemen deutlich höhere Anforderungen erfüllen. Nach Untersuchungen der Bayerischen Landesanstalt für Landwirtschaft funktionieren sie nur dann, wenn sowohl eine mechanische als auch eine optische Hürde für den Wolf geschaffen wird. Vor allem stromführende Zaunsysteme eignen sich für den Herdenschutz. Je nach Weidesystem lassen sich entweder mobile Netzzäune oder stationäre Litzenzäune einsetzen. Bei Zäunen mit mehreren Litzen oder Drähten gibt es bezüglich der Mindesthöhe, der Anzahl der stromführenden Zaunreihen und einiger weiterer Eigenschaften der Zäune unterschiedliche Empfehlungen in den europäischen Ländern. Neben einer gewissen Mindesthöhe und Mindestspannung sowie einer erhöhten Anzahl von Zaunreihen empfiehlt Lüthi vor allem einen geringen Abstand zwischen dem Boden und der ersten Zaunreihe, da der Wolf speziell im unteren Teil des Zauns nach Schwachstellen sucht. Netzzäune, so Lüthi, haben sich vor allem in der Schafhaltung bewährt und sind aufgrund ihrer flexiblen Einsetzbarkeit, ihres geringen Gewichts und ihrer einfachen Montage ein optimales Werkzeug für Nachtpferche oder intensive Koppelwirtschaft auf kleinen Flächen.

Generell sind Zäune so im Gelände zu montieren, dass dem Wolf weder das Überspringen z. B. durch Böschungen oder Felsvorsprünge noch das Hindurchkriechen bzw. Untergraben bei Geländeunebenheiten erleichtert wird. Die Instandhaltung, die Freihaltung von Bewuchs, die Kontrolle der elektrischen Spannung sowie die Sichtbarkeit des Zauns für Großraubtiere sind nach den Erhebungen von Hahn et al. weitere zentrale Eckpfeiler für einen effizienten Schutz der Herde. Insbesondere die Topographie, die Erreichbarkeit und die Größe der Alm sind in der Praxis entscheidend für die Eignung eines Herdenschutzzauns zur Abwehr von Wolfsangriffen.

Herdenschutzhunde

Herdenschutzhunde sind nach der Definition von Krivy speziell zum Zweck des Schutzes von Nutztieren gezüchtete Hunderassen. Sie unterscheiden sich stark von anderen Herdengebrauchshunden, sowohl hinsichtlich ihrer Ausbildung und des Einsatzes als auch in Belangen der Haltung. Im Unterschied zum Hütehund kann der Herdenschutzhund die Herde nicht treiben oder führen. Durch eine starke soziale Bindung mit der Herde ist er besonders dafür geeignet, die Herde vor Eindringlingen zu schützen. Für eine erfolgreiche Ausbildung sind neben der genetischen Grundlage vor allem die Wahrung des intakten Beziehungsgefüges zwischen Herdenschutzhund, Tierhalter bzw. Tierhalterin und Herde von grundlegender Bedeutung. Die Anzahl der einzusetzenden Herdenschutzhunde ist nach Angaben von Mettler und Schiess abhängig vom Raubtierdruck, der Herdengröße und der Kompaktheit der Herde.

Ein Herdenschutzhund kann in Konflikt mit der touristischen Nutzung von Almen stehen, da er durch sein Bellen oder auch allein durch seine Anwesenheit bei Erholungssuchenden Angst auslösen kann. Vor allem dann, wenn diese Hunde mit sich führen, ist das Konfliktpotenzial besonders hoch. Die Erlangung von Akzeptanz seitens der Bevölkerung gegenüber Schutztieren ist hierbei eine große Hürde und bedarf intensiver Aufklärungsarbeit.

Die Schweiz hat bereits eine professionelle Hundezucht umgesetzt. Schweizerische Landwirte bzw. Landwirtinnen müssen trotzdem durchschnittlich zwei bis drei Jahre auf einen Herdenschutzhund warten, da die derzeitige Kapazität in der Zucht nicht ausreicht, um den (sukzessive) steigenden Bedarf zu befriedigen. In Österreich gibt es zumindest derzeit keine Zuchtstrukturen und keinen funktionierenden Markt für Herdenschutzhunde.

Dauerhafte Behirtung durch Behirtungspersonal in Kombination mit Hütehunden

Eine gute Übersicht zu diesem Thema bietet die Arbeit von Gasteiner et al. Danach ist die Behirtung keine Herdenschutzmaßnahme im engeren Sinne. Durch das Führen und Zusammenhalten der Herde können jedoch die Voraussetzungen für weitere Herdenschutzmaßnahmen geschaffen werden, da die Herde durch die Behirtung als homogenes Gefüge auftritt und relativ standorttreu bleibt. Erfahrungen aus den Abruzzen (Rüegg et al.) zeigen, dass für den Schutz von Nutztieren neben einer intensive Behirtung auch weitere konsequent durchgeführte Schutzmaßnahmen nötig sind.

Für das Lenken und Führen einer Herde steht die Zusammenarbeit zwischen Hütehund und Behirtungspersonal im Fokus. Ohne Hütehunde ist es nicht möglich, größere Herden zusammenzuhalten. Im Unterschied zum Herdenschutzhund, der Teil der Herde ist und diese verteidigt, gehört der Hütehund zur Hirtin bzw. zum Hirten und ist ausschließlich für die Führung der Herde verantwortlich.

Um die Betreuung der Herde während der Almsaison durchführen zu können, ist eine Unterkunft auf der Alm für das Behirtungspersonal erforderlich. In Deutschland wird eine Ausbildung zur Hirtin bzw. zum Hirten in Form einer Lehre angeboten. Die Schweiz hat nach Angaben der eidgenössischen landwirtschaftlichen Beratungszentrale AGRIDEA 2009 eine modulartige Schafhirtenausbildung implementiert. In Österreich wird keine entsprechende Ausbildung zur Hirtin bzw. zum Hirten angeboten. Daher besteht eine große Herausforderung darin, unter den derzeitigen Rahmenbedingungen ausreichend adäquates Personal für die Behirtung des Weideviehs zu finden.

Permanente Behirtung mit Hütehunden in Kombination mit einer engen Einzäunung während der Nacht (Nachtpferch) und die zusätzliche Einbindung von Herdenschutzhunden stellt einen sehr guten Schutz für die Herde dar. Der Nachtpferch soll nach Guggenberger et al. eine Fragmentierung der Herde verhindern und damit die Wirksamkeit von Herdenschutzmaßnahmen verbessern. Der Nachtpferch kann also als eigene Herdenschutzmaßnahme oder als Maßnahme des Herdenmanagements gesehen werden, wobei in letzterem Fall der eigentliche Schutz durch Herdenschutzhunde erfolgt. In der Praxis werden Herdenschutzhunde sowohl innerhalb als auch außerhalb des Nachtpferchs positioniert. Der Nachtpferch muss somit in Kombination mit Herdenschutzhunden nicht wolfssicher sein, da er nur optimale Arbeitsbedingungen für die Herdenschutzhunde schafft.

Umsetzung und Kosten von Herdenschutzmaßnahmen anhand typischer Almen

Auf einzelbetrieblicher Ebene beeinflusst eine Vielzahl an Faktoren die Möglichkeiten zur praktischen Umsetzung von Herdenschutzmaßnahmen und die damit verbundenen Kosten. Um einen konkreten Einblick in die unterschiedlichen Voraussetzungen und die Vielfalt an Möglichkeiten der Umsetzung von Herdenschutzmaßnahmen auf einzelnen Betrieben zu geben, werden anhand von vier „typischen" Almen in Österreich die Eignung und die Kosten von Herdenschutzmaßnahmen beispielhaft analysiert. Dafür wurden hypothetische Modellbetriebe in enger Abstimmung mit Experten aus der Almwirtschaft und dem Herdenschutz sowie unter Miteinbeziehung von Strukturdaten sowie Informationen aus der Literatur gebildet. Sie sind so gestaltet, dass sie unterschiedliche mögliche Betriebssituationen und Problemstellungen in Hinblick auf den Herdenschutz besser abbilden können, als das mit Fallstudien, die auf real existierenden Betrieben basieren, möglich wäre. Gleichzeitig verdeutlicht diese Vorgehensweise die Umsetzung von Herdenschutzmaßnahmen auf einzelbetrieblicher Ebene aus ökonomischer und arbeitswirtschaftlicher Sicht.

Oftmals ist eine Grundausstattung für den Schutz der Herde bereits am Betrieb vorhanden. Eine Aufrüstung dieser Grundausstattung ist allerdings in der Regel notwendig, um einen ausreichenden Schutz vor Wölfen gewährleisten zu können. Zur Ableitung der ökonomischen Wirkung von Herdenschutzmaßnahmen müssen daher jene Kosten, die sich im Vergleich zur Ausgangssituation verändern (Differenzkosten), ermittelt werden. Darunter fallen sowohl Kosten, die sich zusätzlich ergeben (z. B. Materialkosten für einen wolfssicheren Herdenschutzzaun), als auch Kosten, die wegfallen (z. B. Materialkosten für einen bisher bestehenden und nicht weiter benötigten Stacheldrahtzaun). Für die Kalkulationen werden sowohl Normdaten als auch Erfahrungswerte von Experten und Marktpreise herangezogen. Es werden die durchschnittlichen jährlichen Kosten ermittelt, wobei die Kosten von mehrjährig genutzten Anlagegütern auf die Nutzungsdauer aufgeteilt werden[1].

1 Details siehe Modul Agrarökonomie des Projektberichts „Gutachterliche Stellungnahme zu den Auswirkungen von rückkehrenden Wölfen auf Landwirtschaft und traditionelle Weidehaltung, Freizeit- und Erholungswirtschaft, Jagd- und Forstwirtschaft sowie Biodiversität im Ostalpenraum" (Hackländer et al. 2018).

Da lediglich die Differenzkosten für Herdenschutzmaßnahmen auf einzelbetrieblicher Ebene berechnet werden, ist ein Rückschluss auf die Wirtschaftlichkeit der Almbewirtschaftung in den Beispielsbetrieben (sowohl in der Ausgangssituation als auch bei Implementierung der Herdenschutzmaßnahmen) nicht möglich. Dementsprechend ist eine Generalisierung und Hochrechnung der Ergebnisse auf die gesamte Almwirtschaft in Österreich bzw. im Ostalpenraum ebenfalls nicht möglich. Ferner ist anzumerken, dass trotz der Modellierung typischer Betriebe die Differenzkosten sehr stark von der individuellen Ausgangssituation der jeweiligen Alm abhängen und die den Modellrechnungen zugrundeliegenden Daten und Annahmen fallweise stark variieren können.

Schafalm A

Ausgangssituation

Es handelt sich um eine sehr felsige, schroffe und steile Hochalm, die sich ausschließlich zur Beweidung durch Schafe und Ziegen eignet. Sie ist nicht erschlossen und nur zu Fuß erreichbar. Solche Almen findet man etwa in der österreichischen Almhauptregion „Westliche Hochalpen“. Insgesamt wird die Alm mit 716 Schafen bestoßen, wobei die Intensität der Bestoßung mit 0,53 GVE/ha Futterfläche für diese Region typisch ist. Die Futterfläche beträgt 23 % (135 ha) der gesamten Almfläche (588 ha) und verteilt sich gleichmäßig über die Alm. Das Gelände ist allerdings immer wieder von Gräben, Felswänden und Steinfeldern durchzogen. Der Außenumfang der Alm beträgt 16,47 km. Insgesamt treiben 17 Betriebe ihre Schafe auf diese Alm. Die nicht permanent anwesende Betriebsleitung betreut die Tiere und pflegt die Almfläche. Einen Zaun gibt es nur im unteren Bereich entlang der Eigentumsgrenze. Das tägliche Arbeitsausmaß der Betriebsleitung auf der Alm beträgt in etwa drei Stunden. Die Anfahrtszeit vom Heimbetrieb bis zum Ende der Straße unterhalb der Alm umfasst ungefähr eine halbe Stunde. Mehrere häufig benutzte Wanderwege führen durch das Almgebiet.

Geeignete Herdenschutzmaßnahmen

Aufgrund der Weitläufigkeit des Almgebiets, der schwierigen Topographie und der großen Anzahl an auftreibenden Betrieben ist eine permanente Behirtung durch zwei fachkundige Personen und deren Hütehunde erforderlich, um eine kompakte Herdenführung zu gewährleisten. Eine Unterkunft für das Behirtungspersonal (Almhütte) ist vorhanden, muss allerdings ausgebaut werden. Nachts werden die Tiere in einem Nachtpferch mit einem Netzzaun zusammengehalten. Den Schutz der Herde übernehmen im Wesentlichen drei Herdenschutzhunde. Die ständige Anwesenheit des Behirtungspersonals reduziert das Konfliktpotenzial zwischen Herdenschutzhunden und Erholungssuchenden. Der Grenzzaun im unteren Bereich der Alm, der keinen Beitrag zum Herdenschutz leistet, wird beibehalten.

Durchschnittliche jährliche Differenzkosten für Herdenschutz

Für die Behirtung durch das Behirtungspersonal werden Hilfsmittel benötigt. Diese umfassen bei der betrachteten Schafalm Kosten im Zusammenhang mit den drei Hütehunden sowie Zaunmaterial für den Nachtpferch. Da die Hütehunde zum Behirtungspersonal gehören, werden deren Kosten nur für die Dauer der Almperiode berechnet. Es fallen neben der Bestandesergänzung Kosten für das Hundefutter, Tierarztkosten, Kosten für einen Zwinger sowie anteilige Zins- und Instandhaltungskosten an. Die Kosten für das Zaunmaterial setzen sich neben dem Netzzaun selbst aus weiteren benötigten Materialien (Batteriegerät, Verbindungsklemmen, Erdungspfahl, Verbindung Erdung, Zusatzausrüstung und sonstigen Kleinteilen) und anteiligen Zinskosten für das durch den Zaun gebundene Kapital zusammen.

Der Umbau der bestehenden Unterkunft für das Behirtungspersonal auf der Alm verursacht weitere Kosten. Für das Behirtungspersonal selbst fallen Lohnkosten an. Das Behirtungspersonal benötigt darüber hinaus noch ein Geländefahrzeug auf der Alm, was ebenfalls zusätzliche Kosten verursacht. Gleichzeitig muss die Betriebsleitung nicht mehr regelmäßig zur Betreuung der Nutztiere auf die Alm fahren. Die eingesparte Arbeitszeit der Betriebsleitung wird mit einem kalkulatorischen Lohnansatz bewertet und eingesparte Kosten für die Anfahrt zur Alm werden berücksichtigt.

Die drei Herdenschutzhunde gehören zum Betrieb. Daher werden deren jährliche Kosten berechnet. Diese umfassen Kosten für die Bestandesergänzung, das Futter, den Tierarzt, diverses Kleinzubehör sowie anteilige Zinskosten für das gebundene Kapital. Darüber hinaus sind Kosten für die im Zusammenhang mit den Herdenschutzhunden entstehende Arbeit zu veranschlagen. Den größten Anteil machen dabei die tägliche Fütterung und Versorgung der Herdenschutzhunde aus. Zusätzlich ist Zeit für Training, Fellpflege, Tierarztbesuche und Schulungen für die Hundehalterin bzw. den Hundehalter einzuplanen. Während der Almsaison übernimmt bei Schafalm A das Behirtungspersonal die laufende Betreuung der Herdenschutzhunde. Das restliche Jahr werden diese Tätigkeiten durch die Betriebsleitung erledigt. In Summe ergeben sich so durchschnittliche Mehrkosten von rund 25.000 € pro Jahr, das entspricht etwa 350 € pro gehaltener Großvieheinheit (GVE) oder 40 € pro Hektar (ha) Almfläche und Jahr.

Schafalm B

Ausgangssituation

Im Vergleich zu Schafalm A ist Schafalm B eine Mittelalm und durch einen Weg mit Unterbau erschlossen. Durch die niedrigere Höhenlage gibt es nur vereinzelt Felswände und schroffes Gelände. Bei 81 aufgetrieben Schafen ergibt sich ein Besatz von 0,63 GVE/ha Futterfläche. Sie wird also deutlich intensiver bewirtschaftet als Schafalm A. Die gealpten Schafe stammen von nur zwei Betrieben. Vergleichbare Almen findet man etwa in der österreichischen Almhauptregion Östliche Hochalpen.

Die Futterfläche auf Schafalm B ist gleichmäßig auf die Gesamtfläche verteilt. Die Außengrenze ist stark gewunden, wodurch sich ein im Verhältnis zur Gesamtfläche relativ großer Außenumfang ergibt. Es ist keine Unterkunft für Behirtungspersonal vorhanden. Die Versorgung der Tiere findet zweimal wöchentlich statt und umfasst jeweils zwei Arbeitskraftstunden (AKh), d. h. vier AKh pro Woche. Die Anfahrtszeit beträgt in etwa 30 Minuten. Derzeit wird die Alm als Standweide betrieben und mit einem dreireihigen Drahtlitzenzaun mit Federstahlpfählen umzäunt. Die Alm hat aus touristischer und freizeitwirtschaftlicher Sicht keine Bedeutung.

Geeignete Herdenschutzmaßnahmen

Aufgrund des großen Außenumfangs im Verhältnis zur Gesamtfläche ist auf dieser Alm ein Koppelsystem zu empfehlen. Die Koppeln werden mit einem Netzzaun mit Flatterband abgesteckt, wobei die Tiere nicht länger als zehn Tage in einer Koppel verweilen. Der Netzzaun wird nach der Bestoßung der Koppel abgebaut und für die Errichtung der nächsten Koppel verwendet. Die Größe der Koppeln ist abhängig vom Vegetationsstadium und der Geländeführung des jeweiligen Teilbereichs der Alm. Auf der Alm sind die für die Koppelwirtschaft notwendigen Wasserstellen in einem ausreichenden Ausmaß vorhanden. Da die permanente Anwesenheit einer fachkundigen Person, welche die Behirtung übernimmt, nicht erforderlich ist, bleibt der Arbeitsumfang für die Betreuung der Tiere gleich. Zusätzlich werden zwei Herdenschutzhunde integriert, welche die Schafe vor allem nachts vor Angriffen schützen sollen. Für die Herdenschutzhunde wird zusätzlich noch ein Fütterungsautomat angeschafft, um deren Fütterung auch bei nicht ständiger Anwesenheit der Betriebsleitung zu gewährleisten. Der Einsatz von Herdenschutzhunden ohne ständig anwesendes Personal ist durch die geringe touristische Bedeutung des Almgebiets möglich.

Durchschnittliche jährliche Differenzkosten für Herdenschutz

Beim Zaunmaterial fallen im Vergleich zur Ausgangssituation Kosten für den bisherigen Litzenzaun weg, gleichzeitig entstehen zusätzliche Kosten für den Netzzaun, der für die Koppelhaltung verwendet wird. Das Equipment für die Elektrifizierung des Zauns kann von der Ausgangssituation übernommen werden. Da für die Koppelhaltung eine viel geringere Fläche eingezäunt wird, sinken die Kosten für Zaunmaterial im Vergleich zur Ausgangssituation. Dafür entstehen im Gegenzug höhere Arbeitskosten für die Koppelhaltung, da der Netzzaun regelmäßig umgesteckt werden muss.

Für die beiden Herdenschutzhunde und das zugehörige Equipment fallen ähnliche Kosten wie auf Schafalm A an. Zusätzlich ist jedoch noch die Abschreibung für den Fütterungsautomaten sowie die Zinskosten für das durch den Fütterungsautomaten gebundene Kapital zu berücksichtigen. Für die Betreuung der Herdenschutzhunde fallen außerdem noch laufende Arbeitskosten an. Insgesamt ergeben sich für Schafalm B durchschnittliche Mehrkosten von rund 4.500 €/Jahr, das entspricht etwa 550 €/GVE oder 100 €/ha Gesamtfläche der Alm.

Galtalm

Ausgangssituation

Die etwa 18 ha große Mittelalm ist durch einen mit PKW befahrbaren Weg erreichbar. Sie wird mit 9,5 GVE Galtvieh, von einem Betrieb stammend, bestoßen. Die Futterfläche beträgt 7,72 ha. Die sich daraus ergebende Besatzdichte von 1,23 GVE/ha Futterfläche zeigt eine sehr intensive Nutzung der Almflächen. Vergleichbare Almen findet man etwa in der österreichischen Almhauptregion Alpenostrand – Südliche Kalkalpen. Zahlreiche Baumgruppen und minderproduktive Flächen durchziehen die Alm, die produktive Futterfläche ist nicht gleichmäßig auf die Gesamtfläche verteilt. Derzeit verläuft ein zweireihiger Stacheldrahtzaun entlang der Außengrenze. Die Betriebsleitung betreut die Herde dreimal pro Woche zu je einer Stunde, wobei mit einer Anfahrtszeit von 15 Minuten zu rechnen ist. Die touristische Nutzung hat für diese Alm keine Bedeutung.

Geeignete Herdenschutzmaßnahmen

Da die Alm sehr klein ist, ist eine Behirtung nicht sinnvoll. Obwohl der Umstand, dass die Tiere von nur einem auftreibenden Betrieb stammen und die Alm keine touristische Bedeutung hat, den Einsatz von Herdenschutzhunden begünstigen würde, sind Herdenschutzhunde hier nicht geeignet, da die Herde zu klein ist, um einen optimalen Schutz zu gewährleisten. Deshalb wird die Einzäunung der kompletten Alm mit einem Herdenschutzzaun als Schutzmaßnahme gewählt. Die Betreuungsintensität der Tiere verändert sich durch den Einsatz des Herdenschutzzaunes nicht.

Abbildung 1: Almwirtschaft ist auch für den Tourismus wirtschaftlich von Bedeutung. (Foto © Paula Pöchlauer-Kozel/LK Niederösterreich)

Durchschnittliche jährliche Differenzkosten für Herdenschutz

Der bisher vorhandene Stacheldrahtzaun wird durch einen elektrifizierten Herdenschutzzaun ersetzt, welcher als fünfreihiger Litzenzaun ausgeführt ist. Somit fallen zunächst die Kosten des bestehenden Zaunsystems weg und gleichzeitig kommen Kosten für das neue Zaunsystem hinzu. Während die Materialkosten der beiden Zaunsysteme ähnlich hoch sind, fallen für den Neubau des Herdenschutzzauns deutlich höhere Kosten an als für den Neubau eines Stacheldrahtzauns, da hierfür speziell qualifiziertes Personal benötigt wird, für das ein höherer Lohnansatz anzusetzen ist. Durch das neue Zaunsystem ändern sich außerdem noch die Kosten für laufende Arbeiten während der Almsaison. Damit der Herdenschutzzaun ausreichend elektrische Spannung zum Schutz der Herde behält, muss er ausgemäht werden. Solche laufenden Arbeiten werden allerdings im Gegensatz zum Neubau des Herdenschutzzauns durch die Betriebsleitung erledigt. In Summe ergeben sich so durchschnittliche jährliche Mehrkosten von rund 1.800 € im Vergleich zur Ausgangssituation, was in etwa 200 €/GVE oder 100 €/ha Gesamtfläche entspricht.

Gemischte Alm

Ausgangssituation

Gemischte Almen sind vor allem im Westen Österreichs (Almhauptregion Westliche Hochalpen) häufig zu finden. Bei dieser gemischten Alm handelt es sich um eine Mittelalm. Der untere Bereich wird durch die Beweidung mit 25 GVE Milchkühen intensiv genutzt. Die magereren und entlegeneren Weiden werden durch die eigene Nachzucht (Jungvieh) und zusätzliches Zinsvieh mit insgesamt 48,2 GVE bestoßen. Der oberste Bereich, der vor allem durch seine Steilheit charakterisiert ist, kann nur mit Kleinwiederkäuern beweidet werden. Es werden 11,5 GVE Schafe aufgetrieben. Die Intensität der Bestoßung ist abhängig von der Tierart beziehungsweise den Altersgruppen und wird in Tabelle 1 dargestellt.

Tabelle 1: Nutzungsintensität der gemischten Alm

Tiergruppe	*GVE*	*Futterfläche in ha*	*Besatzdichte in GVE/ha*
Milchkühe	25	19	1,3
Galtvieh	48,2	48	1
Schafe	11,5	36	0,32

Quelle: (Eigene Darstellung)

Laktierende Milchkühe werden hinsichtlich der Besatzdichte mit 1,3 GVE/ha am intensivsten gehalten, Schafe mit 0,32 GVE/ha am extensivsten. Die Alm umfasst eine Gesamtfläche von rund 236 ha und hat mit 44 % einen vergleichsweise hohen Futterflächenanteil. Die Flächen für Milchkühe und Galtvieh sind derzeit jeweils mit einem zweireihigen Zaun mit Stahldraht umzäunt. Die Zaunlänge des Abschnitts für das Galtvieh beträgt 4,6 km. Die Schafe werden derzeit nicht gehütet, ihre Fläche nicht umzäunt. Einmal pro Woche erfolgt eine Kontrolle der Schafe durch die Betriebsleitung, ansonsten gibt es keine weiteren Herdenmanagementmaßnahmen.

Melkalmen sind meist sehr gut erschlossen. Die Anfahrtszeit zu dieser Alm beträgt eine halbe Stunde. Darüber hinaus ist über die gesamte Almsaison Sennerpersonal vor Ort. Das Sennerpersonal betreibt zusätzlich einen Almausschank, was eine hochfrequentierte touristische Nutzung der Alm mit sich bringt.

Geeignete Herdenschutzmaßnahmen

Bei den Milchkühen wird keine gesonderte Herdenschutzmaßnahme durchgeführt, da diese im Normalfall nicht zum Beuteschema von Wölfen gehören. Darüber hinaus verbringen die Milchkühe den Großteil des Sommers in unmittelbarer Nähe der Almhütte und des Stalls. Somit könnten im Notfall sofort Maßnahmen ergriffen werden. Bei einer generellen Verschärfung der Problemlage wäre eine Aufrüstung des bestehenden Zauns durch kürzere Pfahlabstände und zusätzliche Drahtreihen gegebenenfalls eine gangbare Option. Beim Galtvieh im mittleren Bereich der Alm wird eine solche Aufrüstung des bestehenden Zaunsystems als eigene Herdenschutzmaßnahme umgesetzt. Für die Schafe ist die Anstellung von Behirtungspersonal aufgrund der geringen Herdengröße auszuschließen. Da der Alm freizeitwirtschaftlich eine große Bedeutung zukommt, ist der alleinige Schutz durch Herdenschutzhunde aufgrund des Konfliktpotenzials mit Erholungssuchenden und deren Hunden keine sinnvolle Option. Aus diesem Grund wird ein Koppelsystem mit Netzzäunen bei den Schafen integriert.

Durchschnittliche jährliche Differenzkosten für Herdenschutz

Für das Galtvieh auf der gemischten Alm erhöhen sich durch die Aufrüstung des bestehenden Zaunsystems sowohl die Kosten für Zaunmaterial und Elektrifizierung als auch für die im Zusammenhang mit dem Zaunsystem anfallenden Arbeiten, ähnlich wie zuvor bei der Galtalm beschrieben. Dies führt zu jährlichen Differenzkosten im Galtviehbereich von rund 4.900 €.

Bei den Schafen wird in der Ausgangssituation so gut wie kein Weidemanagement und keine Betreuung der Tiere durchgeführt. Den entstehenden Kosten für die Koppeln können deshalb keine wegfallenden Kosten von bisherigem Zaunmaterial bzw. wegfallender Arbeit gegenübergestellt werden. Da in der Ausgangssituation kein Zaun zu kontrollieren ist, wird außerdem der Zeitaufwand für die laufende Kontrolle des Netzzauns in die Berechnung der Differenzkosten mitaufgenommen. Durch die schwierige Erreichbarkeit der Schafweide ist hierbei kein Einsatz von Maschinen möglich. Die gesamten Differenzkosten für die Koppelhaltung der Schafe betragen rund 4.900 € pro Jahr.

Vergleichende Auswertung

Um einen direkten Vergleich der Differenzkosten der implementierten Herdenschutzmaßnahmen zwischen den unterschiedlich großen typischen Almen durchführen zu können, braucht man eine einheitliche Bezugsbasis. Nachfolgend werden die Differenzkosten für die eingeführten Herdenschutzmaßnahmen je Alm in Beziehung mit den almspezifischen Parametern „aufgetriebene GVE, für die Herdenschutz betrieben wird“, „Gesamtfläche in ha“ und, sofern Schafe auf der Alm vorhanden sind, „aufgetriebene Schafe“ gesetzt. Tabelle 2 gibt einen Überblick über die Differenzkosten für Herdenschutz je Alm.

Die jährlichen Differenzkosten für Herdenschutz je GVE reichen von rund 150 € bis hin zu 540 € pro Jahr. Bezogen auf die Gesamtfläche der Alm ergeben sich jährliche Differenzkosten zwischen gut 40 €/ha und etwas über 100 €/ha. Werden die Differenzkosten nicht auf Basis von Großvieheinheiten, sondern pro Schaf betrachtet, fallen Differenzkosten zwischen rund 35 € und 55 € pro Schaf und Jahr an (ein Schaf entspricht ca. 0,1 GVE). Auf der gemischten Alm werden bei dieser Berechnung nur jene Differenzkosten berücksichtigt, die für den Herdenschutz von Schafen anfallen.

Tabelle 2: Vergleich der durchschnittlichen Differenzkosten für Herdenschutz pro Jahr auf den typischen Almen

Werte	*Schafalm A*	*Schafalm B*	*Galtalm*	*Gemischte Alm*
HS* gesamt	25.200	4.400	1.800	8.900
HS* Schafe	25.200	4.400	–	4.000
aufgetriebene GVE	71,65	8,15	9,50	59,70
ha GF*	588	42	18	191
Anzahl Schafe	716	81	–	115
€/GVE	352	540	189	149
€/ha GF*	43	105	100	47
€/Schaf	35	54	–	35

Quelle: (Eigene Darstellung).
** HS = Herdenschutz, GF = Gesamtfläche*

Bezieht man die Differenzkosten für den Herdenschutz nicht auf einen Parameter der jeweiligen Alm, sondern bricht die Kosten auf einzelne Herdenschutzmaßnahmen herunter, können erste Aussagen zu der zu erwartenden Größenordnung von Differenzkosten für bestimmte Herdenschutzmaßnahmen getroffen werden. Bei der Beurteilung dieser Zahlen sei nochmals hervorgehoben, dass es sich nicht um die vollständigen Kosten der jeweiligen Herdenschutzmaßnahme handelt, sondern um die Differenzkosten im Vergleich zur jeweiligen Ausgangssituation. Bei der Betrachtung der Differenzkosten für die Umsetzung eines Herdenschutzzaunes werden die Ergebnisse der Galtalm und der gemischten Alm herangezogen. Die ermittelten Differenzkosten für den Herdenschutzzaun werden dann ins Verhältnis zum Zaunumfang gesetzt. Daraus ergeben sich im Vergleich zur jeweiligen Ausgangssituation Differenzkosten pro Meter Herdenschutzzaun und Jahr von rund 0,9 € auf der Galtalm und rund 1,06 € auf der gemischten Alm.

Dividiert man die jährlichen Differenzkosten für Herdenschutzhunde durch die Anzahl der eingesetzten Herdenschutzhunde, so kommt man im Vergleich zur jeweiligen Ausgangssituation bei Schafalm A und Schafalm B auf jeweils rund 2.000 € pro Herdenschutzhund. Für die Herdenschutzmaßnahme Behirtung fallen schließlich auf Schafalm A im Vergleich zur Ausgangssituation jährliche Differenzkosten von rund 9.500 € pro Hirte an.

Schadensersatzzahlungen bei Nutztierrissen

In diesem Kapitel wird auf den wirtschaftlichen Schaden eingegangen, der durch Wolfsangriffe auf Nutztiere entstehen kann. Prinzipiell wird unterstellt, dass Schadensersatzansprüche seitens der betroffenen Betriebe bestehen. Hierfür muss jedoch zunächst die Schadenshöhe ermittelt werden. Aus bewertungstheoretischer Sicht kommen hierfür prinzipiell verschiedene Wertansätze in Frage und es muss einzelfallbezogen abgewogen werden, welcher dieser Wertansätze dem tatsächlichen wirtschaftlichen Wert des Schadens entspricht. Nachfolgend werden zunächst die unterschiedlichen Wertansätze sowie die Vorgehensweise zur Ermittlung des tatsächlichen wirtschaftlichen Schadens aus Sicht eines geschädigten Betriebes erläutert. Im Anschluss daran wird ein kurzer Überblick über die gesetzlichen Regelungen zu Schadensersatzzahlungen bei Nutztierrissen durch Wölfe im internationalen Vergleich gegeben und abschließend werden exemplarisch Kosten für die Kompensation von Nutztierrissen durch Wölfe anhand von vier Nutztierkategorien berechnet.

Bewertungstheoretische Grundlagen

Um die tatsächliche Schadenshöhe eines geschädigten landwirtschaftlichen Betriebes aus ökonomischer Sicht zu ermitteln, sind unterschiedliche Wertansätze heranzuziehen und miteinander zu vergleichen. **Mußhoff und Hirschauer** unterscheiden hierbei zwischen Verkaufswerten, Ersatzwerten und Ertragswerten. Verkaufswerte sind die am Markt für eine Sache (z. B. ein gerissenes Nutztier) erzielbaren Preise. Ersatzwerte basieren hingegen auf den Kosten der Beschaffung am Markt bzw. Herstellung am eigenen Betrieb einer identen Sache (einfache Ersatzwerte) oder einer möglichst ähnlichen bzw. wirkungsgleichen Sache (relative Ersatzwerte). Ertragswerte beschreiben schließlich jene Werte, die durch die unternehmensinterne Nutzung der Sache entstehen (z. B. Gewinnbeitrag bei kurzfristig genutzten Produktionsmitteln und Summe der abgezinsten zukünftigen Nettozahlungen bei mehrjährig genutzten Produktionsmitteln).

Bei komplexen Bewertungsanlässen können oft mehrere Verkaufswerte, mehrere Ersatzwerte und mehrere Ertragswerte für die zu bewertende Sache berechnet werden. Die Ermittlung des aus wirtschaftlicher Sicht relevanten Wertansatzes ist in solchen Fällen eine komplexe Aufgabe, die in der Regel von Sachverständigen durchgeführt wird. Dabei orientiert man sich am Prinzip der ökonomischen Vernunft. Liegen zum Beispiel mehrere Verkaufswerte vor, wird entsprechend der Empfehlung von Mußhoff und Hirschauer der höchste gewählt, da dadurch bei einem Verkauf der höchste Gewinn erzielbar wäre.

Entschädigung von Nutztierrissen durch Wölfe im internationalen Vergleich

Obwohl es klar definierte theoretische Hintergründe für die Bewertung von Wirtschaftsobjekten im Einzelfall gibt, bestehen bei Nutztierrissen durch große Beutegreifer in der Regel unterschiedliche rechtliche Bewertungsvorgaben. Es ist jeweils länder- bzw. regionsspezifisch vorgegeben, unter welchen Bedingungen ein Schadensersatzanspruch besteht und wie die Höhe des Schadens im Anlassfall zu ermitteln ist.

Im europäischen Vergleich basiert die Schadensersatzsumme häufig auf einem gewissen Prozentsatz des Marktwertes der gerissenen Nutztiere und reicht laut **Reinhardt und Kluth** von 60 % (Marken in Italien) über 100 % (z. B. Schweiz) bis zu 110 % (Frankreich). Der durch einen Nutztierriss potenziell entstehende Schaden umfasst jedoch in der Regel mehr als nur den Marktwert der gerissenen Tiere. Solche indirekten Mehrkosten entstehen zum Beispiel durch die Bergung, den Abtransport und die Entsorgung von gerissenen Tieren, den entgangenen Zuchterfolg, den Verlust von Nachkommen bei trächtigen Tieren, eine verringerte Milchproduktion oder Aborte bei den verbleibenden Tieren, Behandlungskosten verletzter Tiere oder Suchkosten im Zuge eines Ersatzkaufs für ein gerissenes Tier. In einzelnen europäischen Regionen wird auch ein Teil dieser zusätzlichen Kosten abgegolten. So erhalten Betriebe in Frankreich etwa laut den französischen Ministerien für Ökologie und Solidarität sowie Landwirtschaft und Ernährung (2018) auch eine Entschädigung für ungeborene Nachkommen trächtiger Tiere sowie eine Erstattung der Behandlungskosten bei verletzten Tieren. Behandlungskosten werden laut Reinhardt und Kluth auch in einigen Regionen Italiens erstattet und in der Region Bozen laut Righetti ebenso die Entsorgungskosten von gerissenen Tieren.

Exemplarische Ermittlung potenzieller Wertansätze für die Entschädigung von Nutztierrissen anhand ausgewählter Nutztiere

Wie aus dem vorherigen Abschnitt hervorgeht, beruhen die Schadensersatzzahlungen von gerissenen Nutztieren im internationalen Vergleich meist auf Markt-

Abbildung 2: Der Wolf ist eine Projektionsfläche für Ängste und Erwartungen. (Foto © Karl-Heinz Volkmar)

werten. Daher wird auch für die nachfolgenden beispielhaften Kalkulationen der Marktwert als Wertansatz für Schadensersatzleistungen herangezogen. Die Kompensationszahlungen werden für zwei Tierarten (Schaf und Rind) sowie zwei Nutzungsarten (Zucht und Mast) berechnet, was insgesamt Werte für vier ausgewählte Tierkategorien (Zuchtschaf, Mastlamm, Zuchtkalbin, Jungrind) ergibt.

Der Marktwert für Mastlämmer und Jungrinder ist abhängig von den Fleischpreisen, die für die nachfolgenden Kalkulationen vom **Internetdeckungsbeitragsrechner der österreichischen Bundesanstalt für Agrarwirtschaft** entnommen wurden. Für Zuchttiere wird eine eigene Kategorie geschaffen, da die individuelle Zuchtleistung durch deren Tod unwiederbringlich verloren geht. Betriebe mit Zuchttieren führen üblicherweise ein Herdbuch, aus dem der Zuchtwert des jeweiligen Tieres hervorgeht. Der Geldwert von Zuchttieren ist dennoch abhängig von den am Markt bezahlten Preisen für das individuelle Tier. Der Marktwert von Zuchtschafen wurde aus den durchschnittlich erzielten Preisen verschiedener Rassen bei der Herbstversteigerung im Bezirk Leoben in der Steiermark vom Steirischen Schaf- und Ziegenzuchtverband im Jahr 2017 abgeleitet. Der Marktwert für Zuchtkalbinnen stammt ebenfalls vom Internetdeckungsbeitragsrechner der österreichischen Bundesanstalt für Agrarwirtschaft.

Die Höhe von Schadensersatzzahlungen ist sowohl von den Marktpreisen als auch vom gewährten Kompensationsumfang abhängig. Wird der komplette Marktwert abgegolten, so liegt die Entschädigungssumme in den vorliegenden Beispielen bei rund 280 € pro Zuchtschaf, 105 € je Mastlamm, 1.400 € je Zuchtkalbin und 880 € je Jungrind.

In vielen Teilen Europas stellt der bestehende Schutz von Nutztieren durch ein vordefiniertes Mindestmaß an Herdenschutzmaßnahmen eine Voraussetzung für den Erhalt einer Schadensersatzzahlung nach Nutztierrissen dar. Dieser Umstand verdeutlicht, dass auch bei bestehenden Herdenschutzmaßnahmen immer noch ein Rissrisiko durch Wölfe besteht.

Schlussfolgerungen und Ausblick

Aufgrund der Aktualität der Rückkehr von Wölfen in den Ostalpenraum sind potenzielle Handlungsalternativen für landwirtschaftliche Betriebe als ein sehr junges Forschungsgebiet zu sehen. Die Berechnung der Differenzkosten anhand modellierter almwirtschaftlicher Betriebe ist ein erster Ansatz, um die potenziellen Kosten für Herdenschutz abschätzen zu können. Etwaige Änderungen bei Leistungen, die z. B. durch ein besseres Herdenmanagement aufgrund der Herdenschutzmaßnahmen entstehen können, wurden in den Berechnungen nicht berücksichtigt, wären jedoch in einer umfassenderen Bewertung anzusetzen.

Die Umsetzbarkeit von Herdenschutzmaßnahmen ist stark abhängig von der Ausgangssituation des jeweiligen Betriebs. Somit sind auch die entstehenden Kosten für den Herdenschutz von Betrieb zu Betrieb verschieden und können stark variieren. Arbeitskosten im Zusammenhang mit Investitionen sowie laufenden Tätigkeiten sind bei allen drei betrachteten Herdenschutzmaßnahmen die ausschlaggebende Kostenposition. Vor allem die Erreichbarkeit der Alm, die Almfläche und die Größe der Herde beeinflussen den Arbeitsaufwand für die Herdenschutzmaßnahmen. Naturräumliche Gegebenheiten wie beispielsweise die Ausformung der Alm oder Unebenheiten des Geländes haben höhere Materialkosten zur Folge. Es konnte gezeigt werden, dass die Kosten des Herdenschutzes sehr stark von einzelbetrieblichen Gegebenheiten abhängen. Deshalb ist eine Hochrechnung der hier ermittelten Kosten für ganz Österreich bzw. den Ostalpenraum nicht möglich.

Die Wirtschaftlichkeit der Almwirtschaft sinkt durch die zusätzlichen Kosten für Herdenschutzmaßnahmen. Somit sind Herdenschutzmaßnahmen vor allem für jene Betriebe relevant, bei denen sich ein Schadensfall stark auf die wirtschaftliche Situation auswirkt oder sogar existenzbedrohend ist. Das Risiko ausgehend von der Risswahrscheinlichkeit kann derzeit noch nicht quantifiziert werden. Trotz teilweise hoher Investitionskosten gibt es keine Garantie, dass der Wolf durch Herdenschutzmaßnahmen ferngehalten werden kann. Auch die Effektivität der Schutzmaßnahmen ist noch nicht ausreichend in der Praxis erprobt. Somit sind Herdenschutzmaßnahmen mit einem hohen Investitionsrisiko verbunden.

Bei den Kalkulationen wurden ausschließlich Almen betrachtet. Bei zunehmender Wolfspräsenz sind allerdings nicht nur Almen betroffen. Der Schutz der Tiere auf Weiden im Tal ist ebenso erforderlich. Grundsätzlich können in Tallagen die gleichen Herdenschutzmaßnahmen wie auf der Almen eingesetzt werden. Bedingt durch die topographischen Gegebenheiten ist davon auszugehen, dass die Materialkosten und die Arbeitsintensität im Tal niedriger sein werden. Diesbezüglich gibt es für Österreich allerdings noch keine Forschungsergebnisse.

Um eine fundierte Basis für einen aussagekräftigen ökonomischen Vergleich aller Handlungsalternativen von landwirtschaftlichen Betrieben bei zunehmender Präsenz von Wölfen zu schaffen, müssen weiterhin verschiedene nationale und auch regionale Projekte durchgeführt werden, um mehr Datenmaterial und praktische Erfahrungswerte zu sammeln. Daten aus anderen europäischen Ländern können oftmals nicht direkt auf Österreich übertragen werden. Die Ostalpen stellen durch die vorherrschende Topographie andere Ansprüche an den Herdenschutz und auch die soziokulturellen Aspekte unterscheiden sich von Land zu Land.

Für einen großflächigen Einsatz von Herdenschutzmaßnahmen müssen zunächst die Rahmenbedingungen geschaffen werden. Die zur Verfügung stehenden

Kapazitäten hinsichtlich der zu verrichtenden Mehrarbeit, der Anzahl an ausgebildeten Herdenschutzhunden und des adäquaten Behirtungspersonals sind derzeit nicht ausreichend. Ebenso bedarf es einer klaren gesetzlichen Regelung hinsichtlich der Kompensation von Schäden an Nutztieren. Nur bei solchermaßen klar definierten Rahmenbedingungen können landwirtschaftliche Betriebe die ökonomisch sinnvollste Handlungsalternative für den eigenen Betrieb finden.

Autoren:

Dipl.-Ing. Anna Hinterseer, Lehrerin an der Landwirtschaftliche Fachschule Bruck an der Glocknerstraße, Bahnhofstr. 5671 Bruck a. d. Glocknerstraße

Dr. Andreas Niedermayr, Wissenschaftlicher Mitarbeiter am Institut für Agrar- und Forstökonomie an der Universität für Bodenkultur Wien, Feistmantelstr. 4, 1180 Wien

Dr. Martin Kapfer, Leiter der Abeitsgruppe Umweltökonomik und Ressourcenschutz an der Bayerischen Landesanstalt für Landwirtschaft, Menzinger Str. 54, 80638 München

Univ.-Prof. Dr. Jochen Kantelhardt, Leiter des Instituts für Agrar- und Forstökonomie an der Universität für Bodenkultur Wien, Feistmantelstr. 4, 1180 Wien

Reguliert der Wolf das Schalenwild?

Christine Miller

Wäre der Wolf nur ein einfaches Säugetier, das sich von Beutetieren ernährt, die zum Teil deutlich größer sind als er selbst, wäre die große gesellschaftliche Spaltkraft, die diese Art in Europa ausübt, nicht allein erklärbar. Der Wolf ist jedoch eine Projektionsfläche für Ängste und Erwartungen, die die Menschen hierzulande umtreiben. So wird er oft als Hoffnungsträger gesehen, der eine vom Menschen veränderte und zerstörte Umwelt „wieder heilt". „Wo der Wolf lebt, wächst der Wald", heißt eine dieser Beschwörungsformeln. Und nicht nur einfacher Wald soll es sein, der mit Hilfe des Wolfes sprießen wird, sondern der „Wald der Zukunft", der Wald, der dem Klimawandel standhält, oder einfach der Wald, der aktuellen forstlichen Leitbildern entspricht. Dabei wird die Rolle des Wolfs romantisch verklärt und seine Auswirkungen auf Ökosysteme in wunderbare, fast märchenhafte Geschichten gegossen, wie in einem Videoclip auf Youtube, der mehr als 40 Millionen mal abgerufen wurde und oft kritiklos zitiert wird. Jedoch sind die Auswirkungen von Wölfen auf sogenannte „trophische Kaskaden", die durch das gesamte Nahrungsnetz eines Ökosystems fließen, oft stark übertrieben und fußen auf wenigen, meist kurzzeitigen oder eingeschränkten Studien. Gute Wolfsforschung braucht einen langen Atem und Mittel, die Langzeit-Studien auch fördern und ermöglichen. Und sie braucht den Willen, zu Untersuchungszwecken an geeigneten Stellen einzugreifen, um einen Blick in die Maschinerie der Natur zu werfen. Was Wölfe tatsächlich in einem Ökosystem bewirken, ist sehr von den jeweiligen Bedingungen abhängig und längst nicht vollständig verstanden. An zentraler Stelle steht dabei das Wechselspiel zwischen Wölfen in einem Gebiet und ihren wildlebenden Hauptbeutetieren. Das sind in unseren Breiten in erster Linie Rotwild, dort wo es vorkommt, und dann Muffel-, Dam-, Reh- und Gamswild sowie Schwarzwild.

Die Literatur zu Großen Beutegreifern, vor allem zum Wolf, hat in den vergangenen zehn Jahren weltweit ungemein zugenommen. Es ist praktisch ausgeschlossen, alle diese Arbeiten zu sichten und auf ihre Aussagekraft und Übertragbarkeit abzuklopfen. Um sich trotzdem mit der größtmöglichen Transparenz, Objektivität und Wiederholbarkeit dieser Aufgabe zu nähern, haben wir in einem Projekt am Institut für Wildbiologie und Jagdwirtschaft an der Universität für Bodenkultur Wien anhand der Richtlinien zur Durchführung systematischer Studien in einem schrittweisen Vorgehen versucht, einen Überblick zu verschaffen, was heute über die Einflüsse von

Wölfen auf Schalenwild, auf das Artengefüge und Kaskadeneffekte im Verlauf der Nahrungsnetze bekannt und übertragbar ist (siehe Miller et al. 2018). Und wir haben in Workshops mit Wissenschaftlern und Forst- und Jagdpraktikern über ihre Erfahrungen diskutiert. Besonderes Augenmerk haben wir dabei auf Studien gelegt, die nach dem „BACI“ -Prinzip geplant wurden (before – after – control – intervention) und einen Zeitraum von mindestens drei Jahren umfassten. In solchen Studien werden zwei vergleichbare Gebiete untersucht, bevor in einem der beiden Gebiete eine künstliche Veränderung vorgenommen wird. Das kann zum Beispiel die Einzäunung einer Fläche sein oder ein deutlich veränderter Jagddruck im Vergleich zur Kontrollfläche. Den Ergebnissen solcher Studien wird mehr Aussagekraft zugestanden als kürzeren Untersuchungen oder der Beschreibung, was beobachtet wird, wenn zum Beispiel Wölfe in ein Gebiet neu einwandern. Da sich in der Natur immer viele Dinge gleichzeitig verändern, lässt sich oft nicht klären, was zufällig zur gleichen Zeit stattfindet und was tatsächlich Ursache und Wirkung ist. Von den insgesamt über 20.000 Veröffentlichungen, Magazinartikeln und Berichten blieben so 200 Studien, die letztendlich den definierten Kriterien genügten und in diese Auswertung einflossen.

Abbildung 1: Die Ausbreitung der Wölfe im Alpenraum stellt für das Wildtiermanagement eine große Herausforderung dar. (Foto © Stefan Meyers)

Der Einfluss von Beutegreifern

Wölfe wirken auf fünf verschiedenen Ebenen auf ihre Beutetiere ein:

- Sie lösen in den einzelnen potenziellen Beutetieren Stressreaktionen aus. Das wiederum kann zu Veränderungen verschiedener Körperfunktionen wie Stoffwechsel, Immunreaktion oder Fortpflanzung führen.
- Sie lösen Verhaltensänderungen bei den Beutetieren aus und beeinflussen damit die Einstandswahl und Wachsamkeit, bewirken Verschiebungen bei der räumlichen und zeitlichen Nutzung des Lebensraumes und bis hin Veränderungen im Sozialverhalten.
- Sie beeinflussen die Dynamik einer Beutepopulation, indem sie die Sterblichkeitsrate der Population erhöhen sowie eine höhere oder niedrigere Geburtenrate bewirken können.
- Sie beeinflussen die Konkurrenzverhältnisse innerhalb eines Artengefüges. Das kann zu den bereits erwähnten, sogenannten „trophischen Kaskaden" führen. Um derartige langfristige Veränderungen über mehrere Arten hinweg tatsächlich nachweisen zu können, braucht es jedoch gut durchdachte Langzeitstudien. Die sind nach wie vor rar.
- Und schließlich beeinflussen Wölfe langfristig auch die Mischung an verschiedenen Erbanlagen ihrer Beutetiere. Diese Evolutionsprozesse laufen immer in der Natur ab, und jede Art in einem Ökosystem wirkt in dieser Weise auf eine andere. Diese Vorgänge kann man mit Glück und Geschick in wissenschaftlichen Studien entdecken. Sie lassen sich aber niemals wirklich vorhersagen.

Gestresstes Wild – Können Wölfe krank machen?

Das Leben in der Natur ist kein Ponyhof. Die Tiere jeder Art müssen immer damit rechnen, dass sie von einer anderen Art oder einem anderen Tier bedroht, verdrängt oder getötet wird. Stress ist ein Notfallprogramm im Körper höherer Wirbeltiere, um mit dem Risiko des Lebens umzugehen. Bei den physiologischen Auswirkungen der Anwesenheit von Wölfen auf Schalenwildarten ist vor allem von Bedeutung, wann und wie viel Stress die potenzielle Beute empfindet. Die dadurch ausgelösten Stoffwechselveränderungen geben einen Einblick, wie ein Wildtier seine Umwelt wahrnimmt. Davon hängen auch weitergehende Reaktionen ab, von der Nahrungsaufnahme über vermehrtes Hungergefühl (und dadurch erhöhte Nahrungsaufnahme) bis hin zu verminderter Immunabwehr und dem Ausbruch latent vorhandener Infektionen. Die direkten Auswirkungen der Anwesenheit Großer Beutegreifer auf Stressreaktionen und Stressniveau von Beutetieren wurden bisher nur in wenigen Studien systematisch untersucht. Eine davon ist eine Studie in Polen, bei der die Abbauprodukte von Stresshormonen in der Losung von

Rot- und Rehwild bestimmt wurden. Diese Stresswerte waren sowohl bei Rotwild als auch bei Rehwild in den Gebieten mit Wolf und Luchs niedriger als in Gebieten ohne Große Beutegreifer, jedoch mit einem hohen Jagddruck durch Menschen (Jagdstrecke), hoher Straßendichte und Besiedelung. Hoher Jagddruck und niedrige Temperaturen verursachten bei Rotwild und auch bei Rehwild Stressspitzen. Da die polnischen Vorkommensgebiete von Großen Beutegreifern in der Regel wenig erschlossen und wenig menschlich genutzt werden, können die Beutetiere dort auch ungestörter ihre risikominimierenden Verhaltensweisen ausleben. Stress entsteht also nicht allein aus der Anwesenheit von Beutegreifern, sondern in erster Linie im Kontext menschlicher Eingriffe.

Stress kann durch seine Effekte im Tierkörper weitere Kaskadeneffekte bedingen. Vor allem der Nahrungsbedarf und die Nahrungsverwertung können beim Vorliegen von erhöhtem Stress zu einer erhöhten Aufnahme von vor allem kohlenstoffreicher Nahrung führen. Im Zusammenhang mit dem Auftreten von Schälung der Baumrinde durch Rotwild oder den Folgen von Bejagung in der Zeit des Stoffwechseltiefs von Schalenwild ist dieser Zusammenhang in Fachkreisen schon lange bekannt.

Gut untersucht und belegt sind auch Auswirkungen von andauerndem Stress auf die Immunreaktion von Tieren und auf die Fortpflanzung. Während längerer Stressphasen schraubt der Körper alles zurück, was er nicht zum unmittelbaren Überleben braucht. Dazu gehört auch die aufwendige und energiezehrende Immunabwehr. Tiere (inkl. Menschen), die über lange Zeit eine hohe Dosis an Stresshormonen ausschütten, sind leichter anfällig für Krankheiten und Parasiten. Ebenso kann sich die Fortpflanzungsrate verändern: Stresshormone können auf die Ovulationsrate wirken, auf das Geschlecht der ausgetragenen Embryonen, auf Körpergewicht und Stressanfälligkeit der geborenen Jungtiere und sogar Langzeit-Effekte auf die Reproduktionsrate dieser Jungtiere haben. Hochgradig gestresste Mütter können nämlich einzelne Gene ihrer Nachkommen schon im Mutterleib ausschalten, was zu generationenübergreifenden Folgen von Dauerstress führen kann. Ob und in welchem Maß die Anwesenheit von Wölfen derartige Auswirkungen auf Schalenwild tatsächlich hat, ist davon abhängig, wie „dauer-gestresst“ Rot-, Reh- oder Muffelwild insgesamt in dem Lebensraum sind. Bei gestörten Sozialstrukturen, ungünstigen Einständen und Äsungsbedingungen, hohem Konkurrenz- und Jagddruck kann die Anwesenheit von Wölfen eine zusätzliche Stressbelastung bedeuten und sogar den Gesundheitszustand der jeweiligen Population bis hin zum Ausbruch latent stets vorhandener Infektionen verschlechtern. Bei günstigen Bedingungen dagegen reagieren die Schalenwildpopulationen nicht mit physiologischen Anpassungen. Hier kann der Wolf dann sogar Gesundheitspolizei spielen.

Ausweichen als Überlebensstrategie – Wölfe als Auslöser von Verhaltensänderungen

Große Pflanzenfresser wählen die Flächen, auf denen sie äsen und sich einstellen, nach den dort vorliegenden Risiken aus. Die Bejagungsstrategie der Großen Beutegreiferarten, mit denen die Pflanzenfresser im Laufe der Evolution Kontakt hatten, ist ein prägender Faktor, der zur Ausbildung verschiedener Verhaltensweisen geführt hat. Grundsätzlich besitzen alle potenziellen Beutetierarten ein angeborenes Muster an risikominimierenden Verhaltensweisen:

- Wachsamkeit und Flucht,
- Nutzung anderer Einstände, je nach Wildart entweder mit besserer Übersicht oder besseren Versteckmöglichkeiten,
- verändertes Sozialverhalten, zum Beispiel größere oder kleinere Rudel, wieder je nach Art und Lebensraum,
- und schließlich unterschiedliche Raumnutzung, also zum Beispiel Austreten auf Äsungsflächen zu anderen Zeiten, Nutzung mehrerer Äsungsflächen, weniger berechenbare Nutzung von Äsungs- und Rückzugsgebieten.

Diese Verhaltensweisen können sofort und kurzfristig auftreten oder erst mit zeitlicher Verzögerung und langanhaltend sein. Wie sich zum Beispiel Rotwild verhält, wenn ein Wolf an einer Winterfütterung ein Tier reißt, lässt sich wieder nur im Zusammenhang mit den Rahmenbedingungen vorhersagen. Das Wild kann dauerhaft dieses Gebiet meiden oder sich nach relativ kurzer Zeit dort wieder einstellen.

Risikovermeidung ist nicht kostenlos! In einer stark vom Menschen geprägten Landschaft, bei hohem menschlichen Bejagungsdruck und bei Vorkommen verschiedener Risikofaktoren, seien es weitere Beutegreiferarten, klimatische Zwänge, Störungen oder Ähnliches, muss Wild „abwägen", welche Verhaltensweisen es wählt, welche davon es sich „leisten kann". Verändern Beutetiere ihre Einstände und Äsungsflächen als Reaktion auf Große Beutegreifer, müssen sie einen Kompromiss finden zwischen optimaler Äsungsfläche, Kräfteaufwand für den Einstandswechsel, Zeitverlust für Bewegung (Einstandswechsel) und erhöhter Wachsamkeit (Sicherungsverhalten) einerseits und Risikominimierung andererseits. Die Folgen, die sich aus diesem Effekt ergeben, sind stets eine geringere und weniger hochwertige Nahrungsaufnahme (Einstand in sicheren, aber weniger produktiven Flächen, weniger Äsungszeit). Teilweise können größere Sozialverbände die Zeiten individuellen Sicherungsverhaltens verringern, jedoch zum Preis erhöhter innerartlicher Konkurrenz und ggf. auch von erhöhtem Stress. Und eine einmal gefundene Kompromisslösung kann im Laufe der Zeit auch wieder geändert werden.

Zum Einfluss von Wölfen auf die Einstandswahl von Rotwild gibt es mittlerweile eine Reihe von Untersuchungen unterschiedlicher Aussagekraft und Übertragbarkeit. In Polen wurden sowohl der Einfluss von Habitatstrukturen auf die Einstandswahl und Feindvermeidung beim Rotwild untersucht als auch die Auswirkungen von Jagddruck, forstlichen Aktivitäten und Infrastruktur wie Straßendichte. In Gebieten mit Wolfspräsenz meidet Rotwild Äsungsflächen, die als unübersichtlich und „dicht" empfunden werden. Die Autoren dieser Studien untersuchten die Wirkung von liegendem Totholz, das potenziell auch eine schnelle Fluchtreaktion des Rotwildes erschwert. Ähnliche Ergebnisse und Beobachtungen sind auch aus anderen Gebieten bekannt und zeigen, dass kleinräumige Habitatstrukturen und die Größe von Freiflächen, die es dem Fluchttier Rotwild erlauben, rechtzeitig auf jagende Wölfe zu reagieren, die Raumnutzung steuern.

Auch menschliche Aktivitäten spielen bei der Einstandswahl von Schalenwild in Wolfsgebieten eine bedeutende Rolle. Forstliche und jagdliche Nutzung waren die Faktoren, die bei Untersuchungen in Rumänien die Einstandswahl sowohl von Rotwild als auch von Rehwild und Schwarzwild am stärksten beeinflussten. Dagegen waren die Wilddichten in den rumänischen Vergleichsgebieten, in denen keine Jagd erfolgte, nicht höher als in den bejagten. Wie auch in anderen Studien gezeigt, wurden Wolfsgebiete von Rotwild nicht generell gemieden.

In den slowakischen Karpaten zeigte eine aktuelle Studie, dass Rotwild in höheren Lagen (700–1.100 m) im Sommer keine Kompromisse zwischen der Vermeidung von Wolfsprädation und Äsungsverfügbarkeit eingehen musste. Wo reichlich Äsung zur Verfügung stand, war es auch sicher und übersichtlich. Im Winter nutzte das Rotwild zwei unterschiedliche Strategien. Entweder es blieb in den Hochlagen (oberhalb 700 m). Dann suchte das Wild nur jene Gebiete auf, bei denen ein geringes Wolfsrisiko herrschte oder es nutzte Äsungsflächen nur im Schutz hoher Rotwilddichten. Rotwild, das in die Niederungen zog, musste sich dort mit einer um 15 Prozent geringeren Nahrungsverfügbarkeit zufriedengeben. Jedoch war dafür das Risiko, von Wölfen angegriffen zu werden, in diesen Gebieten um 39 Prozent geringer im Vergleich zu dem in den Hochlagen verbliebenen Rotwild. Auch in anderen Regionen (Banff-Nationalpark, Kanada) zeigte sich, dass die Wapiti (Cervus canadensis), die große saisonale Wanderungen durchführen konnten, allgemein einem geringen Prädationsrisiko ausgesetzt waren – aber zu einem hohen energetischen Preis.

Wie für die Abwägung beim Kompromiss zwischen Äsung und Risiko zu erwarten, gibt es Untersuchungen, die zeigen, dass Rotwild (oder Wapiti) Offenlandbereiche stärker nutzen, wenn Wölfe präsent sind und andere, bei denen das Gegenteil auftrat. So verbissen im Yellowstone Nationalpark Wapiti bei Wolfspräsenz deutlich weniger Gräser und dafür mehr Gehölze, vermutlich weil das Wild deckungsreiche Habitate aufsuchte. Da die Wölfe im Yellowstone auf offenen Flächen erfolgreicher jagten, zogen sich Wapitihirsche vom Grasland in die Wälder zurück und ästen an Tagen mit mehr Wolfspräsenz vermehrt Weiden und Pappeln. Da die Nutzung von Offenland zum natürlichen Verhalten von Rotwild gehört, sind Verschiebungen aus Waldgebieten in die „natürlicheren" übersichtlichen, offenen Landschaftsbereiche eher zu erwarten. Dies entspricht auch den ersten Erfahrungen in den Wolfsgebieten Niedersachsens, Sachsens und Brandenburgs. Jedoch sind auch hier Verallgemeinerungen ohne Berücksichtigung der Rahmenbedingungen (Topographie, Jagddruck, Beuteverfügbarkeit etc.) zu vermeiden. In einer Untersuchung von Elisa Torretta und ihren Kollegen von der Universität Pavia in den nordwestitalienischen Alpen und dem ligurischen Apennin lag die Mehrzahl der Orte, an denen Wölfe Beute gerissen hatten, in steilem und offenem Gelände. Die Beutetierarten (Rehwild, Gamswild, Dam- und Schwarzwild) verschoben daraufhin ihre hauptsächlichen Einstände eher in geschlossene Waldbereiche, bevorzugt in der Nähe dichter besiedelter Gebiete.

Im Vergleich zur Situation ohne Anwesenheit von Wölfen werden in den wiederbesiedelten deutschen und österreichischen Wolfsgebieten tendenziell größere Rotwildrudel beobachtet. Aus Niedersachsen wurde ein Rudel von mehreren 100 Stück dokumentiert. Derartige Großgemeinschaften wechseln gegebenenfalls ihr Kernstreifgebiet, weg von den Wolfskernzonen. Je offener die Landschaft ist, desto größer scheinen die Rotwildrudel zu sein. Jedoch wurde in Dickungen nicht mehr oder weniger Rotwildpräsenz als vor der Anwesenheit der Wölfe festgestellt. In den Heidelandschaften auf der Iberischen Halbinsel wurden zum Beispiel größere Gruppen von Rehwild in offenen Habitaten beobachtet, nicht aber bei Rotwild.

Wie unterschiedlich sich das Auftreten von Wölfen in Rotwildgebieten auswirken kann, zeigte auch eine Befragung unter Jägern, Förstern und Wissenschaftlern in der Slowakei und in der sächsischen Lausitz in Deutschland. Offensichtlich existieren mitunter verschieden hohe Rotwilddichten eng nebeneinander. Jedoch wurde in beiden Gebieten bestätigt, dass Rotwild bei Wolfsanwesenheit mit höherer Wachsamkeit reagiert, somit mehr sichert, größere Fluchtdistanzen zeigt, auf kleinere Störungen reagiert, weniger Zeit mit der Äsungsaufnahme verbringt und unregelmäßiger zu sehen ist, also nicht mehr wie gewohnt zur selben Uhrzeit am selben Platz auftaucht. Teils formten sich Großrudel, andererseits wurde auch von sehr kleinen Rudeln berichtet, die dann weniger leicht gefunden werden können und mobiler sind. Die Großrudel stellen laut Untersuchungen in der Slowakei teils nur Äsungsgemeinschaften dar, welche gemeinsam zu attraktiven Äsungsflächen ziehen und dann wieder in kleine Gruppen zerfallen. Die dort beobachteten

Schwankungen in der Rudelgröße sind vermutlich dichte- und äsungsabhängig und unterliegen jahreszeitlichen Variationen, die von der Anwesenheit von Wölfen nur mäßig beeinflusst werden.

Der Einfluss von Wölfen auf die Einstandswahl und das Verhalten von Damwild wurde bisher in Mitteleuropa nicht systematisch untersucht. Jedoch scheinen in den bekannten Damwildgebieten die Bestände abzunehmen. Ein Grund dafür könnte darin liegen, dass Damhirsche bei der Auswahl ihrer Brunfteinstände wenig flexibel sind (ähnlich wie Birkwild). Tauchen Wölfe auf, können sie kaum mit einem Einstandswechsel reagieren. Die traditionellen Brunftplätze werden weiter aufgesucht, obwohl sie zum Teil in den Wolfskerngebieten liegen und das Risiko, gerissen zu werden, dort hoch ist.

Zu Verhaltensänderungen von Rehen und Gämsen in Anwesenheit von Wölfen gibt es kaum gesicherte Studien, während der Einfluss von Luchsen gut untersucht ist. Und hier zeigt sich ein Dilemma, das Rehwild hat, wenn zwei Jäger, Mensch und Luchs, Beute machen wollen. Die Strategie, die Rehe wählen, um nicht erlegt zu werden – das Meiden von Freiflächen tagsüber –, setzt sie in den Rückzugsgebieten in Dickungen einem erhöhten Risiko aus, dort von Luchsen gerissen zu wer-

Abbildung 2: Wölfe werden auch Rotwildfütterungen zum Beutemachen nutzen. (Foto © Karl-Heinz Volkmar)

den. Derartige „superadditive" Effekte, das heißt eine höhere Sterblichkeit durch Mensch und Beutegreifer zusammen als nur durch die Addition von Rissrate und Rehwildstrecke in Gebieten, in denen nur einer jagt, Mensch oder Luchs, tritt auch beim Wolf und beim Rotwild auf.

Das Ende der Winterfütterung? Rotwildmanagement mit Wölfen

Nur noch in wenigen Regionen Europas kann Rotwild seine jahreszeitlichen Wanderungen zwischen Sommer-, Brunft- und Winterlebensraum ungestört durchführen. Meist werden verloren gegangene oder nicht mehr zugängliche Wintereinstände in Mitteleuropa durch Winterfütterungen ersetzt, um diese Wildart in der heutigen zergliederten Kulturlandschaft zu erhalten. Die engmaschige Steuerung von Rotwild vor allem im Winterhalbjahr dient zugleich dazu, die Einwirkungen von Rotwild, aber auch von Rehwild auf intensiv forstlich genutzte Flächen zu minimieren und neue waldbauliche Ziele mit wenig zusätzlichen Schutzmaßnahmen umsetzen zu können. Deshalb kommt der Frage, ob diese Steuerung des Schalenwildes (Rot-, Reh-, zum Teil auch Dam- und Muffelwild) auch bei Anwesenheit von Wölfen noch möglich ist, große Bedeutung zu. Die Antwort ist auch hier ein entschiedenes „Kommt darauf an!"

Interessant sind hier Erfahrungen und entsprechende Untersuchungen aus der Slowakei und aus Slowenien. In der Slowakei herrscht ein ähnliches Fütterungskonzept wie in Österreich. Es ist dort aber die Praxis, eher mehrere kleine Futterplätze anzubieten als wenige große. Bei anfänglicher Wiederbesiedelung durch den Wolf hatte man zwei bis drei Jahre lang in beiden Gebieten mehr Risse verzeichnet. Jedoch scheint es mit der Zeit zu einer Anpassung des Rotwilds mit entsprechenden Feindvermeidungsstrategien gekommen zu sein. Es konnte keine langfristige Störung des Rotwildes durch Wolfsinteraktionen festgestellt werden. Auch in Slowenien nahm das Rotwild Winterfütterungen, selbst im Wolfskerngebiet, an. Obwohl es immer wieder zu Rissen an den Fütterungen kam, kehrte das Wild nach kurzer Zeit immer wieder an diese Stellen zurück.

Die räumliche und zeitliche Lenkung von Schalenwild, vor allem zur Entlastung der Waldvegetation im Winter, zum Beispiel durch Fütterungen, erscheint auch in den neuen Wolfsgebieten in Mitteleuropa und im Alpenraum grundsätzlich weiterhin möglich, jedoch nur, wenn bestimmte Rahmenbedingungen eingehalten werden. Dazu gehört, die Wintereinstände rund um eine Fütterung vor allem für Rotwild insgesamt attraktiv zu gestalten (Ruhe, wenig Jagddruck, klimatisch günstige Lage, Überblick etc.). Je mehr Winterfütterungseinrichtungen in einem Gebiet angeboten werden, desto leichter lässt sich das Rotwild großräumig dort halten. Rot- und Rehwild können so bei Rissereignissen an einer Fütterung zu einer anderen im erreichbaren Umfeld wechseln. Der Betrieb von Wintergattern dagegen scheint nicht mehr sinnvoll zu sein. Ein Wintergatter, oft mit steilen, felsigen Passagen, lässt sich kaum wolfssicher abzäunen, in der Weise, dass keine Stelle untergraben oder nirgendwo ein Einsprung für Wölfe möglich ist. Anstelle eines großen Wintergatters wird deshalb empfohlen, das dort auf kleiner Fläche konzentrierte Rotwild auf mehrere kleinere, attraktive Fütterungsstandorte zu verteilen.

Trotzdem sind der räumlichen Steuerung vor allem von Rotwild bei Anwesenheit von Wölfen Grenzen gesetzt. Sichere Einstände sind neben den übersichtlichen Flächen (wenn dort auch geringer menschlicher Jagddruck herrscht) auch steilere Bereiche im Berggebiet, in denen der Hetzjäger Wolf nicht mit seiner Jagdstrategie erfolgreich ist. Und viele steile, sichere und klimatisch günstige Einstände sind oft als sogenannte Schutzwälder ausgewiesen worden. Deshalb wird empfohlen, in derartigen Gebieten, in denen Wild nicht mehr einfach vergrämt werden kann, entsprechende forstliche Maßnahmen wie Einzelschutz von Verjüngungspflanzen anzuwenden, wo eine zügige Verjüngung unabdingbar ist. Zudem könnten mit einer stringenten Risikoanalyse Maßnahmen in Schutzwaldprojekten (mit entsprechendem forstlichen Management) überprüft werden. Auf diese Weise könnte der Handlungszwang, zum Beispiel bei der Verjüngung von „Schutzwaldbereichen" ohne klaren Objektschutzcharakter, unter Umständen verringert werden.

Mehr Wölfe – weniger Wild? Populationsdynamik in Anwesenheit Großer Beutegreifer

Die Entwicklung von Rotwildpopulationen – Rotwild ist Hauptbeuteart – bei einwandernden und residenten Wolfspopulationen kann nicht eindeutig vorhergesagt werden. Sie ist ebenso wie auch die Auswirkungen des Wolfes auf andere Beutetierarten abhängig von einer Vielzahl von Faktoren. Um den Einfluss von Wölfen auf die Zahl bzw. Dichte eines Schalenwildbestandes überhaupt darstellen zu können, müssen wesentliche Daten zu den Schalenwildbeständen und den Verlusten durch Wölfe erhoben werden. Wichtig in diesem Zusammenhang ist auch, zwischen der angenommenen oder beobachteten Rissrate der Wölfe und der Prädationsrate zu unterscheiden. Die Rissrate gibt an, wie viele Tiere pro Beutegreifer und Zeiteinheit in einem Gebiet getötet werden, und vermittelt einen Eindruck von der Nahrungsbasis des Beutegreifers. Sie hat aber wenig Aussagekraft über den Einfluss des Beutegreifers auf die Population seiner Beutetiere. Dieser wird hingegen in der „Prädationsrate" ausgedrückt und gibt den Anteil der Beutetierpopulation an, die vom Beutegreifer gerissen wird, und repräsentiert damit den Druck der Beutegreifer auf die Beutepopulation. Beide Raten sind allerdings nur manchmal eng gekoppelt und in hohem Maß davon abhängig, was sonst in dem Gebiet und mit den Schalenwildbeständen dort passiert. Vorhersagen über die Entwicklung der Rotwildpopulation können nur gemacht werden, wenn neben dem rein zahlenmäßigen Verhältnis von Beutegreifern zur Beutepopulation auch das zur Verfügung stehende Beutespektrum, dessen Nutzung durch den Wolf und – am wichtigsten – der menschliche Einfluss (Jagd) auf die Mortalitäts- und Zuwachsrate (über die Sozialstruktur) der Beutepopulation bekannt sind und welche Bedeutung Wanderbewegungen bei den Beutetieren haben. Nur mit diesen Kenntnissen könnten auch Prognosen über die Schwankungen der Zuwachsraten bei der Beutetierpopulation gemacht werden.

Der Aufwand, den Beutetiere treiben müssen, um nicht gerissen zu werden, belastet ihre Energiebilanz. Neben dem direkten Effekt der Rissrate (wie viele Tiere der Population werden gerissen), gibt es noch den „Risikoeffekt", der die Zu- oder Abnahme der Beutetierpopulation beeinflusst. Ob Beutetiere Gefahren vorhersehen oder ihnen ausweichen können, trägt entscheidend zu diesem „Risikoeffekt" bei. Der Einfluss durch den Wolf wirkt daher nicht nur rein numerisch, sondern auch durch die von den Beutegeifern hervorgerufenen Verhaltensänderungen, die zu einer verminderten Kondition und damit einer zusätzlichen Mortalität beitragen können. Diese „Risikoeffekte" können den Einfluss der rein numerischen Entnahme von Tieren weit übertreffen.

Zu den Risikoeffekten trägt auch die Bejagung durch den Menschen bei. Sie kann ebenfalls nicht nur rein zahlenmäßig wirken, sondern darüber hinaus „superadditiv". Das heißt, wenn die jagdliche Entnahmerate um ein Prozent steigt, kann die Zuwachsrate zum Teil um deutlich mehr als ein Prozent sinken. Dies müsste bereits jetzt bei der Planung jagdlicher Maßnahmen berücksichtigt werden, umso mehr aber beim Auftreten zusätzlicher Mortalitätsfaktoren, wie bei Wolfsrissen.

Die Entwicklung des Wapitibestandes im Yellowstone-Gebiet nach der Einwanderung von Wölfen zeigt diese Zusammenhänge beispielhaft. Die in verschiedenen Publikationen verbreitete Abnahme der Wapit um mehr als acht Prozent pro Jahr wurde von verschiedenen Autoren den zugewanderten Wölfen zugeschrieben. In einer Analyse der Prädationsraten und weiterer Mortalitätsfaktoren zeigten eine Reihe von ausführlichen Studien, zum Beispiel von Rolf O. Peterson, John Vucetich und Kollegen, dass allein mit Bejagung und der in dieser Zeit herrschenden extremen Klimasituation (große Trockenheit) bereits eine Abnahme der Population um 7,9 Prozent erklärt werden konnte. Außerdem berichtete John Vucetich von zwei langen Phasen im Yellowstone-Ökosystem, jeweils etwa 15 Jahre dauernd, in denen einmal Wölfe keinen Einfluss auf die Reduktion ihrer Hauptbeuteart Wapiti hatten und einmal den Bestand deutlich reduzierten.

Der kleine Happen zwischendurch: Dam-, Reh-, Gams-, Muffel- und Schwarzwild

Wie bereits erwähnt, scheinen in den bekannten Damwildvorkommen Nord- und Ostdeutschlands die Bestände nach Rückkehr des Wolfes deutlicher und schneller zurückgegangen zu sein, als das bei Rotwild beobachtet werden konnte. Die Ortstreue von Damwild scheint hier ein Schlüsselfaktor zu sein.

Der Anteil von Rehen am Spektrum der Wolfsbeute richtet sich nach dem Angebot an größeren Schalenwildarten. Aus diesem Grund dürfte Rehwild im sächsischen Wolfsvorkommen als Hauptbeuteart dienen. Das Rotwildvorkommen im Kerngebiet der Wölfe ist nach Aussagen der dortigen Flächenverantwortlichen sehr niedrig. Andererseits spielt auch die pflanzliche Produktivität eines Standorts eine Rolle. Denn je mehr Pflanzenmasse in der Krautschicht und im Äserbereich des Rehs vorhanden ist, desto mehr Rehwild und damit Beutemasse ist in einem Gebiet vorhanden. Wobei der menschliche Jagddruck dieses Angebot deutlich beeinflussen kann.

Rückläufige Gamswildbestände werden im gesamten Alpenraum beobachtet. Ob bejagt oder unbejagt, ob Große Beutegreifer vorhanden sind oder nicht – Gamswild wandelt auf einem absteigenden Pfad. In den Abruzzen wird eine Zunahme der Wolfspopulation in Vorkommensgebieten der seltenen und unter ähnlichen negativen Einflussfaktoren leidenden Gamspopulationen kritisch gesehen. Die Abruzzengams ist ebenfalls im Anhang II der Flora-Fauna-Habitat-Richtlinie (FFH-RL) gelistet wie der Wolf, und der verantwortliche Staat muss Maßnahmen ergreifen, um die Verschlechterung des Erhaltungszustands zu verhindern. Das gilt auch für die Alpengams, die im Anhang V der FFH-RL gelistet ist. Und auch für sie wird das Auftreten des Wolfs im Verbreitungsgebiet als zusätzlicher Risikofaktor kritisch gesehen.

In der Untersuchung von Elisa Torretta lagen die Orte, an denen Gämsen in den nordwestitalienischen Alpen gerissen wurden, bevorzugt in offenem, steilem Gelände. Das Gamswild könnte sich nun in tiefere Lagen (Wald) oder in höhere Einstände zurückziehen, um sein Risiko zu vermindern. Jedoch herrscht gerade in den höheren Lagen bereits drangvolle Enge durch die Konkurrenz mit anderen Schalenwildarten (allen voran Steinwild) oder durch menschliche Nutzung. Gerade im Sommer ist optimale Äsung ein wichtiger Faktor für die Zuwachsrate des Gamswildes. Und eine durch Wolfspräsenz hervorgerufene Verdrängung aus den optimalen Sommergebieten könnte sich empfindlich auf den Erhaltungszustand des Gamswildes auswirken. Auf jeden Fall sollte aufgrund der kritischen Populationsentwicklung beim Gamswild frühzeitig darauf geachtet werden, dass die Populationsentwicklung gut dokumentiert wird. Auch sollten mögliche

„superadditive" jagdliche Effekte auf Gamsbestände in Vorkommensgebieten von Großen Beutegreifern vermieden werden.

Eine der als besonders stark bedroht eingestuften Säugetierarten Europas ist das Muffelschaf. In allen mitteleuropäischen Vorkommensgebieten von Muffelwild (die auf Auswilderungen im 19. und 20. Jahrhundert zurückgehen), in die Wölfe eingewandert sind, ist das Mufflon innerhalb weniger Jahre verschwunden. Diese Wildart wird, ähnlich wie ungeschützte Hausschafe, von Wölfen als Beute stark bevorzugt, gejagt und gerissen. Auch in felsenreichen Einständen wie den Westalpen ist die Art nach dem Auftauchen von Wölfen weitgehend verschwunden. Selbst in Regionen mit steilen, felsigen Einstandsmöglichkeiten können offensichtlich Wölfe empfindlich auf den Zuwachs dieser Wildart wirken.

In italienischen Vorkommensgebieten von Wölfen (Apennin, Westalpen) stellen Wildschweine einen deutlichen Anteil, teilweise den Hauptbestandteil des Beutespektrums dar. Nach der Analyse von 21 verschiedenen Studien folgern die Autoren um Emiliano Mori, dass der Anteil von Schwarzwild im Beutespektrum abnimmt, wenn Rehwild oder Weidetiere zunehmen. Auch vermuten die Autoren, dass die oft sehr starke Kontrolle der Wildschweinbestände durch die Jagd dazu führt, dass Wölfe zu anderen Arten des Beutespektrums wechseln. Ob die Erbeutung von Schwarzwild durch Wölfe einen Einfluss auf deren Populationsdynamik hat, konnte jedoch in keiner der untersuchten Studien nachgewiesen werden.

Von trophischen Kaskaden und Evolution – Wölfe in der Theorie

Wölfe als Hetzjäger selektieren ihre Beutetiere gezielt nach Kriterien der Fitness. Das heißt, in der Mehrzahl fallen schwächere, jüngere und ältere Tiere der Bejagung durch Wölfe zum Opfer. Wobei Wölfe durchaus anthropogene Strukturen wie Straßen und Zäune in ihrer Jagdstrategie nutzen können, während diese für die Beutetiere in der Regel nachteilig wirken. Dadurch können Wölfe zwar einerseits bereits frühzeitig schwache und kranke Tiere erkennen und erbeuten. Andererseits aber nutzen sie ein völlig vom Menschen geprägtes Umfeld, das auch dem fittesten Beutetier zum Nachteil gereichen kann. Ob Wölfe also den Gesundheitszustand ihrer Beutepopulationen positiv beeinflussen können, ist wiederum von vielen weiteren Faktoren abhängig, wie Landschaftsstrukturen, Einstandswahl und Schalenwilddichte.

Zudem sind Zusammenhänge und Effekte von Wölfen auf ihre Beutetiere und in der Folge auf die Pflanzengesellschaften vom Maßstab der Betrachtung abhängig und davon, dass Ökosysteme aufgrund verschiedener Habitatgegebenheiten, Topografien und anthropogener Einflüsse unterschiedlich reagieren. Mit größeren Rotwildrudeln könnte beispielsweise lokal konzentrierter Verbiss oder Schälung der Baumrinde durch Rotwild in einem betroffenen Gebiet oder Revier deutlich merkbarer ausfallen, während im Gesamtverbiss hingegen keine relevante Veränderung auftritt, wenn man eine Schadenserhebung für eine größere Region im Mindestmaßstab von Rotwildterritorien über Jahre erhebt. Große Rudel können auf Offenlandflächen auch bedeutsame Schäden an landwirtschaftlichen Kulturen verursachen.

Die weiterreichenden Folgen des Vorkommens von Wölfen auf die Vegetation stehen daher auf dünnem Fakten-Eis. Innerhalb der trophischen Nahrungskaskade Großraubtiere – Pflanzenfresser – Wald wirkt sich eine Vielzahl von Faktoren auf den Gehölzverbiss in einem Waldbestand aus. Das Verjüngungspotenzial wird zudem von den Standorteigenschaften (pH-Werte, Licht, Klima, Produktivität, Konkurrenz, Boden und vieles mehr) beeinflusst. Je nach Stärke der einzelnen Faktoren wirkt sich die Anwesenheit von Schalenwildarten unterschiedlich auf die Waldverjüngung aus. Aufgrund dieser Komplexität der Zusammenhänge ist bereits ohne Anwesenheit von Wölfen eine Vorhersage des Wildeinflusses auf die Walddynamik nicht möglich. Da weiterhin auch die Wechselwirkungen zwischen Wolf und Schalenwild von vielen wandelbaren Faktoren abhängen, werden angenommene Wechselwirkungen zwischen Wolfspräsenz, Waldentwicklung und Biodiversität vollends zu rein theoretischen Gedankenmodellen mit vielen Parametern, die sich gegenseitig unterschiedlich beeinflussen. Da mitteleuropäische Wälder forstlich und jagdlich stark genutzt werden, sind die angenommenen Kaskadenwirkungen rein hypothetisch. Die einfache Gleichung „Wolf = weniger Wild = weniger Verbiss/Schälung der Baumrinde durch Rotwild“ trifft nicht zu.

Konsequenzen für die Praxis

Die Einflüsse von Großen Beutegreifern auf ihre Beutetiere, vor allem von Wölfen auf Rotwild, sind abhängig von der Ausgangslage (Lebensraum, Artenspektrum, Wilddichte etc.) und den Rahmenbedingungen (Jagddruck, Störungsdruck, Nutzungsspektrum etc.). Es kann zu klein- oder großräumigen Veränderungen in der Einstandswahl der Beutetiere, vor allem von Schalenwild, sowie zu Verhaltensänderungen (Rudelbildung, Wachsamkeit, Aktivitätsmuster, Fressverhalten etc.) kommen.

Ob und wie stark Wölfe Schalenwildpopulationen in ihrer Dichte begrenzen können, hängt unter anderem von zur Verfügung stehender Alternativbeute, der Vielfalt und Dichte an Beutetieren in einem Gebiet und der menschlichen, vor allem jagdlichen Beeinflussung der Beutetiere ab. Kurz- bis mittelfristige Vorhersagen über die Dichteentwicklung von Beutetieren, vor allem Schalenwild, können in kleinräumigen, auf einzelne Forstbetriebe oder Reviere bezogenen Maßstäben nicht gemacht werden. Allerdings wird es stets zu einer unbestimmbaren Raum- und Zeitnutzungsänderung des Wildes kommen. Aus diesen Gründen erscheint es unmöglich, vom Auftreten Großer Beutegreifer direkt auf Auswirkungen auf forstliche Zielgrößen und Parameter (Waldverjüngung, Verbiss- und Schälereignisse) zu schließen.

Die Bejagbarkeit von Schalenwild wird sich allgemein beim Wiederauftreten von Wölfen, in Abhängigkeit von Topographie und Jagddruck, verändern. Nach bisherigen Erfahrungen ist der Jagderfolg in kleinen Reviereinheiten grundsätzlich weniger planbar. Das Wild ist vorsichtiger und möglicherweise großräumiger unterwegs.

Deshalb ist es sinnvoll, die jagdliche Planung so zu gestalten, dass sie auf große Wildräume bezogen wird und die Eingriffe in die Schalenwildpopulationen in Höhe und räumlicher Verteilung flexibel gestaltet werden können. Kleinflächige, auf Revierebene bezogene Mindestabschussvorgaben sind bei Anwesenheit von Wölfen nicht sinnvoll. Auch sollten für ein vorausschauendes und korrekturfähiges Jagdmanagement solide Daten zu Vorkommen und Dynamik der Schalenwildbestände erhoben und ein entsprechendes Monitoringsystem organisiert werden. Ebenso sollte der Jagddruck durch den Menschen entsprechend angepasst werden, mit deutlich kürzeren Jagdzeiten, geringeren jagdlich beunruhigten Flächen (das heißt größeren Wildruhezonen) und Methoden, die superadditive Effekte verhindern. Als Konsequenz muss auch die auf einzelne Reviere bezogene verschuldensunabhängige Haftung für Wildschäden überdacht werden, da eine attraktive Reviergestaltung inklusive Fütterung nur noch ein Angebot an Rot- und Rehwild darstellt, das jederzeit als Folge von Wolfspräsenz ausgeschlagen werden kann.

Kommt der Wolf, wächst der Wald – oder eher nicht!

Wölfe und Rotwild sind ein altes, aufeinander eingespieltes Team in den Lebensräumen der nördlichen Hemisphäre. Die beiden Arten haben hunderttausende Jahre gemeinsamer Evolution auf dem Buckel, ja teilen sich sogar Parasiten, die an beide Arten in ihrem Lebenszyklus angepasst sind. Ist also alles gut? Können wir getrost der Natur ihren Lauf lassen, wenn Wölfe in die mitteleuropäischen und alpinen Rotwildgebiete zurückkommen? Theoretisch ja, wenn wir gleichzeitig Forst- und Landwirtschaft einstellen, die Straßen und Siedlungen zurückbauen und uns irgendwo auf einer Zuschauertribüne niederlassen. Dann können wir beobachten, wie die Natur ihr Räderwerk anwirft und immer wieder neue Balancestadien entwirft.

Weil die Chancen aber gering sind, dass wir in dieser Weise auf die Rückkehr einer neuen Art in die von uns dominierte Kulturlandschaft reagieren, sollten wir

Abbildung 3: Die Rolle des Wolfes für die Forstwirtschaft ist kontextabhängig. (Foto © Stefan Meyers)

genau hinschauen und klug eingreifen, damit wir die Vielfalt unserer Lebensräume und die heute darin lebenden Arten sichern. Wölfe haben weitreichenden Einfluss auf ihre Beutetiere. Wir sollten informiert dieses Zusammenspiel lenken und gestalten, zum Erhalt der Artenvielfalt unserer Natur- und Kulturlandschaften. Und wir sollten uns hüten, einzelne Arten mit unseren Vorstellungen, Wünschen und Sehnsüchten zu belasten. Alle (Wild-)Tiere sind gleich und alle verdienen einen angemessenen, fachlich fundierten Umgang.

Autorin:

Dipl.-Biol. Dr. Christine Miller, Wildbiologin und Journalistin, Haslau 21, D-83700 Rottach-Egern

Die Rückkehr des Wolfes aus Sicht des WWF

Christian Pichler

Einleitung

Ausgelöst durch den menschlichen Raubbau an der Erde erleben wir derzeit weltweit einen starken Rückgang der biologischen Vielfalt. Zurückzuführen ist dieser Biodiversitätsverlust maßgeblich auf die zu hohe Intensität menschlicher Landnutzung, auf die übermäßige Beanspruchung natürlicher Ressourcen und auf einen raschen Verlust an Naturnähe, also ein „Zuviel" an menschlicher Einflussnahme auf die uns tragenden Ökosysteme. Das gilt auch für Österreich, trotz erheblicher Naturschutzbemühungen in den letzten Jahrzehnten. Diese wurden maßgeblich und durchaus positiv von den Verpflichtungen, die von den EU-Naturschutzrichtlinien ausgehen, beeinflusst. Tatsächlich waren diese Richtlinien nicht ganz wirkungslos, denn während die Bestände vieler Arten weiterhin stark abnehmen und viele Lebensraumtypen Anzeichen einer fortschreitenden Degradation zeigen, gibt es bei vereinzelten Arten eine gegenläufige Entwicklung. So geht es bei den Populationszahlen des Wolfs in vielen Regionen Europas seit etwa 30 Jahren bergauf. Manche Interessengruppen vertreten daher den Standpunkt, dass der Wolf nicht mehr als gefährdet gelten könne und versuchen mit dieser Argumentation eine Aufweichung des EU-rechtlichen Schutzstatus sowie Bestandsreduktionen und „wolfsfreie Zonen" durchzusetzen.

In diesem Kapitel soll näher auf die Motive des WWF Österreich eingegangen werden, sich dennoch entschieden für die Aufrechterhaltung des hohen Schutzstatus des Wolfs sowie der anderen Großen Beutegreifer einzusetzen. Dieses Engagement hat jahrzehntelange Tradition und wird derzeit durch die intensiven Debatten um die Rückkehr des Wolfs nach Österreich auf eine – bisweilen durchaus harte – Bewährungsprobe gestellt.

Was sind also die „guten" Gründe, die den WWF dazu veranlassen, für ein möglichst flächendeckendes Vorkommen von Wolf, Braunbär und Luchs einzutreten? Warum brauchen wir den Wolf in der mitteleuropäischen Landschaft und warum sollen wir die Anpassungsvorgänge in Kauf nehmen, die eine Koexistenz mit den Großen Beutegreifern unzweifelhaft erfordert? Wir wollen in diesem Kapitel aufzeigen, welche Rahmenbedingungen es aus unserer Sicht für ein möglichst konfliktfreies Zusammenleben zwischen Mensch und Wolf braucht und welchen Beitrag der WWF bisher dazu geleistet hat und in Zukunft leisten wird.

Der Wolf – ein Bestandteil unserer Natur

Das Ziel des WWF ist es, die weltweite Zerstörung der Natur und Umwelt zu stoppen und eine Zukunft zu gestalten, in der Mensch und Natur in Harmonie miteinander leben. Voraussetzung dafür ist, die biologische Vielfalt zu erhalten und die Funktionsfähigkeit von Ökosystemen zu sichern. Hier kommt dem Wolf eine wichtige Aufgabe zu, denn die Sichtweise des WWF auf die Großen Beutegreifer wird maßgeblich von der Überzeugung getragen, dass Spitzenprädatoren eine wesentliche Rolle bei der Wiederherstellung von mehr Naturnähe in unseren Landschaften spielen können und dass sie für die „Gesundheit“ und das „Funktionieren“ heimischer Ökosysteme essenziell sind.

Bestimmte Arten haben überproportional starke Effekte auf andere Arten und Abläufe in den Ökosystemen, in denen sie leben. Das wurde erstmals in den 1980er Jahren beschrieben. Für Arten, die besonders starke Auswirkungen auf die Verteilung und Häufigkeit anderer Organismen zeigen, wurde damals der Begriff der Schlüsselarten (keystone-species) geprägt. Das Schlüsselarten-Konzept ist in der modernen Ökologie zu einer der einflussreichsten Ideen geworden und spielt unter dem Begriff der „strongly interacting species“ in der Naturschutzbiologie eine zunehmend wichtige Rolle. Besondere Aufmerksamkeit richtete sich dabei auf Arten, die imstande sind, sogenannte „trophische Kaskaden“ zu erzeugen. Dieser Begriff bezeichnet Vorgänge in einem Ökosystem, die von einer Räuber-Beute-Beziehung ausgehen, sich durch mehrere Glieder einer Nahrungskette bzw. eines Nahrungsnetzes kaskadenartig fortpflanzen und zu dramatischen Veränderungen der Häufigkeit, Biomasse und Produktivität von anderen Organismen führen. Auch die Beziehungen von Wölfen zu ihrer Beute (meist großen Pflanzenfressern) und die Folgewirkungen auf die Waldvegetation wurden unter dem Aspekt von trophischen Kaskaden diskutiert. Ein erstes konkretes Beispiel lieferte die berühmte Langzeitstudie an den Wölfen und Elchen der Isle Royale im Lake Superior, USA. Hier konnte mit Hilfe von Jahrringuntersuchungen an der Balsamtanne (Abies balsamea) der unter dem Einfluss der Wolfsprädation schwankende Verbissdruck dokumentiert werden, den Elche (Alces alces) auf die Tannen ausüben: Phasen geringen Verbissdrucks – also der geringen Schädigung von Tannentrieben durch die Knospen und Zweige fressenden Elche – korrelierten eng mit Jahren, in denen ein hoher Wolfsbestand für eine geringe Elchdichte sorgte, während umgekehrt geringe Wolfsbestände hohe Elchdichten und intensiven Verbiss bei den Balsamtannen zur Folge hatten.

Auch zahlreiche andere Forschungsarbeiten, vor allem jene, die sich mit der Wiederansiedlung von Wölfen im Yellowstone Nationalpark beschäftigt haben, zeigen diese Wechselwirkungen auf, auch die genauen Effekte der Wölfe werden kontrovers diskutiert. Wie groß auch immer die ökologische Bedeutung von Spitzenprädatoren im Einzelfall sein mag, für den WWF steht fest, dass dem Wolf eine Schlüsselrolle in heimischen Ökosystemen zukommt und wir daher den Aufbau von vitalen Populationen dieser und anderer Großer Beutegreifer anstreben.

Erwartungen, Risiken und Chancen

Wolfsbestände werden weiter zunehmen

In weiten Teilen Europas, das einst flächendeckend von Wölfen besiedelt war, wurde der Wolf Ende des 19. Jahrhunderts durch intensive Verfolgung ausgerottet. Eine veränderte Einstellung der Gesellschaft dem Wolf gegenüber, der nachlassende Verfolgungsdruck, erfolgreiche Schutzbemühungen, die Zunahme der Beutetiere (z. B. die Schalenwildarten Reh, Rothirsch und Wildschwein) und vor allem eine stärker naturschutzorientierte Gesetzgebung haben dem Wolf eine Rückkehr in viele ehemalige Vorkommensgebiete Europas ermöglicht. Durch das Ansteigen der Wolfspopulationen in den umliegenden Nachbarstaaten ist auch eine natürliche Rückkehr nach Österreich in Gang gekommen.

Regelmäßig wandern Einzeltiere aus den West- und Südalpen, aus Deutschland, den Karpaten und anderen osteuropäischen Regionen nach Österreich ein, halten sich hier kurzfristig auf, lassen sich für längere Zeit nieder oder bilden Rudel. Derzeit gibt es in Österreich drei Wolfsfamilien. Vieles deutet aus Sicht des WWF darauf hin, dass mit einer weiteren Zunahme des Wolfsvorkommens zu rechnen ist. Denn erstens wachsen die Populationen in den Nachbarstaaten Österreichs an, was zu einer weiteren Ausbreitung führen wird. Weiters zeigen Habitateignungsanalysen für Österreich, dass geeignete Lebensräume für den Wolf vorliegen. Vor allem das gute Nahrungsangebot – Österreich weist in Europa eine der höchsten Schalenwild-Dichten auf – spielt hier eine wichtige Rolle.

Zudem ist nicht zu erwarten, dass der besondere Schutzstatus des Wolfs in Europa in den nächsten Jahren abgeändert und der Wolf überall zu einer jagdbaren Art herabgestuft wird oder dass sogar die Voraussetzungen für eine flächendeckende Bekämpfung geschaffen werden, welche zur Schaffung von „wolfsfreien Zonen" nötig wären. Die Europäische Kommission bzw. EU-Umweltkommissar Karmenu Vella haben mehrmals sowohl in Schreiben an die Umweltminister der EU-Staaten als auch bei Veranstaltungen im Europäischen Parlament in Brüssel die geltende europäische Rechtslage bekräftigt und betont, dass es um „die Wahrung des Naturerbes" ginge und „Europa die Koexistenz von Mensch und Wolf" brauche. Vella warnte weiters vor einer „Schwarz-Weiß-Debatte" und empfahl Mitgliedsländern effizientere Schutzmaßnahmen. Die Mitgliedsstaaten wurden außerdem darüber informiert, dass die EU-Kommission diese Maßnahmen unterstütze und dafür entsprechende Fördermittel in diversen EU-Töpfen zur Verfügung stelle.

Ohne rechtskonformes Management drohen Konflikte

Das Auftreten von Wölfen birgt, so wie in vielen anderen Staaten, auch in Österreich großes Konfliktpotenzial. Denn durch ihr natürliches Verhalten geraten Wölfe immer wieder in Konkurrenz zu menschlichen Landnutzungsinteressen bzw. -gewohnheiten, sei es in der Land- und Forstwirtschaft, bei der Jagd oder im Tourismus. Mit dem Ansteigen der Wolfsbestände und ohne entsprechende Vorkehrungen ist daher mit einer Zunahme der Schäden und Beeinträchtigungen an landwirtschaftlichen Nutztieren, insbesondere Schafen und Ziegen zu rechnen. Tierhalter stehen vor der Herausforderung, ihre Weidetiere schützen zu müssen, was einen höheren Arbeitsaufwand und höhere Kosten bedeutet. Das wiederum kann im Extremfall landwirtschaftliche Betriebe so belasten, dass sich eine Bewirtschaftung im Einzelfall nicht mehr rechnet.

Besonders betroffen von der Rückkehr des Wolfs ist auch die Jagd. So kann beispielsweise das Wild durch die Anwesenheit des Beutegreifers Wolf seine Einstände, Rückzugsflächen und sein Verhalten ändern, was es wiederum schwieriger machen wird, die jeweiligen Abschusspläne zu erfüllen. Bestimmte Hege- und Wildbewirtschaftungspraktiken (z. B. Wintergatter und Winterfütterung) werden unter Anwesenheit von Meister Isegrim wahrscheinlich neu gestaltet werden müssen.

Auch den Tourismus und die Forstwirtschaft beschäftigt die Rückkehr des Wolfes, wenn auch weit weniger intensiv als die Landwirtschaft und die Jagd. Im Tourismus ist es der richtige Umgang mit Herdenschutzmaßnahmen, insbesondere

Abbildung 1: Der Wolf ist weder Bestie noch Kuscheltier. (Foto © Stefan Meyers)

mit Herdenschutzhunden und -zäunen in touristisch stark genutzten Regionen. Während manche Forstwirte die Rückkehr begrüßen, befürchten andere zunehmende Verbissschäden durch die Änderung des Wildverhaltens.

Nicht zuletzt spielt auch das Thema öffentliche Sicherheit beim Wolf eine große Rolle. Dem Wolf eilt, wenn auch zu Unrecht, immer noch ein schlechter Ruf voraus, was seine Gefährlichkeit betrifft.

Zusammenfassend kann man sagen, dass ohne vorbereitende Maßnahmen mit der Zunahme der Wolfsbestände auch die Konflikte zunehmen werden. Bereits einzelne Wölfe können für Verunsicherung bei den verschiedenen Nutzergruppen und bei anderen Teilen der Bevölkerung sorgen. Das hat meist zur Folge, dass sich die Diskussion beim Wolfsmanagement schnell und ausschließlich um das Thema Abschuss dreht. Unter dem Druck von lautstarken Beschwerden Betroffener und im Rampenlicht einer sensationshungrigen Medienberichterstattung können Politiker und Behörden schnell in Versuchung geraten, den einzigen Ausweg in drastischen Managementmaßnahmen zu sehen. Zwar kann aus einer kurzfristigen Perspektive die Entnahme von Wölfen eine gewisse Beruhigung erregter Gemüter bewirken, doch hilft diese Vorgangsweise langfristig nicht Konflikte zu lösen und ist oft auch nicht im Einklang mit geltendem Recht. Deshalb ist ein rechtskonformes und von allen Interessengruppen mitgetragenes Wolfsmanagement für den WWF besonders wichtig.

Rückkehr des Wolfs bietet auch Chancen

Die Rückkehr des Wolfs bietet aus Sicht des Naturschutzes auch zahlreiche Chancen. So könnte etwa das Vorhandensein von Wolf, Braunbär und Luchs zu einer Verbesserung der angespannten ökologischen Situation im österreichischen Bergwald führen. Bekanntlich gibt es ja besonders im Schutzwald und an der Waldgrenze ein akutes Problem mit dem Baumnachwuchs, der vielerorts aufgrund der sehr hohen Dichten von Rot-, Reh- und Gamswild seit Jahrzehnten ausbleibt. Dass hier die Rückkehr der Beutegreifer zu einer Trendumkehr führen könnte, zeigen sowohl erste systematische Beobachtungen zu den Auswirkungen, die das Schweizer Calanda-Wolfsrudel auf den Bergwald hat, als auch Publikationen zum Einfluss wiederangesiedelter Luchse auf den Rehwildbestand und auf das Ausmaß des Verbisses in den Wäldern von St. Gallen in der Schweiz. Aufgrund von Untersuchungen, die im Urwald von Białowieza gemacht wurden, halten wir es für wahrscheinlich, dass es im gleichfalls totholz- und hindernisreichen österreichischen Bergwald zu einer Reduktion der Schalenwild-Dichte kommen könnte, entweder durch eine prädationsbedingte Verringerung der Stückzahlen oder durch Verhaltensänderungen des Wildes, das versucht, das Prädationsrisiko zu minimieren und Gebiete, wo die Fluchtmöglichkeiten vor Wölfen erschwert sind, zu meiden.

Auch das Schalenwild kann von der Anwesenheit des Wolfes profitieren. Als Opportunisten jagen Wölfe vor allem jene Tiere, die sie leicht erbeuten können. Kranke, alte oder schwache Tiere fallen dem Wolf daher eher zum Opfer als kräftige, gesunde und wehrhafte Individuen. Die Anwesenheit des Wolfes wirkt sich somit positiv auf die Gesundheit des Wildbestandes aus. Mit dieser Fähigkeit helfen Wölfe auch, die Ausbreitung von Krankheiten unter den Wildtieren zu reduzieren. So haben Daten aus der Slowakei gezeigt, dass in Gebieten, in denen sich Wölfe und Wildschweine den Lebensraum teilen, die klassische Schweinepest entweder überhaupt nicht aufgetreten ist oder das Infektionszentrum bald erloschen ist. Bei der Beseitigung von standortfremden Wildarten, wie es etwa das Mufflon am Truppenübungsplatz Allentsteig und in Regionen Deutschlands darstellt, ist der Wolf sowieso wesentlich effizienter als der Mensch.

Wir sehen auch die Chance, die Jagd durch Anpassungen, welche durch die Rückkehr des Wolfs nötig werden, wieder naturnäher zu gestalten und damit die Naturnähe der Wildtiere zu fördern. So hat beispielsweise aus Naturschutzsicht die Jagd mit Notlösungen in der Rotwildhege (Wintergatter, Winterfütterung, Ausweisung von rotwildfreien Zonen) eine künstliche Situation geschaffen, die langfristig auf eine Art Nutztierhaltung im Wald hinausläuft und nichts mehr mit dem ureigenen Wesen der Jagd als primär aneignende (und nicht produzierende!) Form der Landnutzung zu tun hat. Längerfristig könnte sogar die Wiederherstellung der natürlichen Winterlebensräume, der Migrationswege und des Migrationsverhaltens des Rotwildes angegangen werden.

Abbildung 2: Dem Wolf in Österreich eine Chance geben und Maßnahmen setzen (Foto © Heinz-Dietrich Hubatsch)

Der Wolf kann auch dem regionalen Tourismus ein zusätzliches, attraktives Alleinstellungsmerkmal liefern, wie andere Länder zeigen. Der Wolf ist etwa im deutschen Bundesland Sachsen längst ein Touristenmagnet. Angebote wie „Wolfswanderungen" oder „Spurenlesen" werden von vielen interessierten Besuchern und „Erlebnis-Urlaubern" angenommen. Dagegen sind gute, fachlich kompetente Angebote um die Leitart Wolf eine ausgezeichnete Gelegenheit, auf die Bedürfnisse des Wolfs und anderer Arten hinzuweisen und bei den Besuchern Verständnis für den verantwortungsvollen Umgang mit unserer Natur- und Kulturlandschaft zu wecken.

Sogar beim Thema Nutztierhaltung kann die Rückkehr des Wolfs indirekt positive Effekte haben. So hat etwa der Einsatz von fachkundigen Hirten eine Reihe von Vorteilen. Die Nutztiere werden gut betreut und zusammengehalten. Verluste durch Unwetter oder unwegsames Gelände fallen somit weit geringer aus. Außerdem werden die Weideflächen optimal genutzt, weil der Hirte die Herde entsprechend lenkt und Über- und Unterbeweidung – derzeit oft ein Problem – damit vermieden wird. Das nützt auch der Artenvielfalt auf den Almen. Außerdem kann sich der stets anwesende Hirte bestmöglich um junge Lämmer sowie kranke und verletzte Tiere kümmern.

Die Rolle des WWF

Der Wolf ist als autochthone Tierart ein natürlicher und unverzichtbarer Bestandteil heimischer Ökosysteme. Seine Rückkehr durch natürliche Ausbreitung wird daher vom WWF begrüßt und unterstützt. Aus naturschutzfachlichen ebenso wie aus rechtlichen Gründen ist dabei die Erreichung des von der Fauna-Flora-Habitat-Richtlinie vorgeschriebenen, günstigen Erhaltungszustands für den Wolf in Österreich ein vordringliches Ziel, das mittelfristig zu realisieren ist. Besonderes Augenmerk ist dabei auch der Möglichkeit des genetischen Austauschs zwischen den von Wölfen besiedelten, geographisch getrennten Gebieten in Mitteleuropa zu schenken. Das vorausschauende Freihalten von Korridoren für wandernde Großsäugetiere ist in Hinblick auf den Wolf und seine Beutetiere eine wichtige Aufgabe. Denn Österreich spielt bei der Verknüpfung europäischer Wolfspopulationen eine wichtige Rolle als Brückenkopf.

Der WWF will Wege aufzeigen, wie das Ziel der Integration einer überlebensfähigen Wolfspopulation in die österreichische Natur- und Kulturlandschaft erreicht werden kann und außerdem dafür sorgen, dass Maßnahmen zur Erreichung dieses Zieles umgesetzt werden. Weiters will der WWF verhindern, dass internationale Artenschutzbemühungen um den Wolf durch falsches Management in Österreich konterkariert werden.

Um ein konfliktarmes Miteinander von Mensch und Wolf zu ermöglichen, setzt sich der WWF deshalb in erster Linie für ein pro-aktives und österreichweit einheitliches Wolfsmanagement ein, das auch mit den anderen Nachbarstaaten abgestimmt ist. Das Management sollte sowohl für die ökologischen Herausforderungen als auch für Konflikte mit menschlichen Interessen entsprechende Lösungen bieten. Dafür ist es nötig, sämtliche Stakeholder einzubinden. Naturschutzorganisationen wie der WWF sorgen dafür, dass beim Management die Naturschutzinteressen entsprechend gewahrt werden. Die Umsetzung des Managements ist Aufgabe der Behörden und der von ihnen damit beauftragten Institutionen und Einrichtungen. Es liegt definitiv nicht in der Verantwortung des WWF, das Wolfsmanagement durchzuführen. Eine Chance für ein österreichweit einheitliches Management Großer Beutegreifer bietet das im Februar 2019 von Bund und Ländern als Verein gegründete „Österreichzentrum Bär-Wolf-Luchs".

Teil des Managements muss auch gezielte Öffentlichkeits- und Bewusstseinsarbeit sein. Eine Umfrage, die 2017 vom Linzer market-Institut im Auftrag des WWF durchgeführt wurde, hat zwar gezeigt, dass drei Viertel der Österreicherinnen und Österreicher der natürlichen Rückkehr des Wolfes „sehr positiv" oder „eher positiv" gegenüberstehen, dennoch darf das nicht darüber hinwegtäuschen, dass beim Thema Wolf ein großes Wissensdefizit vorliegt und die Einstellung vieler Menschen von Angst und Vorurteilen geprägt ist. Aus Naturschutzsicht muss die Öffentlichkeitsarbeit und Bewusstseinsbildung ein realistisches Bild des Wolfs zeichnen. Der WWF sieht es deshalb als seine Aufgabe, dieses Bild mitzugestalten und tritt deshalb für eine offene und ehrliche Kommunikation auf Basis von Fakten und Erfahrungen in anderen europäischen Ländern ein.

Eine weitere wichtige Aufgabe des Naturschutzes ist es, darauf zu achten, dass Standards und gesetzliche Vorgaben, die für ein rechtskonformes Wolfsmanagement Voraussetzung sind, eingehalten werden. Im Bedarfsfall wird der WWF daher Behörden, die für die Umsetzung des Managements verantwortlich zeichnen, auffordern, etwaige rechtswidrige Handlungen einzustellen und gegebenenfalls auch rechtliche Schritte gegen gesetzeswidrige Maßnahmen einleiten.

Was hat der WWF bisher getan?

Die bisherige Arbeit zum Wolf gestaltete sich sehr vielfältig. So war der WWF etwa bei der Entstehung von Leitlinien zum Wolf beteiligt. Bereits 2012 entwickelte die Koordinierungsstelle für den Braunbären, Luchs und Wolf (KOST), in der auch der WWF Mitglied ist, ein Dokument, das sich „Grundlagen und Empfehlungen für ein Wolfsmanagement in Österreich" nennt. Dieser „Managementplan" beinhaltet wichtige Punkte wie Monitoring, Herdenschutz und Prävention, Schadenskompensation sowie Öffentlichkeitsarbeit. Er wurde mit allen relevanten Interessengruppen abgestimmt. Auch bei der Entstehung des Salzburger Managementplans, der auf dem österreichweiten Dokument aus 2012 basiert und 2019 fertiggestellt wurde, war der WWF beratend als Teil des Salzburger Koordinierungsgremiums Wolf eingebunden. Außerdem ist der WWF in weiteren Gremien wie der Dialoggruppe Wolf Steiermark aktiv und er nimmt regelmäßig an diversen Runden Tischen der Bundesländer teil.

Dort, wo der größte Handlungsbedarf besteht, versucht der WWF aufzuzeigen, wie ein funktionierendes Management in der Praxis aussehen kann. Beim Thema Herdenschutz hat der WWF deshalb Projekte und einzelne Maßnahmen sowohl finanziell als auch beratend und durch Medienarbeit unterstützt. So wurden die Nationale Beratungsstelle Herdenschutz und die von ihr betriebenen Pilotprojekte in den Modellregionen Kals am Großglockner und Zederhaus über mehrere Jahre unterstützt. Derzeit arbeitet der WWF mit einzelnen Nutztierhaltern in Tirol und Niederösterreich zusammen.

Sehr aktiv war der WWF auch im Bereich der Öffentlichkeitsarbeit und Bewusstseinsbildung. Der Hauptzweck liegt darin, den Positionen des WWF und seiner Unterstützerinnen und Unterstützer in Bezug auf den Schutz des Wolfs auf Basis fachlicher Grundlagen Gehör zu verschaffen. So wurden in den letzten Jahren rund 70 Presseaussendungen geschrieben, die in hunderten Medienberichten resultierten. Neben dieser Arbeit war auch die Teilnahme an Pressekonferenzen, Podiumsdiskussionen und Diskussionsveranstaltungen ein Schwerpunkt. Daneben wurden Broschüren und Unterrichtsmaterialien zum Thema Wolf erstellt.

Von unserem Recht auf Mitsprache und Rechtsschutz in Umweltverfahren entsprechend Aarhus-Konvention haben wir schon zweimal Gebrauch gemacht. So haben wir zu Bescheiden in Niederösterreich und Oberösterreich, die aus unserer Sicht nicht EU-rechtskonforme Vergrämungsmaßnahmen gegen Wölfe erlaubt haben, Beschwerden beim jeweiligen Landesverwaltungsgericht eingereicht. Das Landesverwaltungsgericht Oberösterreich hat den erlassenen Bescheid zur Vergrämung von Wölfen aufgrund massiver Mängel aufgehoben. In Niederösterreich wurde die Rechtmäßigkeit des von uns angefochtenen Bescheides letzten Endes nicht mehr geprüft, da bis zur Beschlussfassung des Landesverwaltungsgerichts die Frist, in der Vergrämungsmaßnahmen erlaubt waren, verstrichen war.

Ein großer Teil unserer Arbeit zum Wolf läuft im Rahmen des 2017 initiierten und von der EU geförderten Projektes LIFE EuroLargeCarnivores (www.eurolargecarnivores.eu). Der WWF Österreich ist hier einer von 16 europäischen Projektpartnern. Das Projekt hat es sich zum Ziel gesetzt, das vorhandene Wissen zum Umgang mit den Großen Beutegreifern in Europa zu bündeln und international weiterzugeben.

Auf regionalen und grenzübergreifenden Informationsveranstaltungen, in Schulungen und auf der zugehörigen Online-Plattform können sich interessierte Landwirte, Nutztierhalter, Jäger, Wissenschaftler und Naturschützer untereinander austauschen und bestehende Ansätze kennenlernen. Vor allem dort, wo Menschen in der Nähe von Großen Beutegreifern leben, sollen Konflikte vermieden und Wege für eine Koexistenz gefunden werden. Erfahrungen aus der Praxis sind dabei ebenso gefragt wie innovative Ideen für den Herdenschutz, das Management der Großen Beutegreifer oder auch den Umgang mit Ängsten der Bevölkerung. In Österreich konzentriert sich die Arbeit auf die Koexistenz von Mensch und Wolf im Alpenraum. Die Maßnahmen beinhalten u. a. eine digitale Plattform zum Austausch von Erfahrungen und bewährten Praktiken, Schulungen zum Umgang mit Konflikten, Aufbau und Förderung von Austauschplattformen und gemeinsame Aktivitäten wie Workshops, Exkursionen und eine internationale Tagung zum Thema Schadensprävention.

Forderungen

Grundvoraussetzung für ein konfliktarmes Zusammenleben mit dem Wolf in einer vom Menschen dominierten Natur- und Kulturlandschaft ist ein funktionierendes Management. Jahrzehntelange Erfahrungen aus Nachbarländern zeigen, was es dafür braucht. Der WWF Österreich fordert deshalb von der Politik auch für Österreich ein rechtskonformes Wolfsmanagement, das sowohl die EU-Rechtslage als auch die Anliegen von Landwirten und anderen Betroffenen berücksichtigt, und hat dazu ein 5-Punkte-Programm aufgestellt. Denn obwohl die verstärkte Rückkehr des Wolfs nach Österreich bereits zehn Jahre im Gange ist, fehlen derzeit noch immer wesentliche Rahmenbedingungen.

1. Herdenschutz finanzieren und ausbauen

Die Bedenken von Nutztierhaltern müssen ernst genommen werden. Herdenschutz muss fachgerecht ausgeführt und an die jeweilige regionale Situation angepasst werden, um zu funktionieren. Es braucht eine bessere finanzielle und technologische Unterstützung von Tierhaltern, klare Regelungen und Ansprechpartner. Derzeit existiert in Österreich kein ausreichend dotierter Fördertopf für Zäune, Hirten oder Herdenschutzhunde und es gibt auch keine bundesweit einheitliche Regelung für diese Präventionsmaßnahmen. Herdenschutz sollte besonders in der Anfangszeit, wenn die größten Investitionen anfallen, intensiv gefördert werden.

2. Entschädigungstopf einrichten

Zwar machen Nutztiere laut bisherigen Studien nur einen geringen Teil der Beute von Wölfen aus, dennoch wiegt jeder Verlust für die Betroffenen schwer. Bei Tierverlusten, die trotz sachgerechtem Herdenschutz auftreten und eindeutig auf den Wolf zurückzuführen sind, müssen die Betroffenen rasch, unkompliziert und ausreichend entschädigt werden.

3. Monitoring und Forschung verstärken

Die Basis für alle notwendigen Vorsorgemaßnahmen bildet das Wissen über den Wolf. Daher muss die kontinuierliche Datenerhebung und wissenschaftliche Dokumentation der Wolfsvorkommen intensiviert werden. Um ein flächendeckendes Bild zu erhalten, muss die Erhebung und Aufbereitung der Daten österreichweit einheitlich erfolgen, ausreichend finanziert sowie technologisch auf dem neuesten Stand sein.

4. Seriös informieren, Panikmache einstellen

Zu einer offenen und ehrlichen Kommunikation und Aufklärung gehört sachliche Information über aktuelle Nachweise von Wölfen in Österreich und über ihr Verhalten ebenso wie die tatkräftige Unterstützung der Betroffenen bei der Schadensvorbeugung. Hingegen verhindern Angstmache und die Verbreitung von Falschmeldungen ein konfliktarmes Miteinander auf Basis der europäischen Naturschutz-Vorgaben.

5. Bundesländerübergreifend besser zusammenarbeiten

Wölfe halten sich bei ihren Wanderungen naturgemäß nicht an Landesgrenzen. Daher muss die Abstimmungsarbeit zwischen den Bundesländern und auch mit den Nachbarstaaten, die bereits jahrzehntelange Erfahrung mit dem Thema Wolf haben, deutlich verstärkt werden.

Eine wesentliche Verbesserung im Management Großer Beutegreifer könnte mittelfristig das im Februar 2019 von Bund und Ländern als Verein gegründete „Österreichzentrum Bär-Wolf-Luchs" bewirken. Nachdem jedoch mit Stand März 2019 noch kein Arbeitsprogramm mit inhaltlicher und zeitlicher Schwerpunktsetzung vorliegt, kann keine Beurteilung dieser grundsätzlich positiven Initiative erfolgen.

Schlussfolgerungen

Der WWF Österreich ist der Ansicht, dass der Wolf so wie andere heimische Spitzenprädatoren als „strongly interactive species" eine wichtige Rolle bei der Erreichung von mehr Naturnähe in unserer Landschaft bzw. unserer Landnutzung spielen kann. Deswegen wollen wir die erfolgreiche Rückkehr des Wolfs nach Österreich unterstützen und günstige Rahmenbedingungen für die Entwicklung einer vitalen und langfristig überlebensfähigen Wolfspopulation schaffen, die auch mit benachbarten Vorkommen in genetischem Austausch steht.

Obwohl der Wolf durch bestehende nationale und internationale Bestimmungen einen hohen Schutzstatus genießt, ist dieser alleine nicht ausreichend, um tatsächlich den gesetzlich vorgeschriebenen günstigen Erhaltungszustand für den Wolf zu erreichen und damit ein langfristiges Überleben zu gewährleisten. Als größte Naturschutzorganisation des Landes hat der WWF immer eine Schlüsselrolle im heimischen Naturschutz gespielt. Das kann bei der Rückkehr des Wolfes nach Österreich insofern entscheidend sein, als der WWF vor dem Hintergrund seiner reichen Erfahrung und seiner internationalen Vernetzung Maßnahmen und Wege aufzeigen kann, die zu einem rechtskonformen und erfolgreichen Wolfsmanagement führen. Als Organisation, die in der Öffentlichkeit hohe Aufmerksamkeit genießt, wollen wir die öffentliche Diskussion maßgeblich mitgestalten und dazu beitragen, Rahmenbedingungen zu schaffen, die ein konfliktarmes Zusammenleben zwischen Mensch und Wolf ermöglichen. Sollte das gelingen, so wird dies auch positive Auswirkungen auf die Bemühungen um den Schutz der anderen beiden Großen Beutegreifer, Luchs und Bär, haben. Umgekehrt könnten Probleme und Konflikte, die rund um das Thema Wolf entstehen, auch die Bemühungen um die Rückkehr von anderen Arten konterkarieren. So könnten künftige Umsiedlungsprojekte, die für das Überleben des Luchses essenziell sind, am Widerstand von Interessengruppen scheitern.

Natürlich ist dem WWF bewusst, dass die Rückkehr des Wolfs oft in Konkurrenz mit anderen Nutzungsinteressen des Menschen steht und daher Anpassungen bisheriger Bewirtschaftungsweisen erforderlich sind. So sind insbesondere die naturnahen Räume, in denen wir die Wirkungen der Spitzenprädatoren wie dem Wolf besonders vermissen, auch der Schauplatz der extensiven und halbextensiven Viehhaltung. Wir glauben aber, dass mit Aufklärungsarbeit und einer großzügigen Förderung von Herdenschutzmaßnahmen sowie mit Entschädigungszahlungen eine halbwegs auskömmliche Koexistenz ermöglicht werden kann. Ebenso sind wir davon überzeugt, dass mit bestimmten Anpassungsmaßnahmen zufriedenstellende Lösungen auch bei anderen Konfliktfeldern machbar sind.

Für den WWF sind diese Anpassungsmaßnahmen ein wichtiger Teil der Umgestaltung unseres Gesellschafts- und Wirtschaftslebens in Richtung umfassender Nachhaltigkeit. Denn Umweltzerstörung beeinträchtigt die Lebensräume vieler Menschen, bedroht damit ihre Gesundheit und schädigt auch die Wirtschaft massiv. Gerade Österreich als überaus wohlhabender und auf seine Kulturleistungen stolzer Staat sollte hier mit gutem Beispiel vorangehen und dem Umwelt- und Naturschutz hohen Stellenwert einräumen.

Autor:
Mag. Christian Pichler, WWF Österreich, Abteilung Natur & Umweltschutz, Ottakringer Straße 114–116, 1160 Wien

Wolf ODER Artenvielfalt auf Almen: Ist das die Frage?

Monika Kriechbaum, Bernhard Splechtna, Josef Pennerstorfer, Fabian Pröbstl, Margit Seiberl

Almen haben im Gebirgsraum eine herausragende Bedeutung für die Landwirtschaft, für den Tourismus und den Naturschutz, denn Almen können sehr artenreich sein. Werden Almen aufgegeben, wachsen diese Flächen unterhalb der natürlichen Waldgrenze zu. Im Zuge der Wiederbewaldung gehen wertvolle Lebensräume für zahlreiche Arten verloren. Das Vorkommen von Wölfen bedingt für Weidetiere die Gefahr, gerissen zu werden – umso mehr, als Österreichs Almwirtschaft nach eineinhalb Jahrhunderten ohne Großräuber nicht mehr auf diese eingestellt ist. Präventive Maßnahmen gegen Wolfsrisse sind aufwendig, die Rückkehr der Wölfe wird deshalb als (ein) Grund für die zunehmende Aufgabe der Almbewirtschaftung vermutet. Führt die Rückkehr der Wölfe also zu einer Verarmung unserer (sub)alpinen Kulturlandschaft und bedingt somit der Schutz der Wölfe einen Rückgang der Artenvielfalt?

In zahlreichen Medienberichten wird die Unvereinbarkeit von Wölfen mit Almwirtschaft und den damit verbundenen Leistungen für die Gesellschaft teilweise sehr polemisch kolportiert. Problematisch an der aktuellen Diskussion ist, dass die komplexe Realität mit sehr einfachen, plakativen Gleichnissen und Bildern verzerrt wird. Die Rede ist beispielsweise vom *„Krebsgeschwür Wolf für die Landwirtschaft"* und dass *„Wölfe bei uns nichts verloren hätten"*, wobei suggeriert wird, dass der Wolf in eine „heile Welt" eindringt. Unser Beitrag verfolgt zwei übergeordnete Ziele: eine ganzheitliche Betrachtung der Almen als komplexe dynamische Systeme mit zahlreichen Einflussfaktoren, die immer wieder Veränderungen unterworfen waren, und eine Analyse der im Titel gestellten Frage aus naturschutzfachlicher Sicht.

Trends zu Aufgabe und Intensivierung der Almbewirtschaftung

Ein Rückgang der bewirtschafteten Almflächen wird seit vielen Jahren nicht nur in Österreich, sondern europaweit als Problem erkannt und mit zahlreichen Studien belegt. Durch Förderungen und Programme, wie etwa ALP Austria[1], wird versucht, negativen Entwicklungen entgegenzuwirken. So wie viele traditionelle

[1] ALP Austria, das Programm zur Stärkung der Almwirtschaft (2004–2006), wurde vom BMLFUW und den Bundesländern Kärnten, Oberösterreich, Salzburg, Steiermark, Tirol und Vorarlberg beauftragt.

Bewirtschaftungsformen weltweit ist das sozio-ökologische System der Almwirtschaft insgesamt und die Frage der Auflassung oder Weiterführung der Almen von vielen Faktoren beeinflusst. Neben Wirtschaftlichkeit, Hofnachfolge, Änderungen in der Bewirtschaftung des Heimbetriebes, Förderungslandschaft, Erreichbarkeit oder Zusatzeinkünften aus dem Tourismus spielen dabei auch so wenig messbare Faktoren wie Traditionsbewusstsein, bergbäuerliche Identität und gesellschaftliche Anerkennung der Berglandwirtschaft eine Rolle.

Auch wenn Almwirtschaft in Österreich eine lange Tradition hat und scheinbar seit Jahrhunderten in gleicher Weise erfolgt, wurde sie immer wieder an neue Bedingungen und Lebenssituationen der Almbäuerinnen und Almbauern angepasst. Auslöser dieser Veränderungen waren meist wirtschaftliche und gesellschaftliche Umstände, wobei die Entwicklung der Almwirtschaft stets eng an die Entwicklung der Heimbetriebe gebunden war. Wölfe waren in den Alpenländern lange Zeit, zumindest bis in die Mitte des 19. Jahrhunderts, ein Teil des Systems der Almbewirtschaftung. Konflikte mit der Weidetierhaltung gelten auch zusammen mit geringen Wilddichten als Hauptursache für die Ausrottung der Wölfe in Deutschland, Österreich und der Schweiz.

Obwohl jede Alm einzigartig ist und ihr eigenes System an sozialen, wirtschaftlichen und ökologischen Beziehungen darstellt, gibt es immer wieder Entwicklungen, die viele Almen gleichzeitig vollziehen. In der Vergangenheit hat es oft Änderungen hinsichtlich des aufgetriebenen Viehs gegeben. Zum Beispiel wurden erst Mitte des 19. Jahrhunderts viele früher als Galtviehalmen (Jung- und Mastvieh) bewirtschaftete Almen zu sogenannten Sennalmen, auf denen hauptsächlich Käse und Butter hergestellt wurde. Gleichzeitig war aber mit der Industrialisierung eine Abwanderung vom Land in die Städte zu verzeichnen, wodurch viele landwirtschaftliche Betriebe und somit auch viele Almen aufgegeben wurden. Die Not der Kriegsjahre brachte eine Wiederbelebung der Almwirtschaft mit einem letzten Höhepunkt in den 1950er Jahren. Danach hat die weltweite Industrialisierung der Landwirtschaft die kleinstrukturierte, bäuerliche Landwirtschaft im Alpenraum unter Druck gebracht. Dies führte zu einer Spezialisierung auf Milchproduktion, da Ackerbau in den Alpen mit hohem Aufwand und geringen Erträgen verbunden ist. Die bessere Aufschließung der Almen machte es möglich, die Milch täglich an Molkereien zu liefern und führte in der Folge dazu, dass die Milchverarbeitung auf der Alm eingestellt wurde. Sennalmen, die heutzutage das idealtypische Bild einer Alm darstellen, wurden teilweise zu Milchlieferungsalmen. Landwirtschaften werden heute immer häufiger im Nebenerwerb betrieben, und unter anderem deshalb gibt es in den letzten Jahren auch wieder die Tendenz zurück zu weniger arbeitsaufwendigen Galtviehalmen. Die Entwicklung der Almen kann also für die letzten 150 Jahre – zugegebenermaßen sehr grob – so zusammengefasst werden: von Galtviehalmen zu Sennalmen, zu Milchlieferungsalmen und zurück zu Galtviehalmen. Natürlich hat nicht jede einzelne Alm diese Entwicklung vollzogen, und klarerweise gibt es auch heute noch viele Sennalmen, speziell im Westen Österreichs und in der Schweiz. Aber aktuelle Studien, wie die Masterarbeit von Obweger über den Rückgang der Almauftriebszahlen in Österreich, belegen die Tendenz zu einer weniger aufwendigen Wirtschaftsweise.

Beginnend mit 1960 kam es in der Landwirtschaft im Alpenraum zu einer Konzentration auf Talgunstlagen, die zunehmend intensiver bewirtschaftet wurden. Insgesamt war eine Tendenz zu größeren Betrieben und größeren Tierbeständen zu beobachten. Viele (kleinere) landwirtschaftliche Betriebe wurden aufgelassen oder nur noch im Nebenerwerb weitergeführt. Das führte auch zur Aufgabe von vielen Almen. Dies alles nahm seinen Anfang, bevor die Rückkehr der Wölfe ein Thema wurde.

Wieso spricht man gleichzeitig von Intensivierung? Die oben beschriebene Tendenz zur Nebenerwerbslandwirtschaft verlangt nach einer weniger arbeitsaufwendigen Wirtschaftsweise. Fast 60 % der Almen in Österreich werden vom Heimbetrieb ohne Behirtung betrieben. Entlegenere Almbereiche werden teilweise nicht mehr genutzt und verbuschen und verwalden. Gleichzeitig werden auch weniger Flächen durch Schwendmaßnahmen freigehalten. Die Almfutterfläche hat in Österreich in den letzten Jahren stark abgenommen, wie z. B. die Almstatistik 2010 und der Grüne Bericht 2018 zeigen. Dieser Rückgang erfolgte allerdings nicht nur wegen der oben beschriebenen Entwicklungen, sondern auch aufgrund der genaueren Erfassung der Almfutterflächen[2]. Obwohl die dokumentierte Entwicklung der Almfutterflächen aufgrund regelmäßiger Änderungen bei deren Erhebung und Bewertung Unschärfen aufweist und vorsichtig interpretiert werden muss, hat eine Zunahme der Anzahl aufgetriebener Tiere pro Flächeneinheit stattgefunden. Daher kann man auf derselben Alm Verbuschung und intensive Beweidung beobachten, also extensive und intensive Bereiche. Wie wirken sich diese Tendenzen nun auf die naturschutzfachliche Bewertung der Almen aus?

Wie hoch ist der naturschutzfachliche Wert von Almen?

Was bedeutet naturschutzfachlich wertvoll? Welche Kriterien können für eine Bewertung herangezogen werden? Übliche Kriterien sind Arten- und Lebensraumvielfalt, Seltenheit, beispielsweise auch Repräsentanz und Natürlichkeit. Dabei gibt

[2] Nach seit 2000 bestehenden Vorgaben der EU sind die förderfähigen Almfutterflächen auf Basis der für die Tierhaltung zur Verfügung stehenden Flächen zu digitalisieren. Bei baumbestandenen Flächen wird die Überschirmung als Kriterium herangezogen.

es Schwierigkeiten bei der Anwendung solcher Kriterien hinsichtlich Nachvollziehbarkeit und Allgemeingültigkeit, die wir hier nicht unter den Tisch kehren wollen. Dies betrifft im Wesentlichen die Entscheidung, welche Fakten für eine Bewertung herangezogen werden und wie die unterschiedlichen Kriterien zu gewichten sind. Aber es gibt auch gesetzliche Grundlagen, die zu beachten sind, wie auf europäischer Ebene die Flora-Fauna-Habitat-Richtlinie (FFH-RL), ein Regelwerk mit Anhängen, in denen naturschutzfachlich relevante Lebensräume und Arten von gemeinschaftlichem Interesse gelistet sind. Diese Richtlinie hat zum Ziel, zur Sicherung der Artenvielfalt durch die Erhaltung der natürlichen Lebensräume sowie der wild lebenden Tiere und Pflanzen im europäischen Gebiet der Mitgliedstaaten beizutragen. Eine Reihe von Arten und Lebensraumtypen, die auf Almen vorkommen, sind in diesen Anhängen genannt. Mit geografischen Einschränkungen ist auch der Wolf in Anhang II gelistet. Hier finden sich Arten, für deren Erhaltung besondere Schutzgebiete ausgewiesen werden müssen. Darüber hinaus wird der Wolf auch in Anhang IV geführt, der streng zu schützende Arten enthält. Daraus kann man die Frage ableiten, ob es aus naturschutzrechtlicher Sicht einen Konflikt zwischen unterschiedlichen FFH-Schutzgütern gibt. Wir kommen später darauf zurück.

Almwirtschaft gehört zu den ältesten Bewirtschaftungssystemen und gilt als ein Musterbeispiel für multifunktionale Landnutzung. Die ökologische Funktion der Almwirtschaft beinhaltet laut ALP Austria *„die Erhaltung der Biodiversität, der Habitate und Naturschutzgüter“*. Wir wollen diese Ziele etwas genauer beleuchten.

Biodiversität ist ein vielschichtiges Thema

Biodiversität ist ein vergleichsweise junges Konzept im Naturschutz. Biodiversität steht für ein gesellschaftliches und politisches Anliegen. Durch die Unterzeichnung der Berner Konvention, der Biodiversitätskonvention (CBD) und der Alpenkonvention sind alle Alpenländer Verbindlichkeiten zum Schutz der Vielfalt der Arten und Lebensräume eingegangen. Als Mitglied der Europäischen Union hat Österreich außerdem die Verpflichtung, das Schutzgebietsnetzwerk Natura 2000 umzusetzen. Die beiden zu Grunde liegenden EU-Naturschutzrichtlinien sind die wichtigsten Instrumente zur Umsetzung des Übereinkommens über die biologische Vielfalt der Vereinten Nationen (CBD) auf europäischer Ebene. Politische Strategiepapiere sollen gewährleisten, dass die Ziele der CBD in den Mitgliedstaaten umgesetzt werden. Die Bedeutung der Almwirtschaft für die Erreichung der Ziele ist in den europäischen und österreichischen Biodiversitätsstrategien nicht konkret genannt. In der Biodiversitätsstrategie der EU bis 2020 werden sehr unverbindlich „die Erhöhung des Beitrags von Land- und Forstwirtschaft zur Erhaltung

Abbildung 1: Große Vielfalt auf kleinem Raum: Wolfgang Holzner hat die Biodiversität auf Almen erforscht und inspiziert hier das Mikromosaik eines Zwergstrauch-Moosbuckels in einem Borstgrasrasen. (Foto © M. Kriechbaum)

und Verbesserung der Biodiversität" und auf österreichischer Ebene etwas konkreter „die Erhaltung von Dauergrünland, insbesondere von extensiven Flächen mit hohem Wert für den Naturschutz" als Ziele genannt.

Biodiversität umfasst alle Ebenen der Vielfältigkeit der lebendigen Natur: Ökosysteme, Lebensgemeinschaften, Arten sowie die genetische Vielfalt innerhalb von Arten. Die Betrachtung von Biodiversität darf sich daher nicht auf ihre einzelnen Bestandteile beschränken, schreibt Wolfgang Holzner, Herausgeber eines Buches über Almwirtschaft und Biodiversität, vielmehr geht es auch „um die Wechselwirkungen zwischen diesen Einzelteilen und die ökologischen Prozesse, die mit den unbelebten und belebten Komponenten des Ökosystems, z. B. des Almbauern und seines Weideviehs, stattfinden". Ausdruck der Vielfältigkeit der Natur sind aber auch Unterschiede zwischen Landschaften und Lebensräumen sowie die Vielfalt an Strukturen und Kleinlebensräumen darin.

Obwohl die Erhaltung der Biodiversität ein zentrales Naturschutzziel und einen politischen Auftrag darstellt, ist das Gesamtkonzept Biodiversität sehr komplex, vielschichtig und schwer operationalisierbar, also messbar. Deshalb ist die Aufteilung in Bereiche notwendig, die naturwissenschaftlich erfasst werden können. Das wären zum Beispiel die Lebensräume und die Arten.

Almen und ihre Bedeutung im Kontext der europäischen Schutzregelungen

Die ökologische Funktion der Almwirtschaft für die Erhaltung von Naturschutzgütern werden wir zunächst anhand der FFH-Arten und -Lebensräume erläutern. Pflanzenarten der FFH-Richtlinie, die auf Almen vorkommen können, sind Alpen-Mannstreu und Frauenschuh sowie eine Reihe von Moosen. Allerdings ist keine dieser Arten an eine Weidewirtschaft gebunden oder wird von dieser gefördert. Auch unter den Tierarten, die laut FFH-Richtlinie geschützt sind, gibt es einige auf Almen zu finden, aber keine ist direkt von der Beweidung abhängig. So kommt der Goldene Scheckenfalter häufig am Rand von Moorflächen und auf Streuwiesen vor. Ein anderes Beispiel ist der Apollofalter, eine Charakterart sonniger und trockener Felshänge mit geringer Vegetationsbedeckung.

Auf österreichischen Almen finden sich insgesamt 38 FFH-Lebensraumtypen, darunter Süßwasserlebensräume, gemäßigte Heide- und Buschvegetation, natürliches und naturnahes Grasland, Hoch- und Niedermoore, felsige Lebensräume und Höhlen und Wälder. Viele dieser Lebensräume kommen zwar im Almbereich vor, sind jedoch von einer Beweidung nicht abhängig. Vielmehr können durch Weidevieh verursachte Trittschäden oder Überdüngung negative Auswirkungen haben. Als Almweiden nutzbar sind in erster Linie Lebensräume des natürlichen und

Abbildung 2: Almen können Refugien für Arten sein, die in tieferen Lagen infolge von Lebensraumverlust durch intensive Landnutzung oder Verbrachung und Aufforstung praktisch verschwunden sind. Ein Beispiel dafür ist Arnika. (Foto © M. Kriechbaum)

naturnahen Graslandes, vor allem „alpine und subalpine Kalkrasen“ und „artenreiche montane Borstgrasrasen auf Silikatböden“. Relevant für die Almwirtschaft sind außerdem „alpine und boreale Heiden“ und „Buschvegetation mit Pinus mugo und Rhododendron hirsutum“, die häufig verzahnt mit Almweiden auftreten und sich durch mangelnde Weidepflege ausbreiten können. Die aus almwirtschaftlicher Sicht daher nötigen Schwendmaßnahmen können in Konflikt mit den Natura 2000-Erhaltungszielen stehen.

„Artenreiche montane Borstgrasrasen auf Silikatböden“ sind „prioritäre Lebensräume“ im Sinne von Artikel 1 der FFH-Richtlinie. Da sie durch die Nutzung von Mensch und Weidevieh entstanden sind, gehen wir genauer darauf ein. Bürstling oder Borstgras (Nardus stricta), das namengebende Gras, gelangte in den bodensauren Rasen der subalpinen Stufe durch extensive Rinderbeweidung zur Vorherrschaft. Bei einer Aufgabe der Nutzung der Borstgrasrasen kann davon ausgegangen werden, dass die Sukzession unterhalb der natürlichen Waldgrenze über Zwergstrauchheiden oder Adlerfarnfluren, Latschen- oder Grünerlengebüsche bis hin zu Wald verläuft. Eine Etablierung von Gehölzen kann jedoch durch dichten Grasfilz und/oder intensive Beäsung durch Wildwiederkäuer sehr lange verzögert werden. Das Borstgras ist prinzipiell weit verbreitet und kommt fast überall vor – vorausgesetzt, dass andere Arten durch Verbiss geschwächt werden. Der Futterwert von Nardus ist gering, da es nur in jungem Zustand gefressen wird.

Der Flächenanteil, den Borstgrasrasen in Österreich einnehmen, wird im Artikel-17-Report[3] (Berichtsperiode 2007–2012) auf 35.980 ha geschätzt, davon 35.500 ha in der biogeografischen Region Alpen. Der Erhaltungszustand wurde in der letzten Berichtsperiode als ungünstig eingestuft. Als Gefährdungsursachen werden von Ellmauer einerseits die Nutzungsaufgabe und die daraus resultierende Verbuschung oder Aufforstung, andererseits aber auch die Nutzungsintensivierung und die direkte Zerstörung durch die Umwandlung in Ackerland oder Skipisten sowie Änderung der hydrologischen Verhältnisse genannt. In der aktuellen österreichischen Natura 2000-Gebietskulisse sind allerdings nur ca. 6.620 ha des Lebensraumtyps Borstgrasrasen gemeldet, davon liegen ca. 3.569 ha (58,7 %) innerhalb von Almgebieten.

Zusammengefasst sind, mit Ausnahme der Bürstlingsrasen, die meisten FFH-Arten und Lebensraumtypen von Beweidung nicht direkt abhängig. Durch die Rückkehr der Wölfe und eine möglicherweise damit verbundene verstärkte Bewirtschaftungsaufgabe von Almen sind weder Bedrohungen noch negative

[3] Gemäß Artikel 17 der FFH-Richtlinie sind die EU-Mitgliedstaaten verpflichtet, alle sechs Jahre einen Bericht über den Erhaltungszustand der Lebensraumtypen und Arten, die in den Anhängen gelistet sind, an die Europäische Kommission zu übermitteln.

Auswirkungen auf andere FFH-Schutzgüter zu erwarten. Es sollte somit aus naturschutzrechtlicher Sicht zwar keine Konflikte zwischen diesen FFH-Schutzgütern geben, dennoch spielt die extensive Beweidung eine wichtige Rolle bei der Entwicklung einer hohen Biodiversität auf Almen, wie der folgende Abschnitt aufzeigt.

Almen und ihre Bedeutung für die Biodiversität

Eine Besonderheit auf Almen stellt die hohe Vielfalt auf kleinem Raum dar. Bedingt durch die unterschiedliche Höhe und Dauer der Schneelage und Wasserversorgung kommt es zu kleinräumig wechselnden Standortbedingungen. Herausragende Steine oder Felsen und Bodenbewegungen auf Grund von wiederholtem Gefrieren und Auftauen tragen zur Bildung eines ausgeprägten Mikroreliefs bei, das durch Viehtritt noch verstärkt wird. Diese Faktoren führen zur Ausprägung unterschiedlicher Pflanzengesellschaften, die mosaikartig verzahnt sind. Hinsichtlich der Bewirtschaftung sind kleinräumig gesetzte sowie räumlich und zeitlich variierende Maßnahmen entscheidend für eine heterogene Vegetation. Diese hohe Standort-, Vegetations- und Strukturvielfalt auf engstem Raum bedeutet auch ein entsprechendes Angebot an Lebensraumvielfalt für Kleintiere und eine damit verbundene hohe Biodiversität pro Flächeneinheit.

Der Naturvielfalt durch Almwirtschaft widmet Wolfgang Holzner in seinem Almbuch ein umfangreiches Kapitel und führt dabei verschiedene Argumente zur naturschutzfachlichen Bedeutung von Almen an. Eines davon ist der Stellenwert als Refugium für Arten, die in tieferen Lagen infolge von Lebensraumverlusten durch intensive Landnutzung oder Verbrachung und Aufforstung gefährdet oder praktisch verschwunden sind. Beispiele dafür sind – neben einer Reihe von Tier- und Pflanzenarten wie Birkhuhn und Arnika – die bereits charakterisierten Borstgrasrasen, auf die wir auch im nächsten Abschnitt noch einmal eingehen. Dies unterstreicht die hohe Bedeutung der Almen, sowohl im Rahmen der europäischen Schutzbestrebungen, als auch für den nationalen Natur- und Artenschutz zur Erhaltung der heimischen Biodiversität.

Vom richtigen Maß: Welche Beweidung brauchen artenreiche Almen?

Die Almwirtschaft ist generell mit landwirtschaftlichen Trends und damit verbundener Bewirtschaftungsintensität gekoppelt, was oftmals zu negativen Auswirkungen auf Umwelt und Biodiversität führt. Darauf wird in zahlreichen Studien hingewiesen, beispielsweise auch in dem bereits genannten Programm ALP Austria, und es ist sogar Bestandteil des „almwirtschaftlichen Basiswissens" in einer Broschüre, die vom Ländlichen Fortbildungsinstitut (LFI) herausgegeben wurde.

Abbildung 3: Jährliche Mäharbeiten sind nötig, um eine Verbuschung zu vermeiden. (Foto © G. Schütter)

„Almen besitzen eine hohe Biodiversität. Nur die Aufrechterhaltung einer ausgewogenen, standortgerechten Bewirtschaftung sichert diese Arten- und Lebensraumvielfalt. Unzureichende Bewirtschaftung und Nutzungsaufgabe sowie in einzelnen Fällen auch Überbestoßung mit falschem Nährstoffmanagement sind jedoch aktuelle Entwicklungen, die die Biodiversität gefährden. Geeignete Maßnahmen sind erforderlich, die diesen Veränderungen der Bewirtschaftung entgegenwirken.“ (LFI 2015)

„Der Trend zeigt großflächige Unternutzungen oder Extensivierungen und punktuell kleinflächige Intensivierungen der Almflächen. Gründe dafür sind falsches Weidemanagement und nur bedingt almtaugliche Hochleistungstiere. Auf vielen Almen werden Flächen gar nicht oder nicht ausreichend gepflegt.“ (BMLFUW 2006)

Die Entwicklung ist auf Almen ähnlich wie in den Tallagen: Wo die Möglichkeit besteht, wird intensiviert, wo es Bewirtschaftungshindernisse gibt und in Grenzertragslagen wird die Bewirtschaftung aufgegeben. Das richtige Maß, „das goldene Mittelmaß“, geht verloren.

Für die Arten- und Lebensraumvielfalt auf Almen ist eine ausgewogene, standortgerechte Bewirtschaftung Voraussetzung. Wie kann man das aber genauer definieren? Die Begriffe extensiv und intensiv sind in diesem Zusammenhang nicht ganz unproblematisch, da die traditionelle biodiversitätsfördernde Bewirtschaftung früherer Zeiten sehr intensiv hinsichtlich des Arbeitsaufwandes war – z. B. Behirtung, Schwendmaßnahmen, Errichtung und Erhaltung von Zäunen. Aber sie war extensiv in Hinblick auf die Auswirkungen auf die Vegetation. Die Viehzahlen waren an das Futterangebot angepasst, und Hirten sorgten dafür, dass auch entlegenere Almgebiete beweidet werden konnten. Es wurde bereits erörtert, dass diese arbeitsaufwendige Bewirtschaftung heute meist nicht mehr geleistet werden kann und sich die Beweidung auf gut zugängliche Flächen konzentriert. Aus Mangel an Almpersonal gibt es keine ständige Behirtung und Pflege der Almflächen. Dazu kommt die Problematik der Gülleausbringung auf Almen. Die Landesumweltanwaltschaft Salzburg beispielsweise berichtet, dass sie vermehrt mit der Problematik von Wegebauten zur Gülleausbringung auf Almflächen konfrontiert ist. Sowohl die Gülleausbringung als auch die Errichtung des Wegenetzes hat nachteilige Auswirkungen auf die Biodiversität. Moderne Geräte können Gülle mit Hochdruck 60 Meter weit spritzen und somit große Flächen und auch steile Hanglagen erreichen. Der Einsatz von Kraftfutter bei Milchkühen führt zu einem zusätzlichen Nährstoffeintrag.

Zur Bewertung der Beweidungsintensität kann die Besatzdichte, also der Weidedruck pro Flächeneinheit, angegeben in Großvieheinheiten (GVE)[4] pro ha, herangezogen werden. Als Richtwert für die Definition extensiv kann in diesem Zusammenhang eine Besatzdichte von durchschnittlich 0,5 (0,25: Magerweiden auf Hochalmen, 0,75: Magerweiden auf Mittelalmen) GVE/ha angenommen werden. Diese Einstufung wurde für den Nationalpark Gesäuse von Egger und Kreiner erarbeitet, wobei die Werte auf der konkreten Fläche je nach Wüchsigkeit, Alpungsdauer und aufgetriebenen Tierkategorien deutlich schwanken können.

Die genannte Besatzdichte für extensiv beweidete Magerweiden kann für Borstgrasrasen als angemessen angesehen werden. Zum Vergleich haben wir Studien aus anderen europäischen Ländern herangezogen, in denen die für diesen Lebensraumtyp empfohlenen Besatzdichten, je nach Höhenlage, zwischen 0,15 und 1,0 GVE/ha schwanken. In Österreich haben wir uns angeschaut, in welchen Almregionen die höchsten Anteile am FFH-Lebensraumtyp Borstgrasrasen ausgewiesen worden sind und wie hoch die durchschnittliche Viehbesatzdichte auf diesen Flächen ist. Die beiden Almregionen Oststeirisches Bergland und Kor-, Pack-, Sau-, Stubalpe weisen aktuell ca. 65 % der innerhalb von Almregionen ausgewiesenen Borstgrasrasen - Gesamtfläche auf. Die durchschnittliche Besatzdichte auf den als FFH-Lebensraumtyp Borstgrasrasen ausgewiesenen Flächen in den beiden Almregionen beträgt 1,3 GVE/ha Almfutterfläche[5], was deutlich über der als extensiv geltenden und für Borstgrasrasen empfohlenen Besatzdichte liegt. Da es sich um

[4] GVE dient als Referenzeinheit, um den Viehbestand in einer Zahl ausdrücken zu können. Die Stückzahlen der einzelnen Nutztierarten werden in GVE umgerechnet.

[5] Datengrundlage INVEKOS und aktuelle Natura 2000-Gebietskulisse.

eine Durchschnittszahl handelt und die Almfutterfläche, wie bereits ausgeführt, eine problematische Bezugsfläche darstellt, muss man sie vorsichtig interpretieren und mit konkreten Beispielen untermauern.

Es gibt in beiden Almregionen Studien mit detaillierten Kartierungen der Borstgrasrasen und der Einschätzung, in welchem Zustand sie sich befinden. Um Erhaltungszustand und Gefährdung der Borstgrasrasen exemplarisch etwas genauer aufzuzeigen, wollen wir auf diese kurz eingehen. In den Hochlagen des Wechselmassivs sind Borstgrasrasen sehr weit verbreitet und stellen den hauptsächlichen Vegetationstyp dar. Davon wurde von Thurner und Schmitzberger ein Drittel als in sehr gutem Zustand und etwa 16 % als gröber beeinträchtigt eingestuft. Eine Gefährdung wurde in unterschiedlichen Teilbereichen sowohl durch zu geringe wie auch durch zu intensive Nutzung eingeschätzt. Während in den mittleren und höheren Lagen Unternutzung zum Überhandnehmen von Zwergsträuchern führt, wurden in den tieferen Lagen auch Tendenzen der Intensivierung bis hin zur Zerstörung durch Planierung und Neueinsaat beobachtet.

Auf der Koralpe wurden von Kammerer 54 % der kartierten Borstgrasrasen als in sehr gutem Zustand eingestuft. Als Einflussfaktor mit dem größten Gefährdungspotenzial wurde die Aufgabe von Weidesystemen eingeschätzt, jedoch knapp gefolgt von einer zu intensiven Beweidung, die sich besonders stark auf Struktur und Funktion der Schutzgüter auswirkt. Eine Bewirtschaftung von Borstgrasrasen im Einklang mit dem Ziel des Erhalts dieses Lebensraumtyps findet fast nur in den Hochlagen statt, wo eine intensivere Nutzung aufgrund der hoffernen Lage kaum möglich ist.

In Österreich betrug 2017 die durchschnittliche Besatzdichte 1,05 GVE/ha Almfutterfläche mit steigendem Trend. In der bereits erwähnten Masterarbeit von Obweger wurde auch die Entwicklung der Besatzdichte analysiert. Allerdings wurde sie nicht als Durchschnitt der Besatzdichten der Einzelbetriebe ermittelt, sondern als Summe GVE/Summe verfügbarer Futterfläche. Dadurch ergeben sich im Vergleich etwas geringere absolute Werte, aber dennoch ein deutlicher Anstieg in den letzten Jahren. Österreichweit ist die Besatzdichte seit 2000 kontinuierlich angestiegen und verzeichnete 2016 gegenüber 2000 einen Anstieg von etwa 65 %. Bei genauerer Betrachtung lässt sich ein Ost-West-Gefälle in den Besatzdichten feststellen. In den Bundesländern mit einem hohen Anteil an Niederalmen sind sie am höchsten, in den westlichen Bundesländern mit vielen Hochalmen (mit Ausnahme von Vorarlberg) niedriger, da das Ertragspotenzial von Almweiden mit zunehmender Seehöhe sinkt.

Auch wenn dieser Trend steigender Besatzdichten aufgrund laufender Veränderungen in der Flächenerfassung mit Vorsicht interpretiert werden muss, bestätigt er, dass neben der Bewirtschaftungsaufgabe auch Intensivierung auf den Almen stattfindet. Auf die Artenvielfalt auf Almen hat das auf jeden Fall negative Auswirkungen.

In der Conclusio einer naturschutzfachlichen Evaluierung der Almbewirtschaftung im Nationalpark Gesäuse anhand der Indikatorgruppen Zikaden, Wanzen und Spinnen hat das Büro Ökoteam aufgrund dieser aktuellen Entwicklungen die Sinnhaftigkeit der Beweidung sogar angezweifelt, da geeignete Lebensbedingungen für naturschutzfachlich relevante Arten an eine deutliche Extensivierung der Beweidung gebunden sind. Sollte dies nicht oder nur schwer möglich sein, wäre aus tierökologischer Sicht das Endstadium Naturwald den gegenwärtigen (intensiven) Weideflächen vorzuziehen. Eine punktuelle oder kleinflächige Verbrachung und Verbuschung beurteilen die Autoren aus zoologischer und naturschutzfachlicher Sicht grundsätzlich positiv. Gründe dafür sind das Ausweich-, Refugial- und Wiederbesiedlungpotenzial dieser Flächen, ein stetes Angebot von Blüten (Nahrung, Lebensraum), ein stetiges Angebot an hoher Vegetation (Struktur für Netz- und Kokonbau, Samen als Nahrung, Deckung) und kleinklimatisch günstige, stabilere Bedingungen in diesen Bereichen. Diese Einschätzung deckt sich mit zahlreichen anderen Studien.

Wir haben versucht, die groben Entwicklungen des Systems Almwirtschaft als Almauflassung und gleichzeitige Intensivierung zu beschreiben und eine Einschätzung aus Sicht des Naturschutzes getroffen. In den nächsten beiden Abschnitten befassen wir uns nun mit den Menschen, die Almen immer noch bewirtschaften – und dies selbstverständlich nicht primär, um Naturschutz zu betreiben.

Jene, die jetzt noch auftreiben, sind hoch motiviert

„Bauer und Almbewirtschafter mit Leidenschaft. Ein wenig Hobby, ein wenig Beruf, beides gemeinsam führt dazu, dass man das Ganze macht."

„Idealismus ist die zentrale Voraussetzung für Almbauern."

So oder so ähnlich wird die Motivation, die Alm zu bewirtschaften, von vielen Almbäuerinnen und Almbauern beschrieben. Im Grunde gilt, was Eva Lechner über die Tiroler Almen treffend bemerkt hat, noch immer und für den gesamten Alpenraum: „Eine Alm ist genaugenommen das Resultat menschlicher Überlebensstrategie. Eine Mischung aus Notwendigkeit und Tatendrang, Begeisterung und Tradition, Kulturlandschaft und Ästhetik." Genau diese Mischung aus wirtschaftlicher Notwendigkeit, Idealismus und Tradition hat auch unsere Befragung österreichischer Almbewirtschafterinnen und Almbewirtschafter widergespiegelt. In 30 leitfadengestützten Interviews konnten die Hauptmotive für die Beibehaltung der Almwirtschaft ermittelt werden.

Viele betreiben Almwirtschaft aus wirtschaftlichen Gründen (Tab. 1). Der große wirtschaftliche Vorteil – also Überlebensstrategie und Notwendigkeit – liegt in der Entlastung des Heimbetriebes, da es durch die Almwirtschaft möglich wird, mehr Tiere zu halten und der Aufwand für die Tierhaltung im Sommer reduziert wird. Die Befragten reden davon, dass die Alm der „Kopf des Betriebes" sei und der Betrieb im Sommer durch die Alm entlastet werde. Für viele Almbetriebe in Gebieten, in denen Tourismus keine große Rolle spielt, sind Agrarförderungen eine Voraussetzung, dass weiter aufgetrieben werden kann. So stellt auch Obweger in ihrer Arbeit eine Konsolidierung der Almbewirtschaftung nach dem EU-Beitritt Österreichs fest, die wahrscheinlich auf die verbesserten Förderbedingungen zurückzuführen ist. Allerdings stehen für wenige die wirtschaftlichen Vorzüge alleine im Vordergrund. Viele treiben auf, weil es Tradition ist, weil sie die Kulturlandschaft erhalten wollen oder weil sie es einfach schön finden auf der Alm. Neben der Wirtschaft stehen also meist gleichrangig die Begeisterung für die Alm, die Tradition und die Schönheit der Alm und des Almlebens. Das Almleben wird als gesund und erholsam angesehen – für Mensch und Tier. Einige wenige geben sogar an, dass sie ausschließlich aus Tradition oder Idealismus die Almwirtschaft aufrechterhalten.

Tabelle 1: Wichtige Motive für die Almbewirtschaftung, 30 Befragte, Mehrfachnennungen möglich.

Wichtige Motive für die Almbewirtschaftung	Anzahl der Nennungen
Idealismus, Tradition – Alm muss erhalten bleiben	17
Futter und Zeitersparnis – mehr Tiere am Betrieb möglich	16
Ruhiges, schönes und gesundes Almleben	16
Förderungen	9

Warum geben manche auf? Welche Rolle könnte die Rückkehr des Wolfes dabei spielen?

Wie schon erläutert, besteht der Trend zur Almauflassung schon seit längerer Zeit. Die Gründe dafür liegen einerseits in Strukturänderungen in der Landwirtschaft, Änderungen in der Förderlandschaft, dem gesellschaftlichen Wandel und einer damit in Zusammenhang stehenden Auflassung von landwirtschaftlichen Betrieben. Dazu passen auch die Ergebnisse einer Telefonbefragung von ehemaligen Almauftreiberinnen und Almauftreibern durch Obweger: Mussten sich die Befragten auf einen Hauptgrund festlegen, der sie veranlasst hatte, nicht mehr aufzutreiben, war es bei der überwiegenden Mehrzahl eine Änderung im Viehbestand (Aufgabe der Viehwirtschaft, Änderung der Tierkategorie, Reduktion des Viehbestandes).

Danach folgten als weitere Hauptgründe ein zu großer Auftriebsaufwand, die Möglichkeit, im Tal zu beweiden, während 10 % Probleme mit der Tiergesundheit, darunter auch Ausfälle durch Krankheit und Witterung, angaben.

Fragt man aktive Almauftreiberinnen und Almauftreiber nach Gründen für die Aufgabe, dann wird klar, dass es dabei – bei allem Idealismus – um eine Kosten-Nutzen-Rechnung geht. Hoher Arbeitsaufwand und ein ungünstiges Verhältnis von Aufwand und Ertrag stehen an erster Stelle (Tab. 2). Andererseits ist für viele die Alm positiv besetzt, daher sind sie auch bereit, viel Arbeit dafür zu leisten. Letztendlich muss es „sich aber rechnen" bzw. „sich irgendwie ausgehen". In diese Kosten-Nutzen-Rechnung fließen dabei sicher nicht nur konkrete wirtschaftliche Fakten ein, sondern auch andere Vorteile, die aus Sicht vieler für die Almwirtschaft sprechen, wie zum Beispiel das „gesunde Almleben". Es handelt sich also um eine subjektive Kosten-Nutzen-Rechnung, in die objektiv nur schwer messbare Faktoren einfließen. Daher ist der Einfluss der Rückkehr der Wölfe auf eine tatsächliche Almauflassung nur sehr schwer einzuschätzen.

Tabelle 2: Wichtige potenzielle Gründe für die Almaufgabe, die in den leitfadengestützten Interviews genannt wurden, 30 Befragte, Mehrfachnennungen möglich.

Wichtige potenzielle Gründe für die Almaufgabe	Anzahl der Nennungen
Hoher Arbeitsaufwand bzw. ungünstiges Ertrags-/Aufwandverhältnis	18
Strukturwandel, marktwirtschaftliche Rahmenbedingungen	7
Unvorteilhafte Änderungen der Förderungen	6
Rückkehr der Wölfe	6
Vorschriften, unverhältnismäßige Auflagen	5
Konflikte Tourismus (und Hundebesitzer) – Haftungspflicht	4
Erwerbsalternativen	3
Wirtschaftliche Lage am Heimbetrieb	3
Keine Hofnachfolge	3
Keine – „Kein Thema"	2
Konflikte Naturschutz (Wegebau)	1

Betrachtet man die Motivationslage allgemein, so könnten Wölfe als zusätzlicher Aufwand dazu beitragen, dass dann die subjektive Kosten-Nutzen-Rechnung negativ ausfällt. So weit ist es aber noch nicht. Länder, in denen Wölfe schon länger wieder heimisch sind, zeigen, dass Almwirtschaft und Wölfe durchaus vereinbar sind, wenn auch mit höherem Aufwand.

Wolf oder Artenvielfalt auf Almen: Ist das wirklich die Frage?

Die bisherigen Ausführungen haben aufgezeigt, dass die Frage falsch gestellt ist. Die Antwort lautet also: nein. Die Realität ist viel komplexer, und der Wolf spielt bei einer gesamtheitlichen Betrachtung über einen längeren Zeitraum im Vergleich zu den sozio-ökonomischen und agrarpolitischen Rahmenbedingungen eine vernachlässigbare Rolle in Hinblick auf (bereits stattfindende) Bewirtschaftungsänderungen. Almwirtschaft zählt zu den ältesten Landwirtschaftsformen Europas, und in der langen Geschichte der Almwirtschaft hat es immer wieder Krisenzeiten und Blütezeiten gegeben.

Ja, die Artenvielfalt auf Almen ist gefährdet, aber die Gründe dafür sind vielfältig und liegen nicht nur in der Aufgabe, sondern auch in der Intensivierung ihrer Bewirtschaftung. Ja, Wölfe stellen für Nutztiere auf der Alm eine Gefährdung dar, aber die Gefahrenquellen auf der Alm sind wesentlich vielfältiger – z. B. Unwetter, Hagel, Muren, Lawinenabgänge, unübersichtliche Geländestrukturen, steile Geländestellen, Absturz, Erschrecken durch Hubschrauber. Das ist für den Betrieb, der von Wolfsrissen betroffen ist, kein Trost, aber für die Einschätzung, welche Rolle der Wolf bei der Bewirtschaftungsaufgabe von Almen spielt, von zentraler Bedeutung! Die Schlussfolgerung „Kommt der Wolf, geht der Bauer" ist nicht nur unzulänglich, sondern lenkt von den tatsächlichen Problemen ab, mit denen die Almwirtschaft konfrontiert ist.

Abbildung 4: Almbauer bei der Arbeit: Beaufsichtigung der Tiere. (Foto © G. Schütter)

Wir können die Rückkehr der Wölfe vielmehr als Chance sehen, einer zukunftsfähigen und biodiversitätsfördernden Almwirtschaft mehr Beachtung und Wertschätzung zu schenken – von gesellschaftlicher und von politischer Seite.
In einem Beitrag über Almzukunft und Almförderung diskutiert Ringler verschiedene Lösungsansätze und fordert eine „interregional besser austarierte, ökologisch effizientere Förderpolitik" und eine „flankierende Raumordnungspolitik" zur Sicherung der Agrarräume im Tal. Er greift in seiner Schlussbemerkung einen wichtigen Punkt auf: Dass die Tausende Jahre alte Wirtschaftsform der Almwirtschaft Krisen wie z. B. Besitzübergänge, Umorganisation, Wechsel der Nutztierarten, Flucht und Rekolonisierung überdauert hat, liegt am uralten Überlebensgeheimnis der Almwirtschaft, nämlich an einer „flexiblen Krisenreaktion". Almwirtschaft kann daher als Erfolgsmodell gelten und neue Bedeutung gewinnen.

Danke

Herzlichen Dank an alle Almbewirtschafterinnen und Almbewirtschafter, die unsere Fragen beantwortet haben! Danke auch an DI Otto Hofer, BM für Nachhaltigkeit und Tourismus, für die Bereitstellung der INVEKOS-Daten, an Dr. Alexander Schuster, Amt der OÖ Landesregierung, gemeinsamer Ländervertreter Österreichs, und Mag. Michael Khün, Amt der NÖ Landesregierung, Verbindungsstelle der Bundesländer, für die Unterstützung bei der Beschaffung der aktuellen Artikel-17-Daten, sowie an Dr. Matthias Kropf für Korrekturen.

Autoren:

a.o. Univ.-Prof. Dr. Monia Kriechbaum, stv. Leiterin des Instituts für Integrative Naturschutzforschung an der Universität für Bodenkultur Wien, Gregor-Mendel-Str. 33, 1180 Wien

Dipl.-Ing. Bernhard Splechtna, wissenschaftlicher Mitarbeiter am Institut für Integrative Naturschutzforschung an der Universität für Bodenkultur Wien, Gregor-Mendel-Str. 33, 1180 Wien

Dr. Josef Pennerstorfer, wissenschaftlicher Mitarbeiter am Institut für Forstentomologie, Forstpathologie und Forstschutz an der Universität für Bodenkultur Wien, Peter-Jordan-Straße 82/I, 1190 Wien

Fabian Pröbstl, BSc, studentischer Mitarbeiter am Institut für Integrative Naturschutzforschung an der Universität für Bodenkultur Wien, Gregor-Mendel-Str. 33, 1180 Wien

Dipl.-Ing. Margit Seiberl, wissenschaftliche Projektmitarbeiterin am Institut für Integrative Naturschutzforschung an der Universität für Bodenkultur Wien, Gregor-Mendel-Str. 33, 1180 Wien

Touristische Bedeutung des Wolfes

Ulrike Pröbstl-Haider, Nina Mostegl und Anne Schlegel

Wie wichtig ist der Bergtourismus in Österreich?

Wenn man über die touristischen Effekte von Wolfsvorkommen bzw. der Wiederbesiedlung der Kulturlandschaft mit Wölfen nachdenkt, dann ist klar, dass diese Aspekte nicht alle Urlauber, sondern nur einen Teil betreffen. So kann man davon ausgehen, dass beispielsweise der Städtetourismus oder Thermenurlaube ausgeschlossen werden können.

Wie die Untersuchungen der Statistik Austria aus dem Jahr 2017 zeigen, werden durch die österreichische Bevölkerung jährlich circa 10 Mio. Urlaubsreisen im eigenen Land durchgeführt. Das entspricht etwa der Hälfte aller Urlaubsreisen. Dabei entfallen ca. 3,1 Mio. Reisen auf den Haupturlaub (ab 4 Tagen) und ca. 6,9 Millionen auf einen Kurzurlaub (1–3 Nächtigungen).

Analysiert man die Reisemotive, dann zählen ca. 40 % der Reisen zum Wander- und Bergsteigerurlaub. Der an Bergsport und Wandern interessierte österreichische Urlauber unternimmt nach Untersuchungen der Universität für Bodenkultur und nach Angaben der Österreichischen Wirtschaftskammer darüber hinaus zusätzlich weitere 10 Tagesausflüge in Berggebiete.

Abbildung 1: Bergtouristen stellen einen großen Anteil der Sommertouristen in Österreich dar. (Foto: © U. Pröbstl-Haider)

Österreich gilt auch international als beliebtes Urlaubsziel. Im Jahr 2017 reisten rund 29,5 Millionen Urlauber aus dem Ausland an. Bei den ausländischen Touristen stellen vor allem Deutsche mit 13,4 Millionen und Niederländer mit 1,9 Millionen den größten Anteil dar. Zu den wichtigsten Motiven zählen auch bei den ausländischen Urlaubern im Sommer die Berge, die für rd. 60 % das Hauptmotiv für die Buchung eines Österreich-Urlaubs sind.

Die Auswertungen der Statistik Austria zeigen auch, dass insgesamt die Nächtigungen in den Sommermonaten in den letzten Jahren kontinuierlich zugenommen haben und inzwischen die der Wintersaison übersteigen. Die genannten Zahlen verdeutlichen aber auch, dass der Bergtourismus für den Tourismus in Österreich insgesamt eine wichtige Rolle spielt, weil gerade das Erlebnis von Natur und alpiner Bergwelt im Mittelpunkt der Buchungsentscheidung steht. In diesem Zusammenhang kann das Thema „Wolf“ zukünftig relevant werden.

Wie wirkt das Vorkommen von Wölfen – anziehend oder abstoßend?

Noch bevor der Wolf in Österreich so richtig Fuß gefasst hat, gibt es bereits eine Reihe von „Vorverurteilungen“, was die möglichen Konsequenzen und negativen Auswirkungen angeht. Von verödeten Almen ist die Rede und davon, dass sich durch die mögliche Bedrohung Freizeitsportler und Touristen nicht mehr in die alpine Bergwelt trauen und damit vor allem naturnahe Tourismusregionen seltener als Urlaubsort gewählt werden könnten. Demgegenüber argumentieren Tourismuswissenschaftler, dass der Wolf neues touristisches Potenzial biete und man neue Angebote für neue Zielgruppen entwickeln könne, wie dies bereits in der Lüneburger Heide (www.Biosphere-expeditions.org) oder im Yellowstone Nationalpark in den USA (www.yellowstonepark.com) geschieht. Vor diesem Hintergrund stellt sich die Frage, ob und inwieweit vor allem die kritischen Einschätzungen auch auf Österreich übertragen werden können und mit welchen Auswirkungen gerade im Berg- und Almtourismus zu rechnen ist.

Ein Blick in die internationale Forschung zum Thema Wolf zeigt, dass sich die Einstellung der Menschen zum Wolf stark gewandelt hat. Aus einer weit verbreiteten starken Ablehnung, die durch Konflikte mit der Landnutzung, aber auch Märchen und Phantasiegeschichten gefördert wurde, entwickelt sich das Thema Wölfe vor allem im städtischen Umfeld zu einem Symbol für Wildnis und Naturerlebnis mit dem Wunsch, das Vorkommen von Wölfen zu fördern. In den vielen Studien zur Akzeptanz des Wolfes in der Kulturlandschaft zeigt sich auch ein Unterschied bezogen auf das Alter und den Wohnort der Befragten. Nach Studien von Hunziker et al. und Majić und Bath haben ältere Menschen ab ca. 45 Jahren sowie

Bewohner aus dem ländlichem Raum eine eher negative Einstellung dem Wolf gegenüber, wohingegen jüngere Menschen und Bewohner städtischer Räume einer Wiederbesiedlung eher positiv gegenüberstehen. Auch hier stellt sich die Frage, ob diese Ergebnisse auch für die einheimischen Bergtouristen zutreffen. Bevor diesen Fragestellungen im Detail nachgegangen wird, ist zu klären, ob und wann ggf. der Wolf für den Erholungssuchenden eine Bedrohung darstellt.

Ist der Wolf beim Besuch von Erholungslandschaften eine Bedrohung und damit ein Risiko?

Im Hinblick auf das Risiko – die Bedrohung, die der Wolf für den Menschen darstellt – muss man zwischen einer objektiven Gefährdung und einer subjektiven Gefährdung unterscheiden. Objektiv ist das Risiko für einen Freizeitsportler und Touristen, der sich in der Landschaft bewegt, sehr gering. Wölfe sind sehr scheu, deshalb sind Begegnungen selbst für Experten selten und meist nur für wenige Sekunden möglich. In der Regel leben Wölfe sehr versteckt, meist unbemerkt vom Menschen, und legen bei Wanderbewegungen große Strecken zurück, ohne dabei gesehen zu werden. Ein Angriff wird daher als sehr unwahrscheinlich eingestuft und ist nach Ansicht von Experten nur dann vorstellbar, wenn ein Hund beteiligt ist oder wenn, wie es zum Beispiel beim Geocaching unbeabsichtigt passieren kann, auch in Verstecke der Tiere bei der Jungenaufzucht vorgedrungen wird. Weitere objektive Gefahren können durch Anfütterung und in diesem Zusammenhang mit sogenannten Problemtieren auftreten, die Siedlungen gezielt aufsuchen. Diese Experteninformationen werden auch durch statistische Zahlen unterstützt, wie der WWF Deutschland 2018 erhoben hat: obwohl während der vergangenen 30 Jahre die Wolfspopulation in Europa erheblich zugenommen hat, nahm die Zahl der Unfälle durch Wölfe ab.

Während die objektive Gefahr also eher gering einzustufen ist und danach keine oder allenfalls geringe Konsequenzen für den Tourismus zu erwarten wären, zeigt die Forschung, dass es eine subjektive Einschätzung der Bedrohung gibt, die sich nicht mit der objektiven Gefahr deckt. In diesem Fall wird bereits das Wissen, dass ein Wolf im Urlaubsgebiet vorkommt, als Gefahr und Bedrohung eingestuft (Wallner und Hunziker 2001). Aus touristischer Sicht muss man auch die subjektiv empfundene Bedrohung und Angst ernst nehmen und beachten.

Im Hinblick auf mögliche Bedrohungen aus der Sicht der Erholungssuchenden und Touristen ist anzumerken, dass auch die Schutzmaßnahmen, insbesondere Herdenschutzhunde, den Ausflug in ein Berggebiet als Wanderer oder Mountainbiker beeinträchtigen könnten, etwa durch notwendige Umwege, alternative Routen oder die bedrohliche Wirkung der Hunde.

Zu welchen Änderungen der Erholungslandschaft könnte ein Wolfsvorkommen führen?

Der Ausblick und die Sicht auf umliegende Berge sind ein wichtiges Kriterium bei der Auswahl von Wanderwegen im Gebirge. Als indirekte Auswirkungen von Wolfsvorkommen werden Veränderungen des Landschaftsbildes diskutiert, die dann zu erwarten sind, wenn sich die Nutzung der alpinen Landschaft ändern sollte. Dies wäre in manchen Urlaubslandschaften dann der Fall, wenn Beweidung und Almbewirtschaftung zurückgehen würden und dort wieder Wald entsteht.

Diese Aspekte im Hinblick auf das touristische Angebot in Österreich wurden im Rahmen eines Forschungsprojektes an der Universität für Bodenkultur in Wien gezielt wissenschaftlich untersucht. Dazu wurden 1003 Befragten verschiedene Bilder zur Bewertung vorgelegt (siehe Abbildung 2). Alle Bilder zeigen almwirtschaftlich genutzte Gebäude und Landschaften sowie einen Weg, der für die Erholungsnutzung, aber auch für die Almwirtschaft geeignet ist. Neben dem Ausgangsbild wurde in vermischter Reihenfolge auch dasselbe Motiv mit einem ca. 20 % höheren Waldanteil gezeigt, um zu sehen, ob sich diese am Computer entwickelte „Bewaldung" in der Bewertung niederschlägt. Die höchste Bewertung, die ein Bild erzielen kann, war „9", die niedrigste „1". Alle sechs Bilder wurden mit Durchschnittswerten zwischen 7,91 und 7,36 hoch bewertet. Es zeigte sich, dass die Motive wichtiger waren als der veränderte Waldanteil.

Die Ergebnisse bestätigen Forschungsergebnisse aus der Schweiz und Deutschland. Hunziker (2001) zeigte, dass – anders als dies evtl. die einheimische Bevölkerung wahrnimmt – der Urlauber einer zunehmenden Verwaldung wesentlich

Abbildung 2: Präferierte Reihenfolge der Bilder nach Beliebtheit: 2, 6, 1, 4, 3, 5 (Fotos: © U. Pröbstl-Haider)

weniger kritisch gegenübersteht. Ammer und Pröbstl zeigen, dass ein Waldanteil von 50–70 % sogar als positiv eingestuft wird. Allerdings weisen sie auch darauf hin, dass Landschaften mit einem Waldanteil von über 80 % als dunkel und unfreundlich beschrieben und daher weniger präferiert werden.

Welche Veränderungen für den Tourismus sind aus der Sicht der österreichischen Bergurlauber zu erwarten?

Methodischer Hintergrund

Um diese komplexe Frage zu beantworten, wurde eine weitere spezielle Befragung von 1003 Bergtouristen mit Schwerpunkt Wandern und Mountainbiken durchgeführt. Die Untersuchung bezieht sich allerdings nur auf Touristen aus Österreich und nicht auf internationale Gäste. Die Besonderheit der Befragung bestand darin, dass die Urlauber und Urlauberinnen die Aufgabe hatten, mehrfach zwischen zwei möglichen Gebieten eine Auswahl zu treffen. Aus den insgesamt rund 6000 Wahlentscheidungen konnten dann durch Regressionsanalysen allgemeine Präferenzen abgeleitet werden. Eine weitere Besonderheit der Befragung durch ein solches Wahlexperiment (Choice Experiment) besteht darin, dass verschiedene Eigenschaften einer Tour und eines Gebietes miteinander abgefragt werden können (Abb. 3). Dadurch kann auch überprüft werden, ob Nachteile, wie zum Beispiel eine Tour mit wenigen Aussichtsmöglichkeiten, durch eine attraktive Gastronomie aufgewogen werden können.

Abbildung 3: Beispiel für eine Auswahlentscheidung und die enthaltenen Merkmale

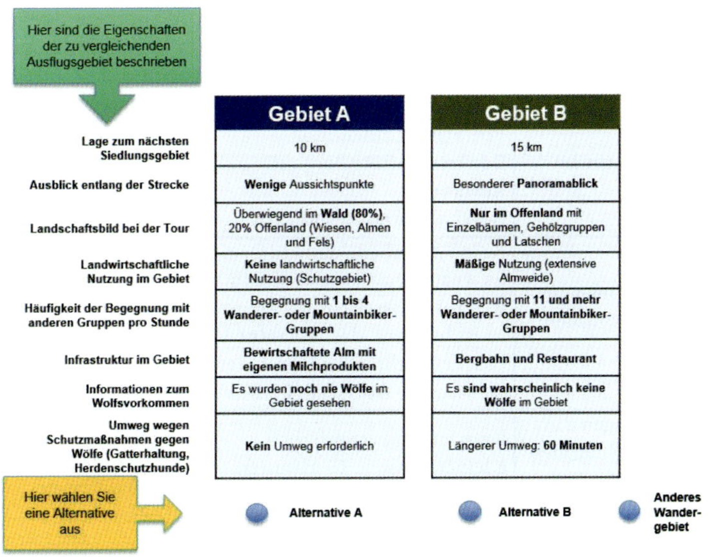

Die Merkmale in diesen Auswahlentscheidungen, die den Probanden in variierter Form vorgelegt wurden, sind in der nachstehenden Tabelle zusammengefasst.

Tabelle 1: Merkmale bei der Auswahlentscheidung (Choice Experiments) und deren jeweilige Abstufungen

Merkmale	**Abstufungen**
Lage zum nächsten Siedlungsgebiet	**0 km** (Streusiedlungen) **5 km** **10 km** **15 km** weit entfernt
Ausblick	Strecke mit **wenigen** Aussichtpunkten ins Tal Strecke mit **häufigen** Aussichtspunkten auf Gipfel und Täler Strecke mit **vielen** Aussichtspunkten auf Gipfel und Täler Strecke mit **besonderem** Panoramablick entlang des Weges
Landschaftsbild bei der Tour	Überwiegend im **Wald (80 %),** 20 % Offenland (Wiesen, Almen und Fels) Überwiegend im **Wald (60 %),** 40 % Offenland (Wiesen, Almen und Fels) Überwiegend im **Offenland (80 %)** (Wiesen, Almen und Fels), 20 % im Wald **Nur im Offenland** mit Einzelbäumen, Gehölzgruppen und Latschen
Landwirtschaftliche Nutzung im Gebiet	**Keine** Nutzung (Schutzgebiet) **Geringe** Nutzung (Wiesenflächen, Almen ohne Nutzung, aufgelassen) **Mäßige** Nutzung (extensive Almweide) **Intensivere** landwirtschaftliche Nutzung (Milchviehhaltung, behirtete Almweide)
Häufigkeit der Begegnung mit anderen Gruppen pro Stunde	**Keine** Begegnung Begegnung mit **1–4 Gruppen von Wanderern oder Mountainbikern** Begegnung mit **5–10 Gruppen von Wanderern oder Mountainbikern** Begegnung mit **11 und mehr Gruppen von Wanderern oder Mountainbikern**
Infrastruktur im Gebiet	**Einfache** Schutzhütten **Bewirtschaftete** Berghütte und/oder bewirtschaftete Almen **Restaurant** **Bergbahn und Restaurant**
Informationen zu Wolfsvorkommen	**Keine Angaben,** keine Informationen für Wanderer erhältlich. Es wurden noch **nie Wölfe** im Gebiet gesehen. Es **sind wahrscheinlich keine Wölfe** im Gebiet. Es ist bekannt, dass **einzelne Wölfe** das Gebiet queren. Es leben wahrscheinlich **dauerhaft Wölfe** im Gebiet. Es wird ein **Wolfsrudel** im Gebiet vermutet.
Umweg wegen Schutzmaßnahmen gegen Wölfe (Gatterhaltung, Herdenschutzhunde)	**Kein** Umweg erforderlich Kleiner Umweg: **15 Minuten** Mittlerer Umweg: **30 Minuten** Längerer Umweg: **60 Minuten**

Mit dieser Methode kann man nicht nur die Reaktion auf einzelne Merkmale ablesen und ihre Bedeutung in der Entscheidungsfindung kennen lernen (z. B. wie entscheidend sind Informationen zum Wolfsvorkommen?), sondern auch überprüfen, wie sich die Merkmale in der Abwägung mit anderen verhalten (z. B. wird ein besonders schönes Gebiet trotz Wolfsvorkommen aufgesucht, ein weniger schönes aber nicht?). Weiterhin erlaubt dieses methodische Vorgehen auch Gruppen herauszuarbeiten, die die gleichen Auswahlentscheidungen treffen, und dann in einem zweiten Schritt zu analysieren, welche Eigenschaften diese Gruppierungen haben. Nachstehend sind die Ergebnisse mit Hilfe von einleitenden Fragen dargestellt.

Abbildung 4: Befragt wurden 1003 österreichische Bergtouristen und Mountainbiker. Das Bild zeigt ein Beispiel für Begegnungen zwischen Wanderern und einem Mountainbiker, die als Merkmal von Touren ebenfalls mit abgefragt wurden. (Foto: © U. Pröbstl-Haider)

Lassen sich unterschiedliche Gruppen von Erholungssuchenden unterscheiden?

Insgesamt nahmen 833 Wanderer und 170 Mountainbiker aus Österreich an der Online-Befragung teil. Dabei wurden 46,6 % Frauen und 53,4 % Männer befragt, die Verteilung auf die österreichischen Bundesländer ist repräsentativ und umfasst alle Ausbildungsstufen gleichmäßig. Bevorzugt wurden im Urlaub überwiegend halbtägige Touren und Touren bis zu 3 Stunden durchgeführt. 17 % der Befragten gaben an, dabei auch regelmäßig einen Hund mitzunehmen.

Zunächst wurde analysiert, ob sich Gruppen herausbilden, die durch ähnliche Wahlentscheidungen gekennzeichnet sind. Diese Analyse der Daten zeigte, dass sich die Meinungen der befragten Bergtouristen zwischen Wanderern und Mountainbikern unterscheiden, dass aber auch innerhalb der Gruppe der Wanderer Unterschiede festzustellen sind. Die verschiedenen Gruppen lassen sich wie folgt zusammenfassend beschreiben:

Wanderer-Typ 1 (Anteil von 72,5 % am Gesamtsample von 1003 Befragten) kommt überwiegend aus urbanen Lebensräumen (62,5 %), ist durchschnittlich jünger (47 Jahre) als Wanderer-Typ 2 und ist durch einen etwas höheren Bildungsgrad gekennzeichnet. Dieser Typ besitzt viel Bergerfahrung und sucht in der Natur neben Wildtierbeobachtungen auch die (sportliche) Herausforderung. Bei diesem Wanderer-Typ spielen eher fürsorgende Motive im Blick auf die Wiederbesiedelung durch den Wolf eine Rolle. Für Wanderer-Typ 1 gehört zu einem attraktiven Bergerlebnis immer auch Wald und nicht nur Offenland.

Wanderer-Typ 2 (Anteil von 10,6 % am Gesamtsample von 1003 Befragten) stammt eher aus dem ländlichen Raum (71,7 %), besitzt einen durchschnittlichen Bildungsgrad und ist älter (Durchschnitt 51 Jahre). Wichtige Motive sind Erholung, Natur und Ruhe, Zeit mit Familie und Freunden sowie das Erlebnis Almwirtschaft. Die Werte-Orientierung bei diesem Typ ist eher durch Präferenzen für eine vom Menschen bestimme Landnutzung geprägt. In Übereinstimmung damit wird eine offene, almwirtschaftlich geprägte Landschaft einem waldreichen Ausflugsziel vorgezogen.

Mountainbiker (Anteil von 16,9 % am Gesamtsample von 1003 Befragten) sind im Vergleich zu den Wanderern mehr alleine unterwegs. Sie sind eher jünger (40 Jahre) und hauptsächlich Männer. Mountainbiker haben, ähnlich wie der Wanderer-Typ 1, auch eine höhere Bergerfahrung. Der Bildungsgrad ist tendenziell höher, aber ausgeglichener als bei den Wanderern (49 % Abschluss einer höherbildenden Einrichtung). Bewegung in der Natur und Sport sind ihnen wichtig. Die Almwirtschaft spielt als Ausflugsmotiv eine eher untergeordnete Rolle. Die befragten Mountainbiker bevorzugen Strecken mit 60 % Wald und 40 % Offenland.

Welche Merkmale sind besonders wichtig, welche wirken positiv, welche tendenziell negativ?

Die nachstehenden Abbildungen zeigen, welche Bedeutung (Teilnutzen) verschiedene Merkmale der angebotenen Touren hatten. Dabei ergaben sich Übereinstimmungen, aber auch deutliche Unterschiede.

Große Übereinstimmungen bei allen Erholungssuchenden (Wanderern und Mountainbikern) konnte man bei der Bedeutung von Aussichtspunkten, bei der Lage zu Siedlungsgebieten und bei den Begegnungen mit anderen Wanderern feststellen. Bei der Lage zum Siedlungsgebiet wurden ortsnahe Lagen mehrheitlich abgelehnt, 5 km und 10 km Entfernung von Siedlungsgebieten wurden positiv bewertet und 15 km wieder kritisch beurteilt. Der Ausblick war für alle enorm wichtig, je mehr Aussichtsmöglichkeiten, desto positiver wurde eine Tour bewertet.

Die Begegnungen mit anderen Wanderern oder Mountainbikern zeigten gruppenübergreifend ebenfalls ein in der Tendenz einheitliches Bild: keine Begegnungen wurden positiv bewertet, auch Begegnungen mit 1–4 Gruppen pro Stunde wurden noch positiv bewertet. Mehr als 5 Begegnungen pro Stunde wurden dagegen vor allem von den Wanderern bereits kritisch gesehen, die Mountainbiker waren, wie man sehen kann, dabei etwas toleranter als die Wanderer.

Bei anderen Merkmalen eines Ausflugs unterschieden sich hingegen die Präferenzen der beiden Wanderer-Typen und der Mountainbiker. So reagierten die drei Typen ganz unterschiedlich auf einen möglichen Landschaftswandel, Informationen zum Wolf und auf mögliche Konsequenzen durch Schutzmaßnahmen, wie die folgende Abbildung 5 zeigt.

Während die Wanderer des Typs 1 ebenso wie die Mountainbiker Landschaften mit mäßiger und geringer Nutzung bevorzugten, bewertete Wanderer-Typ 2 eine intensive landwirtschaftliche Nutzung besonders hoch. Ein geringer Nutzungsgrad wurde von dieser Gruppe sogar leicht negativ gesehen. Wanderer-Typ 2 bevorzugte nicht nur eine landwirtschaftliche Nutzung, sondern brachte dies auch bei den nachgefragten Landschaftspräferenzen zum Ausdruck. Diese Gruppe

Abbildung 5: Wolfsvorkommen wurden vor allem von den Wanderern des Typs 2 stark abgelehnt (Details s. Text). Die y-Achse gibt die positiven bzw. negativen Teilnutzenwerte wieder.

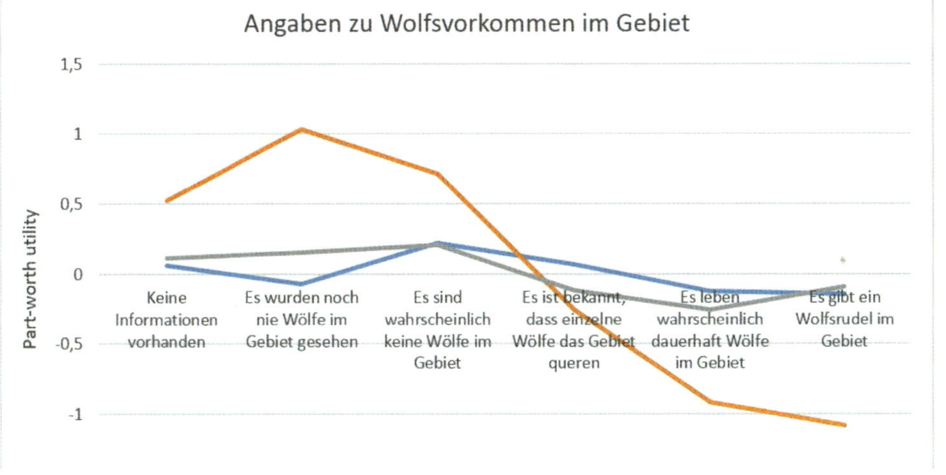

bevorzugte eher offene Landschaften mit einem geringeren Waldanteil, während Wanderer-Typ 1 und die Mountainbiker eine geringe bis mäßige Nutzung und einen Waldanteil über 60 % präferierten.

Die Präferenzen für eine genutzte Landschaft, bewirtschaftete Berghütten und Almen bei Wanderern des Typs 2 spiegelten sich auch bei ihren Wahlentscheidungen im Zusammenhang mit dem Wolf wider. Im Gegensatz zu den Wanderern des Typs 1 und den Mountainbikern reagierte Typ 2 sehr sensibel auf Informationen zum Wolfsvorkommen. So kann man in Abbildung 5 deutlich erkennen, dass Informationen, die klar herausstellen, dass keine Wölfe im Gebiet sind, sehr positiv aufgenommen wurde. Die Aussage, dass wahrscheinlich keine Wölfe im Gebiet wären, wurde bereits kritischer gesehen. Auf ein sicheres, wenn auch seltenes Vorkommen von Wölfen reagierte diese Gruppe der Wanderer negativ. Im Unterschied zum Wanderer-Typ 1 und den Mountainbikern reagierte dieser Typ stark negativ bei der Aussage, dass ein Wolfsrudel im Gebiet sei.

Auch bei Umwegen infolge von Schutzmaßnahmen wie Zäunungen oder Herdenschutzhunden unterschieden sich die Reaktionen von Mountainbikern, Wanderer-Typ 1 und Wanderer-Typ 2. Letzterer würde nur einen kurzen Umweg von 15 Minuten in Kauf nehmen. Wanderer des Typs 1 und Mountainbiker reagierten erst bei einem Umweg von mehr als 30 Minuten negativ. Das bedeutet, dass Wanderer des Typs 2 an einem Almerlebnis zwar besonders interessiert sind, aber deshalb keine weiteren Wege gehen würden.

Haben siedlungsnahe Ausflugsgebiete, die von vielen Menschen besucht werden und über Infrastrukturanlagen verfügen, Einfluss auf das Verhalten?

Es zeigte sich, dass die landnutzungsorientierten Wanderer (Typ 2) landschaftlich attraktive Gebiete meiden, sofern dort Wölfe queren könnten oder vorkommen, auch dann, wenn das Gebiet nahe bei Siedlungen liegt oder viele andere Gruppen von Wanderern oder Mountainbikern im Gebiet sind. Auch eine Bergbahn, die als Infrastruktureinrichtung belebte Verhältnisse erzeugt, hat hier keine abmildernde Wirkung. Eine ideale Bergwanderung umfasst für die Mehrheit aller Wanderer und Mountainbiker eher siedlungsferne Lagen (5–10 km Entfernung) ohne Infrastruktureinrichtungen und ist durch wenige Begegnungen gekennzeichnet. Ein nicht ideales Gebiet wird von den österreichischen Bergtouristen auch dann nicht bevorzugt, wenn dort sicher oder wahrscheinlich keine Wölfe vorkommen. Hier gibt es große Übereinstimmungen zwischen den betrachteten Wanderern und den Mountainbikern. In der Konsequenz bedeutet das, dass Gebiete nur dadurch, dass sie frei von Wölfen sind oder bleiben, nicht automatisch für Besucher attraktiv werden.

Wird ein Wolfsvorkommen in der Landschaft eher akzeptiert, wenn die Bedingungen für die Erholung optimal sind?

Um dieser Frage nachzugehen, wurden zunächst die Präferenzen für den bergerfahrenen, aktiven Wanderer-Typ 1 überprüft. Ein ideales Gebiet ist für diesen Typ bei einem Waldanteil von ca. 60 %, einem Panoramablick, einer geringen landwirtschaftlichen Nutzung, einer bewirtschafteten Berghütte und wenigen Begegnungen mit anderen Wanderern gegeben. Ein solches attraktives Gebiet, in dem Wölfe vorkommen, wird einem weniger attraktiven Gebiet ohne Wolfsvorkommen ganz klar vorgezogen (95 %). Gleiches gilt auch für die Mountainbiker (91 %).

Präsentiert man einen ähnlichen Vergleich dem Wanderer-Typ 2, dann ergibt sich ein anderes Ergebnis. Wählt man einen Vergleich von zwei Ausflugsgebieten mit und ohne Wolfsvorkommen, bei dem im Gebiet mit Wolfsvorkommen die Vorlieben dieser Wanderer besonders berücksichtigt sind (Almerlebnis, bewirtschaftete Berghütte, Panoramablick und wenige Begegnungen mit anderen Erholungssuchenden), dann wird auch hier mehrheitlich das attraktivere Gebiet mit Wolfsvorkommen bevorzugt (69 %). Allerdings würden 28 %, wenn nur ein unattraktives Gebiet und ein attraktives Gebiet mit Wolfsvorkommen zur Wahl stünden, keines der beiden wählen, sondern in einen anderen Raum abwandern.

Damit lässt sich die gestellte Frage nur für die Wanderer des Typs 1 und die Mountainbiker eindeutig mit „ja" beantworten. Denn beide Gruppen würden bei attraktiven Bedingungen das Gebiet wählen. Außerdem reagieren sie, im Gegensatz zu Wanderer-Typ 2, nicht bereits kritisch auf vereinzeltes Vorkommen von Wölfen oder einen unsicheren Kenntnisstand über die Anwesenheit von Wölfen.

Wie wirkt sich ein mögliches Wolfsvorkommen auf eine Tour in ein almwirtschaftlich geprägtes Gebiet mit und ohne Herdenschutzmaßnahmen aus?

Um dies herauszufinden, wurde ein landschaftlich attraktives Gebiet angenommen, die Tour führt dort überwiegend durch Offenland und zeigt eine intensiv landwirtschaftlich genutzte Kulturlandschaft mit Milchviehhaltung. Es gibt wenige Begegnungen (bis zu 4 Begegnungen pro Stunde), und im Gebiet befindet sich eine bewirtschaftete Alm mit eigenen Milchprodukten. Aufgrund von permanentem Wolfsvorkommen bestehen Schutzmaßnahmen, die jedoch nur einen geringen Umweg von 15 Minuten verursachen. Zur Auswahl stand in der Befragung dasselbe Angebot in einem Wandergebiet ohne Wolfssichtungen.

Bei den Wanderern von Typ 1 waren trotz des Umwegs und der Aussage, dass wahrscheinlich dauerhaft Wölfe im Gebiet vorkommen, etwa beide Gebiete gleich attraktiv (rd. 53 % zu 47 %). Bei den Mountainbikern wählten 64 % das wolfsfreie Gebiet und 36 % das Gebiet mit Umweg und Wolfsvorkommen. Dagegen reagierten die Wanderer des Typs 2 ganz anders, sie bevorzugen zu über 83 % das wolfsfreie Gebiet.

Das würde bedeuten, dass bereits bei Herdenschutzmaßnahmen von geringem Umfang (15 Minuten Umweg) die Urlauber und Urlauberinnen, die an der Almwirtschaft bevorzugt interessiert sind, bei einem möglichen Wolfsvorkommen ausbleiben. Dies könnte bei Betrieben, die auf den touristischen Zuverdienst zur Almbewirtschaftung angewiesen sind, zu erheblichen wirtschaftlichen Einbußen führen.

Wie wirkt sich ein Wolfsvorkommen auf eine Tour in ein Schutzgebiet ohne landwirtschaftliche Nutzung mit dem Ausflugsziel bewirtschaftete Berghütte aus?

Um diese Frage zu untersuchen, wurden zwei Gebiete zu Auswahl vorgelegt, die beide landschaftlich attraktiv, mit 60 % Waldanteil ausgestattet, jedoch ohne landwirtschaftliche Nutzung sind und deutlich entfernt von Siedlungen liegen. Die Anzahl der Begegnungen mit anderen Erholungssuchenden ist moderat. Ziel der Tour ist eine bewirtschaftete Berghütte. Umwege sind nicht zu erwarten, da keine Schutzmaßnahmen erforderlich sind. Wieder wurden ein Gebiet mit und ein Gebiet ohne Wolfsvorkommen zu Wahl gestellt.

Im abgelegenen Schutzgebiet war im Vergleich zur almwirtschaftlich genutzten Umgebung die Reaktion auf ein Wolfsvorkommen bei allen Befragten deutlich stärker.

Wanderer des Typs 1 bevorzugten zu ca. 59 % das Gebiet ohne Wölfe, 41 % bevorzugten das mit Wolfsvorkommen. Die Mountainbiker verhielten sich ähnlich (61 % zu 39 %). Für 9 % der Wanderer des Typs 2 waren diese Angebote in unbewirtschafteten Schutzgebieten so unattraktiv, dass sie diese – egal ob mit oder ohne Wolfsvorkommen – nicht aufsuchen würden. Die verbleibende Mehrheit würde das Gebiet ohne Wölfe bevorzugen, und nur ein kleiner Teil von 15 % würde ein Schutzgebiet mit Wölfen aufsuchen, wenn die Tour einen tollen Ausblick verspricht und eine bewirtschaftete Berghütte enthält.

Welche Entscheidungen wären zu erwarten, wenn bei einer Tour in alpine Schutzgebiete immer mit Wolfsvorkommen zu rechnen wäre?

Um dieser Frage nachzugehen, wurde wieder die oben beschriebene Situation analysiert. Dieses Mal sind beide Gebiete landschaftlich attraktiv, haben 60 % Waldanteil, liegen in einem Schutzgebiet, entfernt von Siedlungen. Es gibt wenige Begegnungen mit anderen Erholungssuchenden auf dem Weg zu einer bewirtschafteten Berghütte. In beiden Gebieten leben „wahrscheinlich dauerhaft Wölfe".

Bei einer starken Ablehnung hätten in diesem Fall alle Befragten die Antwort „keines der vorgeschlagenen Gebiete" auswählen müssen. Das erfolgte jedoch bei den Mountainbikern und Wanderern des Typs 1 nicht. Sie würden dann, wenn Wölfe in Schutzgebieten grundsätzlich zu erwarten wären, ihr derzeitiges Freizeitverhalten im Prinzip unverändert fortsetzen. Dies brachten sie jedenfalls in der Befragung deutlich zum Ausdruck. Anders dagegen die Wanderer des Typs 2. Hier sagten knapp 25 % der Befragten, dass sie Schutzgebiete mit Wolfsvorkommen auch bei attraktiver Landschaft und angenehm wenigen Begegnungen mit anderen Wanderern oder Mountainbikern nicht mehr aufsuchen würden.

Welche Anhaltspunkte lassen sich aus der Befragung für das Wolfsmanagement ableiten?

Die Ergebnisse zeigen, dass mögliche Effekte ganz wesentlich davon abhängen, ob und inwieweit zukünftig Wahlmöglichkeiten bestehen werden. Von 1003 österreichischen Wanderern und Mountainbikern würden heute, wenn sie leicht in ein attraktives Gebiet ohne Wölfe ausweichen könnten, 59 % dies auch tun. Würden jedoch in den von ihnen bevorzugten Gebieten überall Wölfe vorkommen, dann würden von diesen 1003 Personen nur 2,6 % keines der Gebiete aufsuchen. Zu beachten ist hier allerdings, dass die vorliegende Studie lediglich Aussagen für österreichische Bergwanderer und Mountainbiker tätigen kann. Aus den vorliegenden Erhebungen lassen sich keine allgemeinen Aussagen bezogen auf den Tourismus ableiten, da keine ausländischen Gäste befragt wurden, die ja den weitaus größeren Anteil an Erholungssuchenden im Sommer ausmachen (siehe oben).

Die Auswertungen verdeutlichen, dass die Reaktion der Erholungssuchenden sehr stark von dem räumlichen Konzept und einem ganzheitlichen Wildtiermanagement beeinflusst wird. Auf lokale Hotspots (z. B. ein Gebiet mit Wölfen) wird deutlich negativ reagiert, auf grundsätzliche, flächige Änderungen (z. B. Wolfsvorkommen in allen Gebieten) weit weniger. Dieser Sachverhalt macht pauschale ökonomische Abschätzungen schwierig. Diese müssen immer in Bezug zum räumlichen Vorkommen und den Managementkonzepten gesetzt werden.

Welche Managementmaßnahmen wünschen sich die Erholungssuchenden?

Für die Akzeptanz von Wölfen sind das Management und die entsprechende Informationspolitik entscheidend. Den Befragten der Bergtourismusstudie wurde daher auch die Frage gestellt, welche Art des Wolfsmanagements sie sich wünschen. Mehrheitlich wurden eher schonende Alternativen bevorzugt, Alternativen mit Abschuss zur Erhaltung wolfsfreier Gebiete fanden dagegen wenig Anklang. Am besten war danach die folgende Alternative geeignet, die einer wissenschaftlichen Koordinierung und Einzelfallentscheidung vertraut:

- „Die Wissenschaft soll den Bestand prüfen und bei Bedarf (Problemen) jeweils Ort und Anzahl der Wölfe für den Abschuss festlegen."

Hier sind sich auch die verschiedenen Typen von Wanderern und die Mountainbiker einig. Die Mehrheit kann sich auch noch eine Umsetzung der folgenden Alternative gut vorstellen:

- „In den nächsten 10 Jahren sind keine Maßnahmen erforderlich, danach wissenschaftlich prüfen und bei Bedarf die Anzahl der Wölfe in bestimmten Gebieten regulieren."

Die nachstehenden Alternativen wurden von der Mehrheit deutlich ungünstiger beurteilt, fanden jedoch bei den Bergtouristen (Wanderer des Typs 2) etwas mehr Zustimmung, die besonders an Almen interessiert sind:

- „Die Jägerschaft soll den Bestand prüfen und bei Bedarf (Problemen) jeweils Ort und Anzahl der Wölfe für den Abschuss festlegen."
- „Bevor es zu Problemen kommt, sollen Tabuzonen für Wölfe festgelegt werden, aber nur dort, wo Konflikte zu erwarten sind (Weidegebiete, touristische Gebiete)."
- „Für ganz Österreich bzw. Südtirol sollen kleinflächig und in Schutzgebieten Lebensräume für Wölfe festgelegt werden, die anderen Gebiete sind durch Abschuss wolfsfrei zu halten."
- „Ich bin grundsätzlich gegen eine Wiederbesiedelung der Landschaft durch Wölfe (Abschuss)."

In weiterer Folge wurden Erholungssuchende und Touristen nach den geeigneten Institutionen gefragt, die über das regionale Vorkommen von Wölfen und das richtige Verhalten informieren könnten. Dabei war die Eignung folgender Personengruppen und Einrichtungen zu bewerten:

- erfahrene lokale Jäger
- lokale Landwirte, Almbauern
- Experten für Wölfe (Wildbiologen)
- Gemeinde
- Naturschutzverwaltung
- Vertreter der Landwirtschaftskammer
- NGO (zum Beispiel Naturschutzbund, alpine Vereine oder WWF)
- Umweltanwaltschaft (unabhängige Einrichtung der Länder für Natur und Umwelt)
- Tourismusinformation

Abbildung 6: Eignung von Managementmaßnahmen nach Auffassung der befragten Wanderer

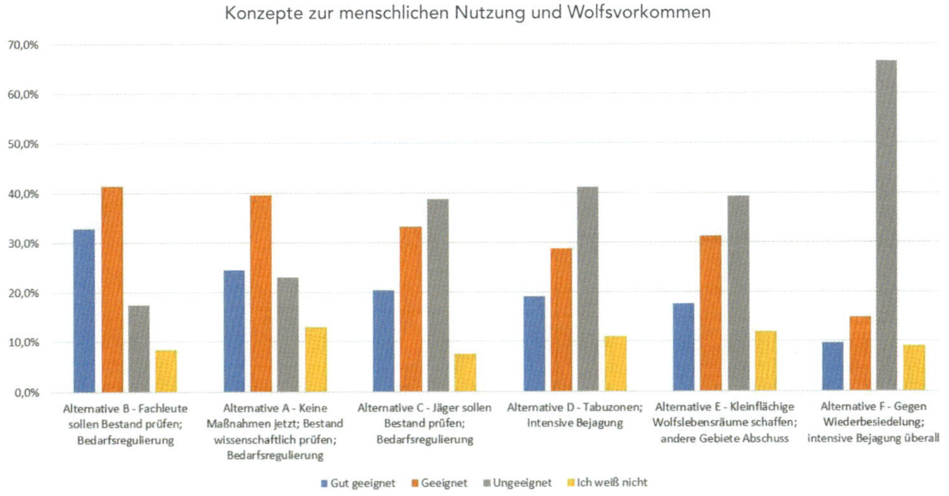

In Übereinstimmung mit den präferierten Managementmaßnahmen wurden Experten für Wölfe (Wildbiologen) als bevorzugte Institutionen eingestuft. Hier sind sich auch die verschiedenen Gruppierungen innerhalb der Bergtouristen einig. An zweiter Stelle wurden die Naturschutzverwaltungen gefolgt von der Tourismusinformation gesehen. Erst danach wurden Landnutzer, NGOs, Umweltanwaltschaft oder Kammervertretung in Erwägung gezogen.

Neben den Institutionen, die die Informationen bereitstellen, wurde auch die Eignung verschiedener Medien erhoben. Im Allgemeinen wurden die klassischen Medien mehrheitlich bevorzugt, dazu gehören vor allem Broschüren und ein Anruf bei Sachverständigen (siehe Abbildung 11). Überraschend hoch ist auch die Akzeptanz für eine Wolfs-App, die vor allem von jüngeren Befragten bevorzugt wurde.

Zusammenfassung und Ausblick

Nicht alle Urlauber haben dieselben Interessen

Das Vorkommen von Wölfen hat Auswirkungen auf die Wahlentscheidungen zu Gunsten bzw. Ungunsten von Berggebieten. Es ist immer ein kritischer Aspekt, der allerdings nach Ansicht der Mehrheit durch eine besondere Attraktivität der Landschaft und der Bergtour aufgewogen werden kann.

Dies gilt nicht für einen kleinen Teil der Wanderer (Typ 2, 10,6 % der Befragten), der ausdrücklich das almwirtschaftliche Erlebnis sucht und bewirtschaftete, offe-

Foto: © Stefan Meyers

ne Kulturlandschaft schätzt. Das Vorkommen des Wolfes – hier genügen bereits einzelne durchstreifende Wölfe – führt zur Ablehnung eines Gebietes und kann nicht durch andere positive Eigenschaften kompensiert werden. Auch Siedlungsnähe, die Begegnung mit anderen Erholungssuchenden oder Infrastruktur wie ein Bergrestaurant, die eine Gefahr durch Wölfe reduzieren könnten, finden in der Abwägung keine Berücksichtigung. Schutzmaßnahmen, die zu Umwegen führen könnten, werden von dieser (auch etwas älteren, weniger bergerfahrenen) Gruppe ebenfalls sehr negativ beurteilt. Die Bereitschaft der Wanderer des Typs 2, für ein Almerlebnis Umwege in Kauf zu nehmen, ist gering.

Bei einem weit verbreiteten Vorkommen von Wölfen (d. h. wenn auf großen Flächen des Berggebietes in Österreich mit einzelnen durchstreifenden Wölfen oder sesshaften Rudeln zu rechnen ist) würde die Mehrheit der Befragten ihr Erholungsverhalten fortsetzen. Diese Aussage setzt jedoch voraus, dass keine erheblichen negativen Ereignisse bekannt sind, wie dies bei Durchführung der Befragung der Fall war. Bei einem teilweisen Vorkommen entstehen abwägende Wahlentscheidungen. Dabei könnten weniger attraktive Gebiete, die bisher aber auch noch besucht wurden, durch das Vorkommen von Wölfen seltener besucht werden. Die Auffassungen der Personen, die im Berggebiet Urlaub machen oder sich erholen, wird nicht von der Art der Aktivität (zum Beispiel Mountainbiken oder Wandern) bestimmt, sondern eher von der bevorzugten Landnutzung und dem angestrebten Landschaftserlebnis sowie der Einstellung zum Thema Natur.

Eine Chance für neue touristische Produkte

Wie überschlägige Berechnungen zeigen, werden dadurch, dass österreichische Erholungssuchende und Touristen Gebiete mit Wölfen meiden, dem Berggebiet im Sommer insgesamt jährlich rund 49,6 Millionen Euro an getätigten Ausgaben und damit wichtige Beiträge zur Wertschöpfung fehlen. Das entspricht insgesamt 2,6 % der derzeitigen touristischen Einnahmen in österreichischen Berggebieten. Ob und inwieweit diese Verluste durch neue Zielgruppen, die zum Beispiel neue Angebote rund um Wildtiere und den Wolf nutzen, kompensiert werden können, lässt sich durch die vorliegende Studie nicht beantworten. Andere Studien, zum Beispiel des WWF Deutschland, vertreten die Auffassung, dass sich aus der Anwesenheit des Wolfes im Alpenraum „touristisches Kapital schlagen" lässt. Erfolgreicher Tourismus in Wolfsregionen sei möglich, wie Beispiele aus dem sächsischen Wolfsgebiet, den französischen Westalpen, der Hohen Tatra in der Slowakei sowie aus touristisch attraktiven Gebieten Sloweniens und aus gut erschlossenen Regionen der rumänischen Karpaten zeigen würden. Dies bestätigt auch der Blick in andere Länder. Betrachtet man die touristischen Regionen, in denen Wölfe wieder eingewandert sind, dann sind dort – beispielsweise in Deutschland und der Schweiz – neue touristische Produkte entstanden, die das Thema Wolf aufgreifen. So gibt es beispielsweise in Niedersachsen Angebote von Hotels, die geführte Touren und Wanderungen (z. B. unter dem Titel „Wölfe im Wendland, Niedersachens wildem Osten") anbieten. Im Mittelpunkt stehen ein besonderes Naturerlebnis sowie eine Annäherung an eine „interessante Tierart und die Vermittlung von Wissen über deren Verhalten, Lebensraum und die möglichen Konflikte zwischen Mensch und Wolf". Kurzreisen und Führungsprogramme geben Einblick in die Arbeit der Wolfsbiologen in der Lausitz und führen in den Wolfsschutz in Deutschland und die wolfsbezogene Forschung ein (z. B. Wolfland tours in Deutschland). Vergleichbare Angebote gibt es auch in Rumänien und in den USA, wie etwa im Yellowstone Nationalpark. Darüber hinaus wurden in der Schweiz auch neue Angebote für Kinder und Jugendliche erarbeitet, die mit dem Programm „Ein Wolf macht Schule" ein spielerisches Lernen rund um den Wolf anbieten. Die meisten Anbieter argumentieren, dass es wichtig sei, den Urlaubern, Tagesbesuchern und Gästen die freilebenden Wölfe in sachlicher Form näherzubringen. Die Organisatoren der Schul- und Kinderprogramme vertreten die Auffassung, dass die Vermittlung von Wissen zu vermehrtem Interesse und Verständnis führe, und dass dies nötig sei, „um den freilebenden Wölfen in der Schweiz eine Chance zu geben".

Wolfsmanagement und Kommunikation

Die Befragungsergebnisse unterstützen im Hinblick auf das Management ausdrücklich die aktuellen Entwicklungen im Zuge der Gründung des „Österreichzentrums Bär, Wolf, Luchs". Zu den Aufgaben des geplanten Zentrums soll ja neben Beratung, Entschädigung und dem Monitoring von Großen Beutegreifern auch die entsprechende Öffentlichkeitsarbeit gehören. Insbesondere Letztere erscheint aus touristischer Sicht von entscheidender Bedeutung.

Sicher ist, dass mögliche Effekte ganz wesentlich durch den medialen Umgang mit dem Thema und die Kommunikation bestimmt werden. Wird das Thema für die Erholungssuchenden transparent und sachlich behandelt, dann könnten über die Akzeptanz des Vorkommens hinaus auch neue touristische Angebote mögliche Ängste sogar in ein besonderes Naturerlebnis verwandeln. Für den Fall einer transparenten räumlichen Lösung und einer sachlichen Kommunikation kann die Wiederansiedlung des Wolfes aus touristischer Sicht durchaus positiv gesehen werden. Verlässliches Wolfsmanagement bedeutet aber auch, dass Wölfe, die sich wiederholt Menschen nähern, konsequent von Experten vergrämt und getötet werden. Fehlen eine entsprechende Kommunikation und ein österreichweit integriertes Management z. B. aufgrund einer föderalistisch geprägten Naturschutzdiskussion und kommt eine negative Berichterstattung von direkten und indirekten Gefährdungen hinzu, kann sich das Urlauber- und Freizeitverhalten ändern. Von ökonomisch relevanten Reduktionen insgesamt ist zwar nicht auszugehen, wohl aber von Verlagerungen, die einzelne Gebiete stark betreffen können.

Die Forschung zeigt auch, dass bei der Einstellung zum Wolf weniger die subjektive Angst oder das objektive Risiko entscheidend sind, sondern dass diese von einer generellen Einstellung zur Natur und zu Tieren bestimmt wird. Darüber hinaus ist aber auch das Vertrauen in die Politik und Verwaltung entscheidend, wenn es um die Frage der Wiederbesiedelung der Landschaft mit Wölfen geht. Positive Veränderungen der Einstellung vor und nach der Wiederbesiedelung bei guter Kommunikation und sachgerechtem Management wurden nach Angaben von Majić und Bath z. B. in Kroatien beobachtet – auch in den Regionen, in denen die Wölfe zuvor ausgerottet waren und in die sie nun wiedergekehrt sind. Dieses und andere Beispiele zeigen mögliche Lösungen auch für Österreich auf.

Autoren:

Univ.-Prof. Dr. Ulrike Pröbstl-Haider, Professur für Landschaftsentwicklung, Erholung und Tourismus an der Universität für Bodenkultur Wien, Peter-Jordan-Str. 65, 1180 Wien

Nina Mostegl MSc, wissenschaftliche Mitarbeitein am Institut für Landschaftsentwicklung, Erholungs- und Naturschutzplanung an der Universität für Bodenkultur Wien, Peter-Jordan-Str. 65, 1180 Wien

Anne Schlegel BSc, studentische Mitarbeiterin am Institut für Landschaftsentwicklung, Erholungs- und Naturschutzplanung an der Universität für Bodenkultur Wien, Peter-Jordan-Str. 65, 1180 Wien

Der Wolf – ein Problem für die Jagd?

Klaus Schachenhofer, Herbert Sieghartsleitner, Werner Spinka, Norbert Walter

Allgemeine Vorbemerkungen

Grundsätzlich sind Wölfe in Österreich in allen neun Landesjagdgesetzen ganzjährig geschont. Der totale Schutzstatus dieses hundeartigen Haar- bzw. Großraubwildes im Sinne eines absoluten Tötungsverbotes wurde mit dem Beitritt Österreichs zur Europäischen Union 1995 ausgeweitet, da die Wölfe EU-weit seit 1992 unter den Schutz der Fauna-Flora-Habitat-Richtlinie (FFH) gestellt sind (Österreich: Anhang II und IV). Zweck dieser Richtlinie ist die Wiederherstellung bzw. Bewahrung eines günstigen Erhaltungszustandes im jeweiligen Mitgliedsland.

Solange das Wildtier „Wolf" nicht offiziell reguliert bzw. bejagt werden darf, ist dessen Rückkehr in die österreichische Kulturlandschaft nur indirekt ein Thema für die Jagd in Österreich. Dennoch beziehen die Österreichischen Landesjagdverbände mit ihrem Positionspapier vom 29. Jänner 2018 über „Wölfe in Österreich" eine klare Haltung in dieser gesellschaftspolitischen Fragestellung. Dies deshalb, weil Wölfe als Schadens- oder Konfliktverursacher mit ihrem erneut vermehrten Aufkommen in der österreichischen Kulturlandschaft wesentliche Interessen der Jägerinnen und Jäger zu berühren oder zu beeinträchtigen drohen.

Der Wolf gehört heute zu den Arten mit dem weltweit größten Verbreitungsgebiet. Prinzipiell lebt er primär in menschenleerer Wildnis, aber mittlerweile auch an Rändern von Großstädten. Sein Ernährungsverhalten ist ein vielfältiges, angefangen von den kleinsten Säugetieren bis hin zu großen Beutetieren, die bei weitem über seiner Größe liegen. Auch wenn immer wieder von einer aussterbenden Art die Rede ist, muss man zur Kenntnis nehmen, dass Wölfe trotz jahrhundertelanger Verfolgung in ausreichender Zahl überlebt haben, obwohl es in den kultivierten Landschaftsbereichen immer Konflikte zwischen Wölfen und Menschen gab. In Österreich wurde der letzte Wolf 1882 im Wechselgebiet erlegt. Ausgestorben war er aber nie, da immer wieder Wölfe im Zuge der Partnersuche Österreich durchwanderten. Daher kann man durchaus sagen: Der Wolf war nie weg und trotzdem kehrt er zurück.

Obwohl dieses Großraubwild wie auch viele andere Tierarten mit einigen Bedrohungen konfrontiert ist, sind seine relative Verbreitung und die stabile Populationsentwicklung hinreichende Gründe dafür, keines der Kriterien für gefährdete Tierarten in Europa als erfüllt oder annähernd erfüllt zu beurteilen. Aus diesem Grund ist der Wolf aus Sicht der österreichischen Jägerschaft keine vom Aussterben bedrohte Tierart mehr.

Man darf nur nicht den Fehler machen, dass man die bestehenden Wolfspopulationen biogeographisch auf einzelne Länder reduziert. Derzeit gibt es fünf große Wolfspopulationen in Europa. Ein Austausch der Teilpopulationen ist genetisch bestätigt. Österreich gilt als Transitland, in das bereits aus allen Richtungen Wölfe zuwandern bzw. das sie durchwandern. Aufgrund der länderübergreifenden Wolfspopulationen ist der von der FFH-Richtlinie geforderte günstige Erhaltungszustand durchaus gegeben, wenn man bei den Wölfen eine unionale Definition des „günstigen Erhaltungszustandes" im Art. 2 der Habitat-Richtlinie auf das europäische Gebiet der Mitgliedstaaten ausweiten würde.

Das Wildtier „Wolf" aus Sicht der Jagd in Österreich

Der Dachverband „Jagd Österreich" ist der freiwillige Zusammenschluss der neun unabhängigen Landesjagdverbände in Österreich und vertritt ca. 130.000 Jägerinnen und Jäger in nationalen und internationalen Belangen. Die österreichische Jägerschaft versteht sich als Experte in Bezug auf Wildtiere und ihre Lebensräume sowie deren wechselseitiges Zusammenwirken. Aus dieser Perspektive heraus wird seit etwa dreieinhalb Jahren der enorme Anstieg der Wolfspopulationen in Österreich sowie der Wolfsrisse von Weide- und Wildtieren beobachtet. Neben einzelnen durchziehenden Individuen hat sich vor drei Jahren im Bereich des Truppenübungsplatzes (TÜPL) in Allentsteig ein Wolfsrudel gebildet. Heute haben wir mittlerweile drei Rudel im Norden von Österreich, ein Paar in Tirol und mehrere durchstreifende, durch DNA-Analysen „bestätigte" Wölfe. Man schätzt, dass sich derzeit offiziell ca. 29–35 Individuen in Österreich aufhalten, ohne Berücksichtigung einer Dunkelziffer. Die Vermehrungsrate der Wölfe wird aufgrund von Daten aus den Nachbarländern auf über 30 % geschätzt. Daher ist in Österreich, aber auch in ganz Europa, mit einer stetigen Zunahme der Wolfsdichte zu rechnen. In Europa wird die Population auf 30.000 und in Mitteleuropa (ohne Russland und Ukraine) auf 18.000 Wölfe geschätzt.

Es ist die Aufgabe der Jägerschaft, als Experte auf die Entwicklungstendenzen hinzuweisen, da man aus den Erfahrungen aus den Nachbarländern abschätzen kann, wie rasch sich Wölfe im Kulturraum vermehren können. Deshalb fordern wir heute schon „geordnete Managementmaßnahmen" ein, um einem künftigen unkontrollierten Problemaufkommen von Wölfen gesichert entgegenwirken zu können, da es in einem dicht besiedelten Kulturraum unumgänglich Konfliktsituationen zwischen Wölfen und Menschen geben wird bzw. heute schon gibt.

Österreich hat eine Bevölkerungsdichte von 105 Einwohnern/km². Finnland hat im Vergleich dazu nur 16 Einwohner/km² und Russland lediglich 8,5 Einwohner/km². Auch in den Strukturen in der landwirtschaftlichen Bewirtschaftung der

Kulturlandschaft gibt es deutliche Unterschiede in dünn bzw. dicht besiedelten Gebieten. Logischerweise kommt es in Ländern mit großer Bevölkerungsdichte zu mehr Wölfe-Menschen-Konflikten als in dünn besiedelten Ländern.

Auswirkungen auf Lebensräume in Österreich

Gravierende negative wirtschaftliche und ökologische Auswirkungen aufgrund der leichteren Verfügbarkeit der Weidetiere als Beute treten sukzessive auf den Almen sowie in zum Teil dicht besiedelten land- und forstwirtschaftlich genutzten Lebensräumen auf. Manche Almbauern verzichten bereits auf die Sommerweide, weil in einigen Gebieten eine große Anzahl an Rissen registriert wurde. Das bedeutet nicht nur hohe finanzielle Verluste für die Alm- und Landwirtschaft, sondern eine massive Belastung aller Lebensräume sowie des Landschaftsbildes. Bereits andiskutierte Herdenschutzmaßnahmen sind insofern in Frage zu stellen, als sie ebenso einen massiven Eingriff in die Lebensräume darstellen. Dadurch wird zudem die biologische Haltung von Haustieren aber auch eine touristische Nutzung gefährdet.

Zäune

Wölfe haben ein schnelles Auffassungsvermögen und sind sehr lernfähig. Die geforderten Maßnahmen für Herdenschutz werden ständig erweitert und an die Lernfähigkeit der Wölfe angepasst. Zaunhöhen steigern sich laufend, die Anzahl der Stromdrähte wird ständig erhöht, ebenso wie die definierte Stromstärke. Doch Wölfe lernen die Zäune trotzdem zu überwinden bzw. fangen an, sie zu untergraben. Überdies ist es im Gebirgsraum aufgrund der Bodenverhältnisse und der elementaren Einflüsse teilweise technisch gar nicht möglich, Herdenschutzzäune zu errichten.

Diese Zäune sind aber nicht nur Schutzmaßnahmen für unsere landwirtschaftlichen Herdentiere, sondern sie sind gleichzeitig Barrieren für unsere Wildtiere. Natürliche Wechsel werden unterbrochen oder machen einen flächendeckenden Austausch nicht mehr möglich. Sie können zu zusätzlichen Gefahrenquellen für unsere Wildtiere werden. Laufend hört man aus der Bevölkerung von Wildtieren, die sich im Zaun verfangen und somit oft qualvoll zu Tode kommen. Die Jägerschaft entsorgt dann diese Kadaver.

Ebenso sind Einzäunungen durch Wanderbeweidung schwer oder nicht umsetzbar bzw. aufgrund der Lernfähigkeit der Wölfe nur kurzfristig wirksam einsetzbar. Aus diesem Grund wird es eine Ausdehnung der Wanderwege in Waldrandbereiche geben, was somit zusätzlichen Stress in den Lebensraum der Wildtiere bringt, da diese wertvollen Bereiche Rückzugs- und Deckungsschutz für unsere Wildtiere sind.

Bei zusätzlichen Zäunungen in der Kulturlandschaft wird der laufend reduzierte Lebensraum unserer Wildtiere noch weiter eingeschränkt. Sie werden in Bereiche zurückgedrängt, wo sie wiederum Schaden anrichten können. Vor allem in einem Gebirgsland wie Österreich hat das katastrophale Auswirkungen. In Österreich haben wir einen Waldanteil von fast 50 % der Gesamtfläche mit einem Schutzwaldanteil von 21 %. In der österreichischen Waldinventur versteht man unter Schutzwald den Standortschutzwald, dessen Bestockung den eigenen Standort vor Erosion und Wind schützt. Etwa zwei Drittel des Schutzwaldes stehen außer Ertrag, davon sind 60 % begehbar. Ein Zurückdrängen der Schalenwildarten in diese Bereiche kann erhebliche Schäden verursachen, für die die Jägerschaft wieder verantwortlich gemacht wird.

In der Forstwirtschaft hat man jahrzehntelang flächendeckende Zäunungen im Rahmen von Wiederaufforstungsflächen aus ökologischen, aber vor allem aus ökonomischen Gründen bekämpft. Die Vorgabe war bzw. ist ein angepasster Wildstand, der sich am Waldzustand misst. Heimische Baumarten sollen sich daher ohne erhebliche Schutzmaßnahmen von selbst verjüngen können.

Ein Wald ohne Wild ist in Österreich im Sinne der Artenvielfalt trotzdem nicht vorstellbar. Doch der Druck auf dieses ökologische System und damit auf die heimischen Baumbestände sowie Wildtierlebensräume erhöht sich immer mehr. Es

Abbildung 1: Wölfe im Jagdrevier beeinflussen die Abschussplanerfüllung. (Foto © Heinz-Dietrich Hubatsch)

braucht also neue Wege, um auch künftig wald- und wildökologisch ausgeglichene Verhältnisse herzustellen oder zu gewährleisten. Genau deshalb gibt es seit 2012 den Forst & Jagd-Dialog. Basis für die verbindlich erarbeiteten Lösungsstrategien hochrangiger Vertreter der österreichischen Landesjagdverbände und der Forstwirtschaft ist die „Mariazeller Erklärung“, deren Inhalte folgend kurz dargestellt sind:

1) Die wissenschaftliche Grundlage liefert die Österreichische Waldinventur (ÖWI), welche seit einem halben Jahrhundert Daten über Zustand und Veränderung des Waldes erhebt, und das Wildeinfluss-Monitoring (WEM), mit dem die Intensität und die Entwicklung des Einflusses des Wildes auf die Waldverjüngung in den Bezirken eingeschätzt wird. Daraus leiten sich Lösungsstrategien ab. Sie sind mit Augenmaß und Realitätsnähe auf allen Ebenen zu vereinbaren und umzusetzen.
2) Die Jägerschaften erhalten und forcieren ihre Eigenverantwortung bei dieser Thematik. Höchsten Stellenwert besitzt daher die Ausbildung der Jägerinnen und Jäger im Hinblick auf die Wald-Wild-Zusammenhänge. Zudem sind die nötigen jagdrechtlichen Rahmenbedingungen in den Bundesländern anzustreben und umzusetzen.
3) Die am jeweiligen Standort typischen Baumarten sollen so verjüngt werden können, wie es dem natürlichen lokalen Potenzial entspricht. Die Regulierung der Schalenwildbestände ist die vordringliche Aufgabe der Zukunft.
4) Die Wildbestände sind derart an das jeweilige Biotop angepasst, dass Schutzmaßnahmen für den Wald nicht die Regel, sondern die Ausnahme sind. Weitere Verschlechterungen der Wildlebensräume und Beeinträchtigung von Wild und dessen Lebensweise durch Dritte sind hintanzuhalten. (Mehr dazu unter www.forstjagddialog.at)

Herdenschutzhunde

Herdenschutzhunde sind auf Dauer nicht nur ein großer Kostenfaktor, sondern stellen für Spaziergänger, Haushunde, aber auch für Jagdhunde im Einsatz ein erhebliches Sicherheitsrisiko dar. Es kann sogar vorkommen, dass Auseinandersetzungen zwischen den Hunden tödlichen enden.

Almbewirtschaftung & Artenvielfalt

Werden Almflächen aufgrund der überhöhten Verluste von Weidetieren und aufgrund der Steigerung der Erhaltungskosten und des Arbeitsaufwandes nicht mehr beweidet und in der Folge aufgelassen, ist das ein zusätzlicher Anschlag auf die Artenvielfalt, da diese Flächen sukzessive verwalden und somit verarmen. Man muss dazu wissen, dass die meisten Arten in einer vielstrukturierten Landschaft mit vielen Übergangsbereichen leben.

„Klar ist einmal, dass es keinen bösen Wolf gibt, sondern dass es sich um ein faszinierendes Wildtier handelt. Wir merken jetzt, dass wir im Alpenbogen, einer intensivst geprägten Kulturlandschaft, immer öfter mit dem Wolf in Kontakt kommen – positiv wie negativ. Wenn Bauern aber ihre Tiere nicht mehr auf die Almen treiben können, dann werden diese Almen zuwachsen. Und wenn sie ihre Herden großflächig mit elektrischen Zäunen und Herdenhunden sichern, dann ist das das Aus für frei begehbare Landschaften, wie wir sie jetzt gewohnt sind. Das Heulen der Wölfe übertönt das leise Sterben der kleineren Arten an diesen stromgeladenen Zäunen", so der steiermärkische Landesjägermeister Franz Mayr-Melnhof-Saurau.

Auch der Präsident der österreichischen Landwirtschaftskammer Josef Moosbrugger unterstreicht diese Position: *„Der Wolf stellt nicht nur für die Alp- und Weidewirtschaft, sondern auch für den Tourismus und die Biodiversität eine Gefahr dar. Werden die Alpen nämlich nicht mehr beweidet bzw. bestoßen, kommt es zu einer Verbuschung und die natürliche Vielfalt geht nachweislich zurück. Ein flächendeckender Herdenschutz auf den Alpweiden ist unmöglich. Daher zählt zum Wolfsmanagement auch eine geeignete wildökologische Raumplanung. Wir müssen klar wolfsfreie Lebensräume festlegen."*

Hat man nur mehr großflächig Wald, dann hat das Auswirkungen auf die Artenvielfalt. In den österreichischen Nationalparks werden daher solche Flächen ganz bewusst vom verholzten Bewuchs freigehalten und extensiv beweidet.

„Almen sind ein wesentlicher Teil der bergbäuerlichen Kulturlandschaft, sie sind aber nicht nur notwendige Produktionsstätten für die Landwirtschaft, sondern spielen auch eine bedeutende kulturelle und touristische Rolle. Im Nationalpark Gesäuse gelten sie auch als Zentren der Artenvielfalt und werden daher auch in der Bewahrungszone weiter bewirtschaftet und gefördert. Um die Bewirtschaftung möglichst fördernd für die Vielfalt der Arten, aber auch an den Standort angepasst zu gestalten, wurden eigene Managementpläne erarbeitet. Die Beweidung auf den Almen führt zu einem vielfältigen Mosaik an unterschiedlichsten Lebensräumen, die eine bunte Vielfalt an Tieren beheimaten. Die Bedeutung von Almen als Lebensraum für Pflanzen und Tiere ist in hohem Maße abhängig von der Intensität der Bewirtschaftung. Sowohl eine Intensivierung wie auch eine Aufgabe der Bewirtschaftung bedeuten für eine Vielzahl von Lebewesen den Verlust ihres Lebensraumes." (Nationalpark Gesäuse, www.nationalpark.co.at/de/naturraum/almen/293-kulturlandschaft-alm)

Fazit: Unsere Kulturlebensräume – unter anderem mit intensiver Alm- und Weidewirtschaft sowie touristischer Nutzung – bieten Wölfen keinen ausreichenden Platz.

Management für alle Wildarten in Österreich

Wölfe fassen in Österreich Fuß. Als große und wehrhafte Beutegreifer stehen sie in verschiedenen Beziehungen zu anderen Tierarten und zum Menschen. Nach Recherchen des Magazins JÄGER kam es in der Vergangenheit zu gefährlichen Annäherungen und Unfällen, die mit schweren Verletzungen oder gar tödlich endeten: 59 Wolfsangriffe auf Menschen zwischen 1950 und 2000 in Europa, 38 von tollwütigen Wölfen und 4 davon mit tödlichem Ausgang, erst im Sommer 2018 wurden 2 Kinder in Polen angegriffen.

Teile der Bevölkerung sowie Wirtschaftstreibende sehen deshalb mit großer Sorge, wie sich Wölfe in der Nähe von Ortschaften und Gehöften herumtreiben sowie in Tourismusregionen Ängste bei Erholungssuchenden verbreiten. Nachweislich kann man feststellen, dass sich Wölfe Schritt für Schritt in die zivilen Bereiche vorwagen, da sie den Menschen nicht mehr als Feind erkennen.

Wie bereits erwähnt sind Wölfe hochintelligente Wesen, die auch nur ihren Grundbedürfnissen nachgehen wollen – je einfacher, desto besser! Man könnte sagen, „der Wolf ist auch nur ein fauler Hund“! Warum also sollten Wölfe Wildarten jagen, die nicht so einfach zu erwischen sind, wenn sie „leichte Beute“ in Form von Weidetieren vor Ort vorfinden? Oder die nächste Mülltonne ums Eck auf sie wartet? Wenn Wölfe den Menschen nicht als Nahrungskonkurrenten anerkennen, werden sie langsam, aber stetig in die urbanen Bereiche vordringen und unumgänglich Konflikte verursachen. Deshalb sind geordnete Wolfsmanagementmaßnahmen unumgänglich.

Wir Jäger wollen den Wolf nicht ausrotten, aber wir sehen uns verpflichtet, künftig unsere Bevölkerung, vor allem unsere Landwirte mit ihren Nutztieren, bei Bedarf zu schützen. Das Jagdrecht in Österreich ist unzertrennlich mit Grund und Boden verbunden, und daher sehen wir unsere Bauern als starke Partner im Sinne einer Allianz der primären Landnutzer. Aus diesem Grund wurde das Niederösterreichische (NÖ) Jagdrecht 2018 novelliert und um Maßnahmen zum Schutz von Menschen und zur Abwendungen von Schäden ergänzt. „Die Sicherheit der Bevölkerung hat oberste Priorität“, betont DI Dr. Stephan Pernkopf, Stellvertreter der niederösterreichischen Landeshauptfrau.

„Aus Sicht des Landesjagdverbandes NÖ erscheint ein konfliktfreies Miteinander von Wolf und Gesellschaft in einer vom Menschen geprägten Kulturlandschaft, wie wir sie hier in Österreich vorfinden, nur schwer möglich. Gravierende negative wirtschaftliche und ökologische Auswirkungen betreffen vor allem die landwirtschaftliche Weidehaltung und den Tourismus. Aufgrund der leichteren Verfügbarkeit der Weidetiere als Beute ist davon auszugehen, dass steigende Wolfsbestände zu allererst zu einer großen Gefahr für unsere Landwirtschaft werden. Darüber hinaus wird der

Wolf in Österreich auch für unser heimisches Wild die Lebensräume und das Verhalten massiv beeinflussen. Bereits jetzt ist für viele Wildarten in einem so dicht besiedelten Lebensraum wie Österreich das natürliche Biotop nachhaltig verändert und führt zu Spannungsfeldern zwischen menschlicher Naturnutzung und notwendiger Ruhe für unser Wild. Es ist eben ein gravierender Unterschied, ob Wölfe in den unendlichen Weiten Sibiriens oder im Norden Europas leben und jagen können oder im dicht besiedelten Mitteleuropa." (DI Josef Pröll, niederösterreichischer Landesjägermeister)

„*In Europa ist mit bis zu 30.000 Wölfen längst ein günstiger Erhaltungszustand dieser Art erreicht. Daher ist es jetzt primär wichtig, die geltende Rechtslage so auszulegen, dass Vergrämungsaktionen und gezielte Entnahmen von Problemwölfen auch möglich werden.*" (Josef Moosbrugger, Präsident der Landwirtschaftskammer)

Deshalb müssen die Wölfe Teil eines ganzheitlichen Wildtiermanagements sein. Ein solches sollte darauf abzielen, die jeweilige Population in einer an das jeweilige Biotop angepassten oder verträglichen Dichte zu halten. Nehmen die Schäden oder die Gefährdungen der Artenvielfalt oder des Schutzes einzelner Arten überhand, sollte in Bestände – auch in die des Wolfes – rechtzeitig eingegriffen werden können. In dem Zusammenhang ist die Regulierung von Wolfsbeständen kein explizites jagdliches Ziel. Allerdings wird in absehbarer Zeit wohl erneut die Jägerschaft zur Problemlösung herangezogen, ohne selbst Verursacher zu sein.

Genauso verhält es sich beim Schutz von invasiven, gebietsfremden Arten. Als „invasiv" wird eine nicht autochthone Art bezeichnet, wenn sie sich ausbreitet und dadurch die biologische Vielfalt, andere Tier- und Pflanzenarten und damit auch die heimischen Ökosysteme gefährdet. Auch hier wird die österreichische Jägerschaft bei der Reduzierung und Eindämmung der Ausbreitung (im jeweils gültigen gesetzlichen Rahmen) als Helfer gebraucht.

Gesetze werden novelliert und der Zeit angepasst. Aus diesem Grund sollte die Politik den Mut aufbringen und jahrzehntealte Konventionen, Abkommen, Richtlinien und Managementpläne zu überdenken und ebenfalls an die Zeit anzupassen – was früher bedroht war, kann aufgrund erfolgreicher Maßnahmen heute im günstigen Erhaltungszustand sein und künftig geordnete Managementmaßnahmen für eine angepasste Regulierung in der Kulturlandschaft erfordern.

Direkte Betroffenheit der Jagd in Österreich

Hauptbeute der Wölfe ist Schalenwild, insbesondere Rot-, Reh- und Gamswild. Der Nahrungsbedarf ausgewachsener Wölfe liegt durchschnittlich bei 3–5 kg Fleisch pro Tag. Aufgrund des dafür notwendigen intensiven Jagdverhaltens dieses Großraubwildes kommt es zusätzlich zu den stets ansteigenden Belastungen innerhalb

Abbildung 2: Wölfe fressen nicht nur Schalenwild, sondern verändern auch deren Raumnutzung. (Foto © Horst Jegen)

der Lebensräume zu einer verstärkten, dauerhaften Beunruhigung des Wildes, vor allem von Rotwild. Das verändert die Lebensweise der genannten Wildtiere, was vermehrte Schäden am Wald wie zum Beispiel Schälschäden zur Folge hat, wobei diese wegen der verursacherunabhängigen Wildschadensentschädigung von der Jägerschaft ersetzt werden müssen. Weiters greifen Wölfe unkontrolliert in die Alters- und Sozialstruktur des Schalenwildes ein, was wiederum eine instabile Komponente in der ökologischen Raumplanung verursacht, da die ungleiche innerdynamische Populationsstruktur zusätzlichen Stress herbeiführt. Angesprochene Wolfs-Schutzzäune in Feld und Wiese behindern den Jagdbetrieb und sind eine erhebliche Gefahr für Wildtiere. Wildschäden von Schalenwild an Wald und Kulturen und an nicht eingebrachten Feldfrüchten zahlt der Jäger – für stressbedingte Kollateralschäden bekommt er leider noch keine Ausgleichszahlungen, wie es im Gegensatz zur Landwirtschaft teilweise vorgesehen ist.

Wald- und Forstschäden

Verschärfend kommt hinzu, dass das Rotwild an Fütterungsstellen, welche aus Gründen der Lenkung und der Überbrückung von Notzeiten im Winter eingerichtet werden, durch ein verstärktes Auftreten von Wölfen massiv gestört werden kann. Ist dies vermehrt der Fall, zieht sich diese Wildart in größeren

Rudeln in schwer zugängliche Lagen zurück. Dabei besteht zusätzlich zur oben geschilderten erhöhten Wildschadensproblematik die Gefahr, dass es in den betroffenen Gebieten zu Hungerfraß kommt und die dringend notwendigen Schutz- und Bannwälder verstärkt gefährdet beziehungsweise geschädigt werden. Rotwild-Winterruhezonen und Notzeitfütterungen müssten wolfssicher gemacht werden, was de facto nicht möglich ist und extrem hohe Kosten verursachen würde.

Aufgrund von Elementarereignissen wie Wind, Schneebruch, Windwurf und in weiterer Folge durch Borkenkäfer haben wir in Österreich großflächige Wiederaufforstungsflächen. Da wie bereits erwähnt diese Kulturflächen sehr attraktiv für Schalenwild (im Speziellen für Rehwild) sind, kommt es hier auch zu vermehrten Verbiss- und Fegeschäden. Hier ist der Jäger in den ersten Jahrzehnten nach Neuanlage extrem gefordert, das Schadausmaß so gering wie möglich zu halten. Aus diesem Grund setzt man vermehrt auf Bewegungsjagden, da man mit dieser Methode in den dichten Aufwuchsflächen die höchste Erfolgsquote hat. Hier wird mit Jagdhunden das Wild aus den verwachsenen Einständen in Bewegung gebracht, nur so hat man auf diesen Flächen eine Chance, das Schalenwild zu reduzieren. In Wolfsgebieten wird das leider nicht mehr möglich sein, da Wölfe auch Jagdhunde als Konkurrenz ansehen und diese gnadenlos töten. Dort, wo Wölfe den Jäger und seinen Hund nicht als Gegner kennen und die Schussabgabe nicht als Gefahr erkennen, konnte man feststellen, dass Wölfe den Menschen nicht meiden. Im Gegenteil: sie suchen ganz bewusst diese Bewegungsjagden auf, da sie wissen, dass hier „billige“ Nahrung anfällt. Hier sind Wölfe eine Gefahr für Jäger und Jagdhunde.

Aber nicht nur Aufforstungsflächen werden zur Problemzone, sondern im Rahmen der Klimaerwärmung werden unsere Wälder „klimafitter“ gemacht. Bestehende Nadelwälder werden entweder langsam mit Naturverjüngung in standortsgerechte Laubmischwälder überführt oder schnell mit Kulturpflanzen umgewandelt und neu begründet. Weiters versucht man, mit Dauerwaldformen strukturierte naturverjüngte Wälder heranzuziehen.

Aufgrund des Druckes aller Landnutzer (dazu zählen Land-, Forst- und Jagdwirtschaft, aber vor allem auch die Freizeitwirtschaft) muss sich das Schalenwild in der Kulturlandschaft vermehrt in die Wälder zurückziehen und richtet daher wieder mehr Schäden im Wald an. Man könnte sagen, dass es eine Teufelsspirale ist, die leider zu Lasten der Schalenwildarten geht. Den ökonomischen Schaden, der daraus entsteht, muss immer der Jäger tragen.

Beeinträchtigung des Jagdbetriebes

Die Anwesenheit von Wölfen in einem Revier hat nicht nur Auswirkungen auf den Wildbretverlust, sondern auch auf den Jagdbetrieb. Der Jagddruck auf das Schalenwild wird nicht nur von Wölfen erhöht, sondern auch von den Jägern selbst: Sie sind gezwungen, im Rahmen der Erfüllung des Abschussplanes den Jagddruck anzuheben, weil das Wild scheuer und heimlicher wird und daher der Bejagungsaufwand steigt. Eine Intervallbejagung, bei der man kurzzeitig intensiv eingreift und zwischendurch Ruhephasen einlegt, könnte den Jagddruck reduzieren, ist aber nicht immer umsetzbar.

Auch die Ertragswertminderung bzw. der Einkommensverlust beim Verkauf von Wildfleisch oder Wildbret sind nicht unbeträchtlich. Sehr viele Jagden finanzieren sich vor allem aus dem Wildbretverkauf, aber auch aus dem Verkauf von Abschüssen. Kommt es hier zu großen Verlusten und Ausfällen von Schalenwildarten durch Wölfe, wie man es vom Truppenübungsplatz in Allentsteig kennt (Ausfall der gesamten Muffelpopulation), kann es gravierende Auswirkungen auf die Verpachtung von Jagdgebieten haben.

Langfristig kann es zu einer nachhaltigen Minderung des Grundwertes und des Pachtwertes des Jagdrechtes kommen.

Weiters steigert sich im Falle von Wolfsvorkommen auch das Aggressionsverhalten von Schwarzwild. Die Rotten werden aufgrund des Selbstverteidigungsverhaltens größer, vorsichtiger und in weiterer Folge auch aggressiver. Das hat wiederum Auswirkungen auf die Jagd, da das nachtaktive, intelligente Schwarzwild immer misstrauischer wird. Bei Nachsuchen ist häufiger die Sicherheit des Jagdbetriebs gefährdet und Jäger und Hund sind öfters Angriffen ausgesetzt. Zusätzlich drängen diese Rotten konzentriert in landwirtschaftliche Kulturen vor und richten katastrophale Schäden an, die wiederum der Jäger finanziell auszugleichen hat.

Aktuelle Forderungen der Jagd in Österreich an die Politik

- Initiierung und Sicherstellung eines wissenschaftlich fundierten bzw. begleiteten gesellschaftspolitischen Diskurses zur Frage, ob überhaupt und wenn ja, wo und in welcher Quantität Wölfe als Großraubwildtiere in einer unter anderem von intensiver Alm- und Weidewirtschaft sowie touristischer Nutzung geprägten österreichischen Kulturlandschaft Platz haben.
- Ermöglichung einer Bestandsregulierung der Wölfe im oben beschriebenen Sinne, indem der Schutz dieser Großraubwildart aus dem Anhang IV in den Anhang V der FFH-Richtlinie überführt wird bzw. Ausnahmebewilligungen zur Entnahme bzw. Bejagung gem. Art. 16 FFH-RL geschaffen werden.
- Aufbau einer länderübergreifenden wildökologischen Raumplanung für Wölfe

innerhalb Europas, inklusive der Überarbeitung des Wolfsmanagement-Plans 2012 unter Abschätzung der Folgen für die Alm- und Weidewirtschaft, den Tourismus, die Forstwirtschaft, die Jagd sowie die Biodiversität in Österreich.

- Übernahme sämtlicher durch Wölfe verursachten Schäden bzw. Kosten für Prävention durch die öffentliche Hand, wobei eine Beweislastumkehr insofern vorzusehen ist, als die Beweispflicht im Falle von vermuteten Rissen oder Einflüssen von der zuständigen Behörde zu erbringen ist.
- Objektive und europaweite zentrale Sammlung von Daten aus dem Wolfs-Monitoring auch im Hinblick auf Genmaterial.
- Volle Transparenz in Bezug auf Bestandszahlen sowie Offenlegung der Gensequenzen von Wölfen, unter anderem, um Hybridisierungen frühzeitig erkennen und nachweisen zu können.
- Ergänzung des Wildtiermanagements um Wölfe, insbesondere mit der Schaffung von „Wolfsfreihaltezonen" in ganz Österreich (analog zum Modell der Rotwildbewirtschaftung).
- Ermöglichung der sofortigen Entnahme von verhaltensauffälligen oder erkrankten Tieren (analog zu den Zwangsabschüssen).
- EU-weites länderübergreifendes Monitoring mit erforderlichen Managementmaßnahmen im Zuge einer wildökologischen Raumplanung (Wolfsfreihaltezonen, Bejagungszonen, Wolfsruhezonen).
- Stärkung der länderübergreifenden Zusammenarbeit hinsichtlich des Managements von großen Beutegreifern im Rahmen des neuen Österreichzentrums, um eine regionale und überregionale Raumplanung für Wolfsvorkommen und eine objektivierte Management-Position für Österreich zu erarbeiten und zu verankern.

Autoren:

Dipl.-Ing. Klaus Schachenhofer, Generalsekretär von Jagd Österreich Garnisongasse 7/19, 1090 Wien

Herbert Sieghartsleitner, Landesjägermeister Oberösterreich und Bezirksjägermeister Kirchdorf, Zimeck 40, 4591 Molln

Werner Spinka, Landesjägermeister-Stv. Niederösterreich und Bezirksjägermeister Wiener Neustadt, Marktplatz 8, 2753 Markt Piesting

Norbert Walter MAS, Präsident von Jagd Österreich und Landesjägermeister Wien, Olympiaplatz 2, 1020 Wien

Die Koordinierungsstelle für Braunbär, Luchs und Wolf (KOST)

Partizipation am Beispiel Österreich

Renate Scherling

Die KOST – Entstehung, Zusammensetzung, Aufgaben

Wie das Monitoringkonzept für Braunbär, Luchs und Wolf in Österreich festhält, ist die Republik Österreich ein föderalistischer Staat mit neun Bundesländern. Luchs, Wolf und Bär unterliegen je nach Bundesland dem Jagd- oder Naturschutzrecht, in einigen Ländern auch beiden. Der Schutz und Erhalt der Großen Beutegreifer fällt also vorrangig in die Zuständigkeit der Länder. Gegenüber der Europäischen Union (EU) ist der Bund (nunmehr: Bundesministerium für Nachhaltigkeit und Tourismus) zuständig.

Da die Umsetzung der Schutzbestimmungen Ländersache ist, sind die Länder auch zuständig für das Monitoring. Sie müssen dafür Sorge tragen, dass ausreichend Personal- und Sachmittel zur Verfügung stehen, um ein robustes Monitoring zu ermöglichen. Die Zusammenführung der Länderberichte zu einem nationalen Bericht obliegt dem Bund.

Da sich die Streifgebiete oder Territorien von Bär, Luchs und Wolf nicht an Ländergrenzen orientieren, wurde bereits 1997 im ersten LIFE-Projekt „Bärenschutzprogramm Österreich“ (LIFE95 NAT/A/000399, 1995–98) eine Koordinierungsstelle für den Braunbären (KOST) eingerichtet. Mitglieder waren damals die Bundesländer Niederösterreich, Oberösterreich, Steiermark und Kärnten, das Bundesministerium für Land- und Forstwirtschaft, Umwelt und Wasserwirtschaft sowie der WWF-Österreich. Erst im Rahmen des zweiten LIFE-Projekts (LIFE95 NAT/A/000399, 2002 – 2005) wurden auch die Bundesländer Salzburg und Tirol Mitglieder in der länderübergreifenden Koordinierungsstelle für Bärenfragen.

In ihren Anfängen erklärte sich die KOST nur für den Braunbären zuständig. Aber bereits 2007 begann man in der KOST zu diskutieren, ob nicht die Erweiterung der KOST auf alle Beutegreifer, insbesondere den Luchs und den Wolf, erforderlich wäre. Österreich hatte damals zwar keine eigenständigen Populationen Großer Beutegreifer, lag aber „in Reichweite“ von Bären-, Luchs- und Wolfspopulationen benachbarter Staaten. In der Sitzung der Koordinierungsstelle für den Braunbären am 27. 3. 2008 in Klagenfurt wurde laut Protokoll schließlich folgender Beschluss gefasst: „Die anwesenden Mitglieder der KOST sprechen sich grundsätzlich für eine Ausweitung der KOST in dem Sinne aus, als nunmehr die KOST auch für den Luchs und den Wolf – im Sinne einer gemeinsamen Vorgangsweise der Länder – zuständig ist. Die Bezeichnung der Koordinierungsstelle lautet nunmehr: ‚Koordinierungsstelle für den Braunbären, Luchs und Wolf – KOST Braunbär, Luchs und Wolf'. Auch wurden in der Folge zu den Sitzungen der KOST alle Bundesländer eingeladen."

Die KOST ist ein länderübergreifendes Gremium mit der Aufgabe, Maßnahmen im Bären-, Wolfs- bzw. Luchsmanagement zwischen den Landesbehörden abzustimmen und ein fachlich fundiertes einheitliches Vorgehen in Österreich sicherzustellen. Dabei steht ihr das Wissen von verschiedensten Experten bzw. Wissenschaftlerinnen und Wissenschaftlern zur Verfügung. Sie ist Mittler zwischen Interessengruppen, Behörden und den Bärenanwälten/Wolfsbeauftragten der einzelnen Bundesländer. Die KOST ist also zuständig für die Sicherung des Informationsflusses, die Koordination von Managementmaßnahmen zwischen den Bundesländern, aber auch mit Nachbarländern. Darüber hinaus besteht ihre Aufgabe darin, die den Bären, den Luchs und den Wolf betreffenden Fragen für politische Entscheidungsträger in den Bundesländern und beim Bund fachlich und rechtlich aufzubereiten. Die KOST setzt sich zusammen aus jeweils einer Vertreterin bzw. einem Vertreter der Jagdrechts- und Naturschutzabteilungen der Landesregierungen der Bundesländer, einer Vertreterin bzw. einem Vertreter des Bundesministeriums für Nachhaltigkeit und Tourismus (früher Bundesministerium für Land- und Forstwirtschaft, Umwelt und Wasserwirtschaft), dem Bärenanwalt und Wolfsbeauftragten für Österreich, dem Bärenanwalt aus Kärnten und dem Bären- und Wolfsbeauftragten aus Tirol.

Eingebunden – als ständige Mitglieder – sind ebenso
a) folgende Interessengruppen:
- Jagd (Zentralstelle der Landesjagdverbände, nunmehr: Dachverband Jagd Österreich)
- Grundeigentümervertreter (Landwirtschaftskammer Österreich, Land- & Forst-Betriebe Österreich, Österreichische Bundesforste AG, Nationalpark Kalkalpen)
- Österreichischer Bundesverband für Schafe und Ziegen
- Natur- und Artenschutz, der in der KOST durch den WWF-Österreich vertreten wird

b) folgende Experten:
- Vertreter der Veterinärmedizinischen Universität Wien, Forschungsinstitut für Wildtierkunde und Ökologie (FIWI). Das Forschungsinstitut für Wildtierkunde

(FIWI) hat im Rahmen des Bären- und Wolfsmanagements in Österreich die Aufgaben der Bäreneingreiftruppe bzw. des Wolfseingreifteams übernommen.
- Vertreter der Universität für Bodenkultur Wien (BOKU), Institut für Wildbiologie und Jagdwirtschaft.

Auch aus den benachbarten Ländern Italien (Dr. Paolo Molinari) und Deutschland (Bayrisches Landesamt für Umwelt) wurden immer wieder Experten zum Erfahrungsaustausch eingeladen, an den Sitzungen der KOST teilzunehmen.

Das vorsitzführende Bundesland in der KOST ist seit 2007 Kärnten. Eine der Hauptaufgaben der KOST war die Erstellung von Managementplänen, zuerst für den Bären (2005) und in der Folge dann für den Wolf (2012), sowie die Ausarbeitung eines Herdenschutzkonzeptes (2011). Die Mitglieder der KOST haben sich regelmäßig (mindestens einmal jährlich) zur gegenseitigen Information und zum Erfahrungsaustausch getroffen. In diesen Sitzungen wurde von Dr. Georg Rauer, Bärenanwalt und Wolfsbeauftragter für Österreich, der jährliche gesamtösterreichische Bären- und Wolfsbericht, in Zusammenarbeit mit den Bärenanwälten beziehungsweise Wolfsbeauftragten Kärntens und Tirols präsentiert. Dr. Rauer war auch als nichtamtlicher Sachverständiger in Fragen betreffend Bär, Wolf und Luchs für Behörden in den Bundesländern tätig.

Managementpläne Österreich

Wolf

In der KOST wurde in den Jahren 2011 und 2012 Grundlagen und Empfehlungen für einen Wolfsmanagementplan Österreich ausgearbeitet. Entsprechend dem Dokument ist die Rückkehr der Wölfe eine Bereicherung für die Natur, bedeutet aber in der österreichischen Kulturlandschaft auch Konflikte mit den Interessen der Landnutzer. Das Wolfsmanagement hat zur Aufgabe, Strukturen und Maßnahmen für ein möglichst konfliktfreies Zusammenleben von Mensch und Wolf zu schaffen und durchzuführen, wobei der Mensch im Mittelpunkt steht. Ziel des österreichischen Wolfsmanagements sind einerseits der Schutz des Wolfes entsprechend der Fauna-Flora-Habitat-Richtlinie sowie weiteren internationalen Übereinkommen, deren Bestimmungen in nationales Recht übernommen wurden. Darüber hinaus soll ein möglichst konfliktfreies Zusammenleben zwischen Mensch und Wolf unter Berücksichtigung der Interessen der unterschiedlichen Landnutzer (z. B. Land- und Forstwirtschaft und Jagd) sowie des Naturschutzes gewährleistet werden. Damit leistet Österreich einen Beitrag zu einem langfristig gesicherten, staatenübergreifenden Wolfsbestand.

Abbildung 1: Für die Koexistenz zwischen Wolf und Mensch braucht es einen Managementplan. (Foto © Karl-Heinz Volkmar)

Die Grundsätze des Wolfsmanagements in Österreich sind:

1. Die Maßnahmen des Managements werden auf der Grundlage der rechtlichen Rahmenbedingungen mit den Interessengruppen abgestimmt.
2. Kein Aussetzen von Wölfen in Österreich.
3. Das Wolfsmanagement erfolgt bundesländerübergreifend und in Abstimmung mit Nachbarstaaten.
4. Maßnahmen zur Abwendung von Schäden werden propagiert und gefördert. Möglichkeiten der Prävention sollen auf ihre Anwendbarkeit überprüft und weiterentwickelt werden.
5. Schäden sollen in Abstimmung mit den Interessenvertretungen abgegolten werden.
6. Das Monitoring von Wölfen sowie die Beratung vor Ort und Begutachtung von Nutz- und Wildtierrissen erfolgt durch beauftragte, erfahrene Personen.
7. Das Monitoring bildet eine notwendige Grundlage für Entscheidungen.
8. Die Sicherheit der Menschen hat jederzeit Vorrang vor dem Schutz der Wölfe.
9. Die Öffentlichkeit wird über Biologie, Ökologie und Situation der Wölfe in Österreich sowie über die Maßnahmen des Wolfsmanagements informiert.

Die Aufgaben der KOST betreffend den Wolf sind

- die Entwicklung und Koordination des Wolfsmanagements in Österreich
- die Abstimmung des Wolfsmanagements mit Interessengruppen
- das Forcieren von länderübergreifenden Schutzmaßnahmen (z. B. Herdenschutzprogramme)
- die Koordination mit Nachbarländern und
- das Zusammenführen von Information und Weitergabe an die Entscheidungsträger

Zu der Frage des Erhaltungszustandes des Wolfes in Österreich vertraten laut dem Protokoll der Sitzung der KOST am 29. 2. 2012 in Salzburg die Bundesländer in der KOST nachfolgende Ansicht:

„Österreich ist der Europäischen Union im Jahr 1995 beigetreten. Ab diesem Zeitpunkt war Österreich verpflichtet, u. a. Richtlinien der Europäischen Gemeinschaft, wie beispielsweise die FFH-Richtlinie im nationalen Recht, umzusetzen. Soweit es sich dabei um Tierarten handelt, die in Österreich als Wild im Sinne der Jagdgesetze gelten, war diese Umsetzung in den Jagdgesetzen der Bundesländer und hinsichtlich von Ausweisungen von Schutzgebieten vorwiegend in den Naturschutzgesetzen der Länder vorzunehmen.

Diesen Verpflichtungen ist Österreich nachgekommen. Der Wolf ist in allen Bundesländern ganzjährig geschont, und Ausnahmen davon dürfen nur bewilligt werden, wenn die strengen Vorgaben der FFH-Richtlinie erfüllt sind. Darüber hinaus sind zum Schutz des Wolfes bzw. zur Steigerung der Akzeptanz in der Bevölkerung schon seit Jahren Entschädigungsmöglichkeiten sowie Ansprech- und Informationsstellen eingerichtet worden. Mit der Ausarbeitung des Managementplanes und den darin enthaltenen, weiteren Maßnahmen bzw. Konzepten wurden und werden Rahmenbedingungen geschaffen, die eine Zuwanderung von Wölfen und deren Verbleib, sofern diese stattfinden, begünstigt. Österreich ist nach den Bestimmungen der FFH-Richtlinie grundsätzlich verpflichtet, zur Wiederherstellung oder Wahrung eines günstigen Erhaltungszustandes der natürlichen Lebensräume und der Arten von gemeinschaftlichem Interesse besondere Schutzgebiete auszuweisen bzw. den günstigen Erhaltungszustand der wildlebenden Tierarten von gemeinschaftlichem Interesse zu bewahren oder wiederherzustellen. Dies setzt nach Meinung der Bundesländer jedoch voraus, dass zumindest eine signifikante Population an Wölfen in Österreich bzw. in einem bestimmten Gebiet Österreichs vorhanden ist. Im Hinblick darauf, dass es in Österreich zum Zeitpunkt des EU-Beitritts keine Wölfe gab, kann von einem günstigen Erhaltungszustand bzw. einer Bewahrung oder Wiederherstellung deshalb keine Rede sein. Die verpflichtende Wiederherstellung eines Zustandes, wie er beispielsweise vor 200 bis 250 Jahren vorherrschte, kann dabei von der FFH-Richtlinie allein aufgrund der gravierenden Änderungen der möglichen Lebensräume nicht beabsichtigt sein. Auch das sporadische Auftreten einzelner Wölfe in Österreich in den beiden letzten Jahren und deren Verbleib über einige Tage bzw. in Einzelfällen über mehrere Wochen bedeutet keinesfalls das Vorhandensein einer signifikanten Population. Eine solche würde vorliegen, wenn eine größere Anzahl von Wölfen dauerhaft und reproduzierend in größeren Gebieten Österreichs vorkäme.

Die österreichischen Bundesländer haben jedoch durch die Umsetzung der Bestimmungen der FFH-Richtlinie in den nationalen Jagd- und Naturschutzgesetzen sowie durch die Einrichtung von Maßnahmen zur Schadensabgeltung und Schadensprävention, durch die Festlegung und Überwachung strenger Schutzvorschriften sowie nunmehr durch den vorliegenden Wolfsmanagementplan Österreich (einschließlich eines Herdenschutzkonzeptes) Rahmenbedingungen geschaffen, die sowohl die Zuwanderung als auch den Verbleib von Wölfen in Österreich begünstigen. Damit sowie mit dem laufenden Monitoring, welches im Wesentlichen über Herrn Dr. Georg Rauer (FIWI) erfolgt, hat Österreich bzw. haben die österreichischen Bundesländer die aus der FFH-Richtlinie abzuleitenden Verpflichtungen jedenfalls erfüllt. Sobald eine signifikante Wolfspopulation vorhanden ist, wird eine Aufnahme des Wolfes in die Standarddatenbögen der vorhandenen Schutzgebiete erfolgen können. Solange es in Österreich nur durchwandernde Wölfe gibt, soll der vorliegende, von der KOST ausgearbeitete Wolfsmanagementplan Österreich in der derzeitigen Textierung gelten. Bei Bedarf, das heißt wenn sich die Situation im Hinblick auf das Verbreitungsgebiet und die Population ändert, wird auch eine Überarbeitung des Wolfsmanagementplanes stattfinden."

Monitoring

Nach dem „Wolfsmanagement in Österreich – Grundlagen und Empfehlungen" wurde österreichweit ein einheitliches Monitoringsystem eingerichtet. Zweck des Monitoring ist es, aktuelle und verlässliche Daten über die Wölfe in Österreich zu liefern. Entscheidungen des Wolfsmanagements sollen aufgrund von ausreichenden Monitoringdaten getroffen werden. Das Monitoring wird von den Wolfsbeauftragten und den Wildbiologen der Jägerschaften/Landesregierungen durchgeführt. Die Daten werden einheitlich nach SCALP-Kriterien bewertet. Diese basieren auf dem Projekt „Status and Conservation of the Alpine Lynx Population" und haben folgende Einteilungen: C1: Eindeutiger Nachweis. C2: Bestätigter Hinweis. C3: Unbestätigter Hinweis.

Wölfe halten sich nicht an Staatsgrenzen. Management sollte auf die Population ausgerichtet sein und somit den Blick auch über die Grenzen richten. Das bedeutet Mitarbeit in internationalen Arbeitsgruppen/Gremien sowie Abstimmung von Managementmaßnahmen mit Nachbarländern. Mitglieder der KOST sind bereits in einigen internationalen Arbeitsgruppen vertreten, u. a. in der Wolf Alpine Group, der Working Group on Wolves der Europäischen Kommission, der Plattform WISO Large Carnivores, Wild Ungulates and Society der Alpenkonvention oder der EU Platform on Coexistence between People and Large Carnivores.

Der Managementplan „Wolfsmanagement in Österreich – Grundlagen und Empfehlungen" (2012) wurde also von der KOST entwickelt und mit den relevanten Interessenvertretungen abgestimmt. Dieser Managementplan ist einerseits eine Handlungsanleitung für das Wolfsmanagement. Darüber hinaus ist er auch eine geeignete Maßnahme zum Schutz des Wolfes. Auch der Herdenschutz ist eine solche Maßnahme, insbesondere im Hinblick auf die Akzeptanzsteigerung in der Bevölkerung und in der Landwirtschaft. Daher ist das Herdenschutzkonzept auch ein „eigenes Papier" und nicht ein Bestandteil des Wolfsmanagementplans.

Herdenschutzmaßnahmen in Österreich

Die österreichische Landesagrarreferentenkonferenz (LARK) hat die KOST im Jahr 2011 ersucht, ein Konzept für strukturelle und operative Maßnahmen zum Schutz von Nutztieren vor Wölfen auszuarbeiten. In der Sitzung der KOST vom 23. 2. 2011 in Graz wurde der Beschluss gefasst, neben der bereits bestehenden Arbeitsgruppe „Wolfsmanagementplan für Österreich" eine weitere Arbeitsgruppe einzurichten, die die Ausarbeitung eines „Konzeptes für strukturelle und operative Maßnahmen zum Schutz von Nutztieren vor Großraubtieren" (Herdenschutzkonzept) vorzunehmen hat. Den Vorsitz in dieser Arbeitsgruppe hatte Johann Georg Höllbacher, ÖBSZ (Österreichischer Bundesverband für Schafe und Ziegen), inne.

Von dieser Arbeitsgruppe wurde in der Folge ein Herdenschutzkonzept ausgearbeitet und im September 2011 dem damaligen Vorsitzenden der LARK durch die KOST übermittelt.

Abbildung 2: Die Bestände von Großen Beutegreifern müssen regelmäßig erfasst werden. (Foto © Horst Jegen)

Ziel des Herdenschutzes ist es, von Großen Beutegreifern verursachte Schäden an landwirtschaftlichen Nutztieren auf ein Minimum zu reduzieren, um die Bewirtschaftung von Grund und Boden mit Nutztieren weiterhin zu gewährleisten. In diesem österreichischen Herdenschutzkonzept ist die Einrichtung einer zentralen Organisation vorgesehen, die als Drehscheibe für den Wissenstransfer und als nationaler Ansprechpartner für Herdenschutzmaßnahmen fungieren soll. So entstand die „Nationale Beratungsstelle Herdenschutz".

Die Nationale Beratungsstelle Herdenschutz

Nach dem Jahresbericht 2017 der Nationalen Beratungsstelle Herdenschutz wurde die Nationale Beratungsstelle im November 2011 als Projekt beim Österreichischen Bundesverband für Schafe und Ziegen begründet und auf Beschluss der LARK mit einem Budget aus bundesländerübergreifenden Mitteln (BLÜM) ausgestattet. Das Projekt Nationale Beratungsstelle wurde zunächst für drei Jahre finanziert, im Jahr 2015 wurde dieses Projekt mit reduziertem Budget fortgesetzt. Auch für die Jahre 2016 bis 2018 konnte das Budget durch Förderungen des Bundesministeriums für Nachhaltigkeit und Tourismus sichergestellt werden. Ab 2019 sollen auch die Aufgaben der Nationalen Beratungsstelle Herdenschutz vom neuen Österreichzentrum Bär, Wolf, Luchs übernommen werden.

Braunbär

Grundsätzlich ist daher davon auszugehen, dass Wildtiermanagement in der Kompetenz der Bundesländer liegt. Aufgrund dieser Verpflichtungen Österreichs nach der Fauna-Flora-Habitat-Richtlinie wurden im Rahmen des LIFE-Programmes zwei Projekte zum Schutz des Bären in Österreich seitens der Europäischen Union finanziert. Managementpläne dienen den zuständigen Behörden und Organisationen als Richtlinie für die Lösung von Konflikten zwischen Großen Beutegreifern und Menschen sowie zwischen betroffener lokaler Bevölkerung und den Behörden und Organisationen, die für den Schutz der Großen Beutegreifer verantwortlich sind.

Die von der KOST erarbeiteten Managementpläne für den Bären und den Wolf sollten den zuständigen Behörden in den einzelnen Bundesländern in allen Verfahren, den Bären oder Wolf betreffend, als Handlungsanleitung und Entscheidungsgrundlage dienen.

Das erste LIFE-Projekt „Bärenschutzprogramm Österreich" stand ganz unter dem Eindruck des „Bären-Problemjahres" 1994 in Österreich. Zwischen 1989 und 1993 wurden drei slowenische Bären im Rahmen eines Wiederansiedlungsprojektes des WWF freigelassen. 1991, 1993 und 1996 stellte sich Nachwuchs ein, insgesamt acht Junge. Bereits 1993, aber auch 1994 nahmen die Schäden (Schafrisse,

Schäden an Bienenstöcken) in Niederösterreich, Oberösterreich und der Steiermark auffällig zu und die Besorgnis der Bevölkerung wuchs.

Ziele dieses LIFE-Bärenschutzprojekts waren die Habitatssicherung, die Verbesserung der grenzüberschreitenden Zusammenarbeit, die Schulung von Fachleuten, die Information der Bevölkerung, Schadensvorbeugung und -regelung sowie die Bärenkontrolle. Im Rahmen dieses Projektes wurde erstmals ein Managementplan für den Umgang mit Braunbären in Österreich erstellt, welcher 1997 veröffentlicht wurde.

Aufgrund des im Jahr 1995 erfolgten Beitrittes Österreichs zur EU war nunmehr auch Österreich verpflichtet, einen günstigen Erhaltungszustand der natürlichen Lebensräume und der Tier- und Pflanzenarten von gemeinschaftlichem Interesse zu bewahren – so auch für den Braunbären.

Ziele des zweiten LIFE-Projekts waren der langfristige Schutz und die Erhaltung der österreichischen Bärenpopulation in Zusammenarbeit mit den zuständigen Behörden und Interessengruppen.

Im Rahmen dieses zweiten Projektes wurde auch der „Managementplan Braunbär Österreich", eine Revision des ersten Managementplans, unter Berücksichtigung neuer Aspekte von der Koordinierungsstelle für den Braunbären ausgearbeitet und publiziert. Eine Überarbeitung des ersten Managementplans war nötig, da die österreichische Bärenpopulation seit einigen Jahren stagnierte. Im überarbeiteten Managementplan wurden zusätzliche Schutzaspekte und notwendige Maßnahmen zur Erhaltung des Braunbären in Österreich behandelt. Außerdem hatte die EU-Kommission den Mitgliedstaaten dringend empfohlen, Managementpläne für die Großen Beutegreifer (Bär, Luchs und Wolf) zu erarbeiten. Auch hatte in den vorangegangenen Jahren die Umsetzung der Fauna-Flora-Habitat-Richtlinie (FFH) der Europäischen Union (92/43/EWG) in nationale Gesetze begonnen und der Braunbär wurde als prioritäre Art in der FFH-Richtlinie genannt (Anhang II [prioritäre Art] und Anhang IV). Dadurch änderte sich auch der rechtliche Status des Bären in einigen Bundesländern in den letzten Jahren.

Aktuell wird an einer neuerlichen Überarbeitung des Managementplanes Braunbär Österreich (Version 2005), insbesondere der Kapitel „Umgang mit auffälligen Bären – Problembären" und „Öffentlichkeitsarbeit", gearbeitet. Die Öffentlichkeitsarbeit hat zum Ziel, die Bevölkerung aktuell, sachlich und unvoreingenommen über den Braunbären zu informieren und Vertrauen in das Bärenmanagement zu schaffen. Auch Braunbären polarisieren die Gesellschaft. Deshalb ist es umso wichtiger, Probleme offen anzusprechen und Lösungsmöglichkeiten aufzuzeigen. Wo Menschen und Bären zusammenleben, kann es zu Konflikten kommen. Bären sind Große Beutegreifer und können aufgrund ihrer Stärke und Lebensgewohn-

heiten Schäden in Land- und Forstwirtschaft verursachen. Nur in Ausnahmefällen können sie auch für Menschen gefährlich werden. Wenn sich einzelne Bären an die Gegenwart der Menschen gewöhnen (Habituation), kann dies häufiger zu gefährlichen Situationen führen. Zieht sich ein Bär beispielsweise beim Zusammentreffen mit Menschen nicht mehr zurück und zeigt keine Scheu, muss dies als „auffälliges" Verhalten eingestuft werden. Ein solches Verhalten erfordert Maßnahmen, um eine mögliche Gefährdung von Menschen zu verhindern. Im Managementplan Braunbär Österreich sind daher Handlungsempfehlungen für den Umgang mit auffälligen Bären enthalten.
Für das Bärenmanagement gelten folgende Grundsätze:
1. Die Sicherheit der Menschen hat jederzeit Priorität vor dem Schutz der Bären.
2. Schäden an Haustieren und landwirtschaftlichen Kulturen sollen durch Vorbeugung gering gehalten werden. Schäden sollen nach einem Schema, das im Einvernehmen mit der Interessenvertretung verhandelt wurde, abgegolten werden.
3. Bärenmanagement findet bundesländerübergreifend statt. Die zuständigen Behörden und Interessengruppen orientieren sich am „Managementplan Braunbär Österreich".
4. Die Einbindung von Interessengruppen in das Bärenmanagement wird angestrebt.
5. Forschung und Monitoring bilden eine wichtige Grundlage für Entscheidungen. Das betrifft auch die Einstellung der Bevölkerung zu den Bären.
6. Die Öffentlichkeit wird über die Situation der Bären in Österreich und die Maßnahmen im Bärenmanagement informiert. Die Akzeptanz der Bevölkerung soll auf einem hohen Niveau gehalten werden.
7. Internationale Zusammenarbeit, insbesondere im Alpenraum, wird angestrebt. Ein international koordiniertes Bärenmanagement ist notwendig, um eine Besiedlung der Alpen aus dem Kerngebiet in Slowenien zu ermöglichen.
8. Die Erhaltung und Vernetzung geeigneter Lebensräume ist ein Schlüsselfaktor im Braunbärenschutz.

Nach dem Managementplan Braunbär Österreich ist das Ziel der Schutz der ortsansässigen und zuwandernden Braunbären. Dabei soll langfristig ein günstiger Erhaltungszustand für den Braunbären in Österreich gesichert werden. Besonderer Wert wird auf ein konfliktfreies Zusammenleben zwischen Mensch und Bär gelegt. Die Voraussetzungen für eine Vernetzung der bestehenden Populationen sowie eine Ausbreitung der Bären in neue potenziell geeignete Lebensräume sollen geschaffen werden.

Luchs

Der Luchs gilt als eine der bedrohtesten Säugetierarten Europas. Er wurde daher in den Anhang A der europäischen Verordnung (EG) Nr. 338/97 sowie in die Anhänge II und IV der FFH-Richtlinie der EU aufgenommen und ist europaweit besonders streng geschützt. In Österreich untersteht der Luchs in den meisten Bundesländern dem Jagdrecht, wo er ganzjährige Schonzeit genießt. Weiterer Schutz entsteht durch das Washingtoner Artenschutzabkommen sowie die Berner Konvention, die Österreich 1982 bzw. 1983 ratifiziert hat.

Nach Rüdisser ist die Basis für ein erfolgreiches Luchsmanagement ein funktionierendes Monitoring. Es ist daher ein kontinuierliches und lokal verankertes Monitoringsystem aufzubauen. Hierfür ist ein Netzwerk regionaler Ansprechpartner nötig, die einerseits selbst Hinweise überprüfen können und andererseits durch Beratung und Informationsweitergabe die Qualität der Datenerhebung verbessern. Um Luchshinweise international (alpenweit) vergleichbar zu machen, wurde von SCALP eine Einteilung in drei Kategorien eingeführt (siehe oben).

Ein eigener Luchsmanagementplan für Österreich wurde bis dato noch nicht ausgearbeitet.

Ausblick zum Management Großer Beutegreifer in Österreich

Im Rahmen der LARK vom 15. 6. 2018 ist das Bundesministerium für Nachhaltigkeit und Tourismus (BMNT) mit allen Bundesländern außer Wien übereingekommen, dass es für die Bewältigung der aus der Rückkehr der Großen Beutegreifer nach Österreich entstehenden Herausforderungen eines koordinierten Vorgehens der Bundesländer in Abstimmung mit dem BMNT bedarf. Im Vergleich zur bisherigen Arbeit der KOST wird die Rolle des BMNT demnach wichtiger werden. Am 7. 2. 2019 fand die Gründungssitzung des Vereines „Österreichzentrum Bär, Wolf, Luchs" in der Höheren Bundeslehr- und Forschungsanstalt (HBLFA) Raumberg-Gumpenstein statt. Anlässlich dieser Sitzung wurden auch die Vereinsorgane gewählt. Zum Obmann des Vereines „Österreichzentrum Wolf, Luchs, Bär" wurde Herr Mag. Klaus Pogadl, Land Salzburg, gewählt.

Nach dem Bericht des Landes Salzburg an die LARK vom November 2018 sollte sich die bisherige KOST im Wesentlichen in der Mitgliederversammlung des Vereins widerspiegeln, erhält jedoch mithilfe dieser Konstruktion erstmals einen rechtlichen Rahmen und damit erstmals eine Verbindlichkeit der gefassten Beschlüsse. Die Aufgaben des „Nationalen Herdenschutzes" soll in Zukunft die HBLFA Raumberg-Gumpenstein übernehmen, die im Bereich der Forschung und des Wissenstransfers eine ausgezeichnete Expertise aufzuweisen hat. Die wissenschaftliche Begleitung des Managements der Großen Beutegreifer, z. B. in den Bereichen Monitoring, Rissbegutachtung, DNA-Analyse usw., könnte so wie schon bisher an das Forschungsinstitut für Wildtierkunde und Ökologie (FIWI) der Veterinärmedizinischen Universität Wien oder eine ähnliche Institution übertragen werden.

Zentrale Aufgabe des Vereines „Österreichzentrum Große Beutegreifer" ist das Management der Großen Beutegreifer Bär, Wolf und Luchs einschließlich des Goldschakals. Insbesondere soll das „Österreichzentrum Große Beutegreifer" folgende Aufgaben übernehmen:

- Übernahme der Aufgaben der KOST
- Empfehlungen zur strategische Ausrichtung des Managements der Großen Beutegreifer
- Übernahme der Aufgaben der „Nationalen Beratungsstelle Herdenschutz"
- Ausarbeitung von Vorschlägen zu Herdenschutzmaßnahmen und deren Finanzierung
- Erstattung von Empfehlungen für eine koordinierte Vorgehensweise bei Entschädigungszahlungen
- Koordination des Monitorings der Großen Beutegreifer sowie Unterstützung bei der Umsetzung der Berichterstattung
- Konzeption von Projekten
- Öffentlichkeitsarbeit
- Internationale Zusammenarbeit

Autorin:

MMag. Renate Scherling MA, Vorsitzende der KOST seit 2008
Amt der Kärnter Landesregierung, Abteilung 10 – Land- und Forstwirtschaft, Ländlicher Raum, Unterabteilung Agrarrecht, Mießtaler Straße 1,
9021 Klagenfurt am Wörthersee

Herdenschutz: Möglichkeiten und Grenzen

Johann Georg Höllbacher

Die großen Beutegreifer kommen zurück und sind vielerorts schon in Mitteleuropa angekommen. Und obwohl die wenigsten von uns jemals einen Wolf zu Gesicht bekommen oder „hinter ihm aufräumen" werden müssen, hat diese Rückkehr große Auswirkungen auf die gesamte Bevölkerung. Nicht nur jene, die „Tür an Tür" mit Wölfen leben, auch der Städter wird zu spüren bekommen, was es heißt, wenn Wolf und Bär wieder im Alpenraum heimisch sind. Denn die indirekten Folgen der neuen, alten Nachbarn werden uns vielerorts begegnen: in Form von Herdenschutz.

Herdenschutz ist ein derart großes Thema, das in so viele Lebens- und Rechtsbereiche hineinragt, dass man darüber einen eigenen Sammelband herausbringen könnte. Unter allen Veränderungen, die die Rückkehr der großen Beutegreifer mit

Abbildung 1: Herdenschutz ist bei Wolfspräsenz unausweichlich.
(Foto: © Johann Georg Höllbacher)

sich bringt, ist der Herdenschutz vermutlich jene, die die überwiegende Mehrheit der Bevölkerung wirklich zu spüren bekommen wird. Entscheidend für ein funktionierendes Nebeneinander von Mensch und Wolf in der Kulturlandschaft ist nicht die Akzeptanz gegenüber dem Raubtier selbst, sondern vielmehr die Akzeptanz gegenüber den Herdenschutzmaßnahmen, an denen kein Weg vorbeiführt.

Ohne Herdenschutz keine Weidetiere

Die Rückkehr der großen Beutegreifer ist für die Nutztierhaltung die größte Herausforderung. Wenn Raubtiere wieder regelmäßig durch die Weidegebiete ziehen, wird es ohne Herdenschutz keine Schafe, Ziegen, Rinder und Pferde mehr auf den Weiden geben. Beutegreifer wie der Wolf gehen den Weg des geringsten Widerstandes und bevorzugen naturgemäß die einfachste Beute. Weidetiere haben durch ihre lange Domestikation keinen ausgeprägten Fluchtinstinkt mehr. Schafe beispielsweise laufen bei Gefahr eher zusammen als auseinander und sind für Raubtiere daher ein leichtes Ziel. Deshalb passiert es auch, dass Wölfe bei so einer Gelegenheit viel mehr Tiere reißen, als sie fressen können. Die direkten und indirekten Schäden, die ein solcher Angriff auf eine Herde auslöst, können enorm sein. Sie reichen von getöteten und schwer verletzten Tieren bis hin zu stressbedingten Aborten und in Panik entflohenen Tieren, die Unfälle verursachen.

Der Wolf genießt umfassenden rechtlichen Schutz, und daran wird sich so schnell nichts ändern. Um Weidetiere vor Angriffen zu schützen, ist deshalb momentan das einzig vorhandene legale Mittel ein professioneller und konsequenter Herdenschutz. Was man dabei unbedingt verstehen muss, ist die Tatsache, dass Herdenschutz nicht nur dazu dient, Raubtiere effektiv fernzuhalten, sondern vor allem auch dazu, Nutztiere – seien sie hinter Zäunen oder in der Obhut eines Hirten – nachhaltig vom potenziellen Speiseplan der Raubtiere zu streichen. Es geht also auch darum, durch die Schutzmaßnahmen die Raubtiere zu „erziehen“, sich von Weidetieren fernzuhalten. Nur wenn Wolf und Co. gelernt haben, dass Nutztiere keine leichte Beute sind, besteht die Chance, auch unter Raubtierpräsenz weiterhin Weidetierhaltung zu betreiben.

Halten wir also weiter fest: Herdenschutz ist keine Option, sondern eine Notwendigkeit, wenn die Weidetierhaltung bestehen bleiben soll. Eine Nutztierherde kann man auf verschiedene Arten vor Raubtierangriffen schützen. Grundsätzlich zählen dazu Zäune, Hirten, Hütehunde und Herdenschutzhunde. Während Hütehunde die Aufgabe haben, die Herde zusammenzuhalten und zu lenken, fungieren Herdenschutzhunde als wehrhafter Schutz vor Wolfsangriffen. Um praktische Erfahrungen zum Herdenschutz in Österreich zu sammeln, wurde 2011 von der Konferenz der Landesagrarreferenten (LARK) das Projekt „Nationale Beratungsstelle Herdenschutz“ ins Leben gerufen und bis 2018 finanziert. Mit der Durchführung wurde der Österreichische Bundesverband für Schafe und Ziegen (ÖBSZ) betraut. Die Nationale Beratungsstelle Herdenschutz fungierte als Drehscheibe für alle Angelegenheiten rund um den Schutz von landwirtschaftlichen Nutztieren vor großen Beutegreifern in Österreich.

Eine Hauptaufgabe der Beratungsstelle war auch die Überprüfung der Herdenschutzmaßnahmen in zwei Modellregionen im alpinen Gelände. In der Steckenkoralm Zederhaus in Salzburg wurden 200 Schafe und Ziegen von Juni bis Mitte September gealpt und auf einer Fläche von 65 ha mit einem raubtiersicheren elektrischen Zaun geschützt. Zum Einsatz kamen sowohl Netz- als auch Litzenzäune. Die damit verbundenen Kosten und der Arbeitsaufwand wurden dokumentiert. Auf der Ochsenalm in Kals in Osttirol wurde eine Herde aus 1200 Schafen von Hirten und Hüte- sowie Herdenschutzhunden auf einer Fläche von 1600 ha betreut. Die Dokumentationen aus beiden Modellregionen haben zu wichtigen Erkenntnissen geführt, die im Folgenden zusammenfassend dargestellt werden.

Abbildung 2: Herdenschutzhunde leben mit der Schafherde und verteidigen diese gegen Angriffe von außen. (Foto: © Johann Georg Höllbacher)

Die auf den ersten Blick einfachste Herdenschutzmaßnahme ist ein Zaun. Weiters kann ein Hirte die Herde bewachen und außerdem gibt es spezielle Herdenschutzhunde, die mit der Schafherde sozialisiert und in diese integriert sind. Diese verteidigen die Herde gegen Eindringlinge und Angreifer. All diese Methoden haben ihre Berechtigung und unterschiedliche Einsatzbereiche. Die Erfahrungen, die wir in Österreich im Rahmen verschiedener Modellregionen über mehrere Jahre gesammelt haben, brachten vor allem eine Erkenntnis: Ja, Herdenschutz ist möglich, aber nicht überall und nicht ohne erheblichen zusätzlichen Aufwand. Eines muss klar sein: Es gibt keinen hundertprozentigen Schutz. Raubtiere werden immer wieder versuchen, Schutzeinrichtungen zu überwinden, und vereinzelt wird es ihnen auch gelingen. Deshalb ist es essenziell, dass Herdenschutz von Anfang an gewissenhaft betrieben wird – und das kostet Geld und Zeit. Beides ist in den landwirtschaftlichen Betrieben absolute Mangelware, besonders bei jenen, die extensive bzw. biologische Weidetierhaltung betreiben. Um also Herdenschutz zu ermöglichen, braucht es ein klares Bekenntnis der Gesellschaft für den Herdenschutz. Der zusätzliche Aufwand muss aus öffentlicher Hand finanziert werden. Es muss klar sein: Herdenschutz ist keineswegs alleine Sache der Tierhalter.

Weidetiere einzäunen ist noch kein Schutz

Eine der ersten und wichtigsten Herdenschutzmaßnahmen sind sichere Zäune. Dort, wo noch keine Wolfsrudel sind, kann man vorhandene Zäune korrigieren und aufrüsten und so einen Grundschutz installieren. Zäune sind besonders jetzt in der Ansiedelungsphase der Großraubtiere wichtig. Die meisten Landwirte haben Erfahrung im Zaunbau, so kann man sich im Falle des Falles rasch selbst behelfen, sofern ausreichend Material am Betrieb vorhanden ist. Doch ganz so einfach ist es leider nicht, denn der gängige Weidezaun – mit oder ohne Elektrifizierung – ist meist für ein Raubtier kein echtes Hindernis. Wo man mit umherziehenden Wölfen rechnen muss, sollten also Zäune dringend raubtiersicher nachgerüstet werden. Dabei ist ein Grundgedanke zu beherzigen, der bei den Tierhaltern verankert werden muss: Der sichere Zaun soll in erster Linie Raubtiere auszäunen – und nicht, wie bisher, nur Weidetiere einzäunen. Mit diesem Anspruch ändern sich die Anforderungen an den Aufbau eines Zaunes erheblich. Besonders in unwegsamem Gelände gilt es, Einsprungmöglichkeiten von außen zu verhindern. Böschungen, Gräben und Felsen entlang des Zaunes müssen ausgezäunt und gegebenenfalls die gesamte Zaunführung angepasst werden. Essenziell ist außerdem, dass der Zaun auf seiner gesamten Länge aufrecht und stabil ist. Im Falle eines Elektrozaunes ist die zuverlässige und ausreichend hohe Stromführung ausschlaggebend. Um all dies gewährleisten zu können, ist der Tierhalter gefordert. Der Zaun muss ständig kontrolliert und Schwachstellen müssen ausgebessert werden. Besonders im alpinen Gelände ist man beim Auf- und Abbau unbedingt auf zahlreiche helfende Hände angewiesen. Dort, wo schon Zäune stehen, müssen diese mit zusätzlichen stromführenden Litzen erhöht und/oder mit einem Untergrabungsschutz verstärkt werden. Häufig werden Zäune, die schon immer so verlaufen sind, versetzt werden müssen, um Raubtieren keine Einsprungmöglichkeiten mehr zu bieten.

Wir befinden uns in Österreich derzeit in einer Situation, in der jeder nachlässig installierte Zaun eine doppelte Gefahr für unsere Weidetiere darstellt. Nicht nur, dass die Tiere dahinter leichte Beute sind, vielmehr macht der Wolf so die Erfahrung, dass ein Zaun prinzipiell überwunden werden kann. Halbherziger Herdenschutz bringt die Herde also langfristig in Gefahr, weil Raubtiere lernen, einen Zaun nicht als Hindernis zu akzeptieren. Deshalb ist es auch so wichtig, einen Zaun nicht erst zu erhöhen, wenn schon etwas passiert ist. Zäune sollten von Anfang an raubtiersicher installiert und konsequent gewartet werden. Die Raubtiere müssen bei der ersten Begegnung mit dem Zaun die Erfahrung machen, dass dieser ein ernst zu nehmendes Hindernis ist, damit sie es bei der nächsten Herde, auf die sie treffen, erst gar nicht versuchen. Nur wenn der Wolf gelernt hat, einen Zaun als unüberwindbares Hindernis zu akzeptieren, sind die Nutztiere hinter dem Zaun wirklich geschützt.

Hirten sind Mangelware

Normalerweise wirkt die Anwesenheit von Personen für Wildtiere abschreckend. So kann ein Hirte, der ständig bei einer Herde Schafe, Ziegen oder Rinder ist, Raubtiere auf Abstand halten, ohne sie je zu Gesicht zu bekommen. Voraussetzung ist dabei, dass Wolf und Bär nicht verlernt haben, den Menschen zu meiden. Leider gibt es aber immer wieder Fälle von Einzeltieren, die sich ohne Scheu sehr nahe bei oder in besiedeltem Gebiet aufhalten, vermutlich weil sie gelernt haben, dass vom Menschen keine Gefahr ausgeht, sondern dass dieser sogar mit einer „billigen" Nahrungsquelle in Verbindung gebracht wird. Grundsätzlich ist eine Behirtung aber eine ausgezeichnete Herdenschutzmaßnahme, die außerdem noch weitere Vorteile für das gesamte Weidesystem mit sich bringt. Dazu später mehr.

Ein Hirte lenkt die Herde durch das Gebiet und von Weidefläche zu Weidefläche. Dabei sind gut ausgebildete Hütehunde ein unerlässliches Hilfsmittel, denn zu Fuß wäre es unmöglich, eine Herde im unwegsamen Gelände zusammenzuhalten, geschweige denn zu lenken. Neben geeigneten Hütehunden braucht ein Hirte natürlich großes Wissen zur Tierhaltung, muss Gesundheitsprobleme rasch erkennen und auch behandeln können. Außerdem ist die Behirtung, besonders im Gebirge, harte, körperliche Arbeit, bei der man der Witterung stark ausgesetzt ist.

Abbildung 3: Im alpinen Gelände sind dem Herdenschutz Grenzen gesetzt. (Foto: © Johann Georg Höllbacher)

Der Job ist also nichts für Zartbesaitete oder Neulinge – und genau das ist das Problem: Wie in vielen anderen Wirtschaftsbereichen gilt auch für die Tierhaltung, besonders im Almgebiet: Gutes Personal, in dem Fall gute Hirten, sind kaum zu finden. Hinzu kommt, dass man idealerweise gleich zwei Hirten einsetzen sollte, die sich gegenseitig unterstützen, und um Ausfälle kompensieren zu können. Für eine Herde mit ca. 500 Schafen wäre ein einzelner Hirte möglich. Allerdings sind für die verschiedenen anfallenden Arbeiten (wie etwa Zäunen) zusätzliche Hilfskräfte nötig.

Was Behirtung bedeutet

Die Schafe auf den österreichischen Almen sind es gewohnt, sich nach dem Auftrieb frei im gesamten Gebiet zu bewegen. Es gibt üblicherweise kaum Zäune und schon gar keine Hirten, die die Marschrichtung einer Herde vorgeben. Deshalb zerstreuen sich die Tiere – zumal sie meist von vielen verschiedenen Betrieben stammen – rasch im gesamten Almbereich. Für einen Hirten ist es so unmöglich, den Überblick über alle aufgetriebenen Tiere zu bewahren. Das gilt übrigens auch für Herdenschutzhunde, die ohne eine kompakte Herde nicht einsetzbar sind. Deshalb ist die erste Voraussetzung, um Herdenschutz auf den Almen überhaupt zu ermöglichen, eine geschlossene Herde. Der Begriff „Herde" im Wort Herdenschutz kann in seiner Bedeutung hier gar nicht überschätzt werden. Verteilte Tiergruppen oder Einzeltiere sind nicht schützbar. Wir haben die Erfahrung gemacht, dass die Behirtung auf der Alm vor allem deshalb so schwierig ist, weil diese Herde erst gebildet werden muss. Die Schafe müssen sich daran gewöhnen, dass sie gehütet, zu den Weidestellen gebracht und dort satt gehütet werden. Deshalb ist es die wichtigste Aufgabe des Hirten, die Herde zusammenzuhalten. Das ist eine große Herausforderung, besonders in den ersten Wochen nach dem Auftrieb. Hier entscheidet sich der Erfolg der Behirtung für die gesamte Almsaison. Ziel ist es, einen Rhythmus zwischen Fresszeiten, Ruhephasen und dem Weidewechsel zu neuen Flächen zu etablieren. Über Nacht werden die Schafe in einen eingezäunten Nachtpferch getrieben, der raubtiersicher sein muss. Dieser verhindert, dass sich die Tiere in der Nacht oder beim ersten Tageslicht von selbst zerstreuen. Am Tagesbeginn entscheidet der Hirte, welche Fläche beweidet werden soll und führt die Herde mit Hilfe der Hütehunde gezielt dorthin. Nach dem Fressen folgt eine Ruhephase, in der die Tiere meist liegen. Die Zeit kann für verschiedene Tätigkeiten genutzt werden, etwa auch dazu, den Nachtpferch zu versetzen. Bevor sich die Herde erneut von selbst zu zerstreuen beginnt, geht es dann weiter zur nächsten Fläche und abends, wenn die Tiere satt sind, schließlich wieder in den Nachtpferch. Der Hirte erfüllt dabei zwei wichtige Aufgaben: Er hütet die Tiere satt und sorgt zugleich für eine gezielte Beweidung des gesamten Gebietes. Aber bis das alles so läuft, ist es ein weiter Weg und eine große Herausforderung für die Kompetenz des Hirten.

Behütete Herden und verbesserte Weiden

Neben dem Schutz vor möglichen Raubtierangriffen, den ein anwesender Hirte verkörpert, bringt diese Form der Beweidung noch weitere Vorteile, die gar nichts mit Herdenschutz zu tun haben. Durch das Lenken der Herde zu den einzelnen Almbereichen werden alle Flächen gleichermaßen und gezielt bestoßen. Anders, als wenn die Tiere sich völlig frei bewegen, kommt es weder zu einer Über- noch zu einer Unternutzung bestimmter Flächen. Diese optimierte Beweidung wirkt sich positiv auf die Vegetation aus und verbessert somit langfristig die Futterqualität der gesamten Alm. Hinzu kommt die bessere Betreuung der Tiere während der gesamten Almzeit. Der Hirte erkennt erkrankte Tiere, schwache Lämmer und andere Probleme der Herde und kann gezielt eingreifen und behandeln. Auf diese Weise ist die Herde insgesamt besser versorgt und das Risiko für Ausfälle sinkt.

Hier muss gesagt werden, dass die Tiere gerade in der Eingewöhnungsphase und durch das Einpferchen und Treiben höheren Belastungen ausgesetzt sind als bei der freien Almhaltung. Deshalb ist eine optimale Gesundheitsvorsorge von Seiten der Tierhalter notwendig. Es dürfen nur gesunde Tiere ohne Vorbelastung durch Parasiten oder Klauenprobleme auf die Almen getrieben werden. Das ist bei der Behirtung und gezielten Beweidung von größter Bedeutung. Die Anforderungen an die Tiergesundheit sind dabei höher, weil der Herdendruck durch den engeren Tierkontakt größer ist. Auch bei der Zusammenstellung der Herde ist eine gewisse Anpassung an die Behirtung notwendig. Es hat sich gezeigt, dass sich Mutterschafe mit zu jungen Lämmern nicht gut hüten lassen, wenn die Lämmer mit der restlichen Herde nicht Schritt halten können. Eine Herde mit zu jungen Lämmern ist nicht zu behirten, das muss bereits bei der Geburtenplanung am Heimbetrieb berücksichtigt werden. Darüber hinaus hat die Behirtung für die Auftreiber noch weitere Vorteile. Neben der besseren Betreuung während der Alpung geht der Abtrieb schneller, da die Schafe nicht erst im gesamten Gebiet gesucht und zusammengetrieben werden müssen. Der erhöhte Aufwand, der durch die Behirtung entsteht, kann sich also nicht nur mit Blick auf den Herdenschutz, sondern auch aus Sicht der Weidewirtschaft und Tiergesundheit lohnen. Das Problem des Hirtenmangels bleibt allerdings bestehen und vorerst ungelöst. Der Anteil der Nebenerwerbsbetriebe steigt. Gerade diese sind großteils bereits an der Grenze ihrer Arbeitskapazität angelangt. Herdenschutz verursacht aber enormen Aufwand, besonders auf der Alm – und der ist vor allem von diesen Betrieben nicht mehr zu bewältigen. Das kann nicht von den Landwirten alleine abgedeckt werden. Meist ist Arbeitskraft auf den Höfen schlicht nicht vorhanden. Das betrifft auch die Frage nach der Behirtung. Hirten sind in ganz Österreich schlichtweg nicht verfügbar – und schon gar nicht innerhalb eines Betriebes. Es gibt zwar vereinzelte Kurse für Almpersonal, diese beziehen sich aber vorwiegend auf Rinderalmen bzw. die Sennerei und nicht auf die gezielte Herdenführung mithilfe von Hütehunden. Und selbst wenn ein fachlich geeigneter Hirte gefunden wird, bringt die korrekte Anstellung jeden landwirtschaftlichen Betrieb an seine Grenzen. Hier gelten die Bestimmungen des Arbeitsrechts bezüglich Freizeit, Pausen und dergleichen, die bei einem Almeinsatz über mehrere Monate, sieben Tage die Woche, kaum einzuhalten sind.

Herdenschutzhunde – der integrierte Herdenschutz

Ob es reicht, in einem Gebiet einen Hirten abzustellen, oder ob auch Herdenschutzhunde nötig sind, um Schutz zu bieten, ist abhängig davon, ob es sesshafte Rudel in der Region gibt, oder ob nur mit einzelnen Raubtieren zu rechnen ist. Das ist ein riesiger Unterschied. Bei durchziehenden Wölfen oder sesshaften Einzeltieren ist

Abbildung 4: : Extensive Beweidung hält Almflächen offen und erhält eine hohe Artenvielfalt. (Foto: © Johann Georg Höllbacher)

ein anwesender Hirte bereits ein guter Schutz. Gibt es aber ein ganzes Rudel, sind Herdenschutzhunde eine mögliche Ergänzung. Je nachdem, wie groß das Rudel ist, sind mitunter auch mehrere Herdenschutzhunde notwendig. Bei einem Rudel von zehn Wölfen muss eine Herde schon mit mindestens fünf Herdenschutzhunden begleitet werden, um geschützt zu sein.

Herdenschutzhunde leben von Geburt an in der Schafherde, sind mit dieser sozialisiert und entwickeln einen starken Schutzinstinkt für die Nutztiere. Sie sind dazu da, Gefahren von außen zu erkennen, Raubtiere zu stellen und im Falle des Falles mit Nachdruck zu vertreiben. Dabei arbeiten sie im Gegensatz zu den Hütehunden nicht auf Kommando, sondern selbstständig. Die große Herausforderung beim Einsatz dieser Hunde ist die potenzielle Gefahr für Wanderer, die von ihnen ausgeht. Ein Herdenschutzhund sollte im Idealfall alle „echten" Gefahren wie Raubtiere mutig und entschlossen fernhalten und gleichzeitig keinem unbesonnenen Freizeittouristen oder dessen Hund gefährlich werden. Es ist ein Balanceakt, der in viele Rechts- und Lebensbereiche hineinragt – vom Tierschutz bis zum Tourismus.

Zwar bieten Herdenschutzhunde eine sehr gute Schutzfunktion, denn sie sind beeindruckend, wehrhaft, arbeiten selbstständig und bei jedem Wetter – allerdings ist es ein weiter Weg, bis die Hunde zu den verlässlichen Partnern der Nutztiere und des Menschen werden. Zwar liegt ihnen das Schutzverhalten und das Zusammenleben mit den Nutztieren in den Genen, und sie lassen sich gut sozialisieren, trotzdem brauchen die Junghunde einen verantwortungsbewussten Halter, der die Hunde für ihre spätere Aufgabe vorbereitet. Als Betriebsführer muss man bei Verhaltensmängeln eingreifen, sich den Hunden auch außerhalb der Weidezeit widmen, sich um sie kümmern. Das ist ein zusätzlicher zeitlicher Aufwand, der nicht zu unterschätzen ist. Nicht viele Betriebe haben die zeitlichen und räumlichen Möglichkeiten, Herdenschutzhunde zu halten. Dabei spielt auch die Haltung außerhalb der Weidezeit am Heimbetrieb eine wichtige Rolle. Die Hunde leben das ganze Jahr über bei den Schafen. Befindet sich der Hof in Siedlungslage, kann es zu Lärmbelästigungen und anderen Konflikten kommen – sei es mit den Nachbarskatzen oder dem Briefträger. Die Hunde brauchen außerdem Beschäftigung, genug Auslauf und Aufmerksamkeit von Seiten des Besitzers, auch außerhalb der Almsaison.

Der Einsatz von Herdenschutzhunden auf Almen berührt zudem verschiedene Rechtsbereiche, die noch zu klären sind. Das beginnt etwa bei der Tatsache, dass Hunde im Freien laut Tierschutzgesetz eine Schutzhütte mit einem trockenen Liegeplatz zur Verfügung haben müssen – beim Herdenschutz auf einer Alm ist das nicht möglich. Außerdem gilt eine allgemeine Leinenpflicht – auch diese ist im Einsatz nicht praktikabel. So gilt etwa ein Herdenschutzhund, der einen Wolf verfolgt, nach geltender Rechtslage als „wildernder" Hund, der von Jagdausübungsberechtigten geschossen werden darf bzw. soll. Hinzu kommen wichtige offene Fragen, die die Tierhalterhaftung betreffen.

Alle müssen hinter dem Herdenschutz stehen

Die Grenzen des Herdenschutzes liegen in den begrenzten materiellen und arbeitszeitlichen Möglichkeiten der Landwirte. Kein Bauer kann all seine Weiden auf eigene Kosten einzäunen, aufrüsten, Hirten einstellen oder Herdenschutzhunde halten. Die Gesellschaft muss diesen Zusatzaufwand übernehmen. Schließlich sind sowohl der Fortbestand der Weidetierhaltung, als auch die Rückkehr der Großraubtiere von öffentlichem Interesse. Um beides zu ermöglichen, müssen die Tierhalter jede erdenkliche Unterstützung bekommen, um Herdenschutz betreiben zu können. Die EU-Kommission hat kürzlich die Weichen für diese umfassende Unterstützung gestellt und die sogenannte „Deminimis-Regelung" für den Bereich Herdenschutz außer Kraft gesetzt. Das heißt, die Nationalstaaten hätten die Möglichkeit, Herdenschutz zu 100 % zu unterstützen.

Abbildung 5: Wanderer können mit Herdenschutzhunden in Konflikt geraten. (Foto: © Johann Georg Höllbacher)

Nehmen wir also an, wir verfügten über bestens ausgebildete Herdenschutzhunde, fänden ausreichend viele gute Hirten und all diese Kosten würden von öffentlicher Hand getragen, so bliebe immer noch ein entscheidender Faktor, der über den Erfolg und Misserfolg von Herdenschutz entscheidet: die Akzeptanz der Bevölkerung. Der Freizeitnutzer akzeptiert Hindernisse nur schlecht, er ist es gewohnt, sich völlig frei in der Natur und auf Almen bewegen zu können. Begegnet er jetzt einem Herdenschutzzaun, der gut bestromt und hoch ist, oder einem bedrohlich bellenden Schutzhund, wird das im ersten Moment für Unmut sorgen.

Deshalb muss unbedingt Aufklärungsarbeit betrieben werden. Das reicht vom richtigen Verhalten gegenüber Herdenschutzhunden bis zur Bereitschaft, einmal von einem Wanderweg abzuweichen, wenn es ein neuer Zaun nötig machen sollte. Wesentlich ist, dass sich die Öffentlichkeit von vorneherein mit dem Thema Rückkehr der großen Beutegreifer auseinandersetzt, damit vom Einheimischen bis zum Wanderer jeder versteht, warum Herdenschutzmaßnahmen notwendig sind. Die Auseinandersetzung muss in allen Bereichen passieren, insbesondere in der

Landwirtschaft, in den Gemeinden und im Bereich Tourismus – alle müssen sich zusammensetzen und darüber reden, wie man Herdenschutz gemeinsam gestalten kann. Denn eines ist klar: Herdenschutzmaßnahmen sind Hindernisse, nicht nur für den Wolf, sondern für uns alle. Wir sind es gewohnt, uns in der Natur völlig frei zu bewegen. Deshalb muss man die Bevölkerung darauf aufmerksam machen, warum Zäune und dergleichen notwendig sind. Es muss ein Einvernehmen darüber herrschen, worum es dabei wirklich geht: um den Fortbestand der Weidetierhaltung. Es braucht das Verständnis von allen Seiten, dass die Nutztierhaltung im Freiland und die damit verbundene Pflege der Kulturlandschaft, die wir uns alle wünschen, nur dann möglich ist, wenn es auch Herdenschutzmaßnahmen gibt. Und es braucht auch das Bewusstsein, dass diese Dinge etwas kosten, dass das finanziert werden muss und dass jeder, der sich in der Natur draußen bewegt, auch eine Verantwortung trägt.

Autor:

Johann Georg Höllbacher, Projektleiter der Nationalen Beratungsstelle Herdenschutz sowie Obmann des Österreichischen Bundesverbandes für Schafe und Ziegen, Dresdner Straße 89/19, 1200 Wien

Der Wolf hat zugeschlagen. Was tun?

Georg Rauer

Risse von Nutztieren durch Wölfe werden in allen österreichischen Bundesländern entschädigt. Die Regelungen sind durchaus unterschiedlich, eine Begutachtung der Risse ist jedoch überall die Basis der Entscheidung, ob der Wolf als Verursacher anerkannt und Geld ausbezahlt wird. Weidetiere können auch von anderen Tieren wie Hunden oder, wenn kleine Schafe betroffen sind, von Füchsen gerissen werden. Es kann auch vorkommen, dass Nutztiere abstürzen oder verenden und dann von Aasfressern angefressen werden.

Für die Behörden ist die Überprüfung von Meldungen aus zwei Gründen von Bedeutung. Sie stellt sicher, dass Finanzmittel dafür eingesetzt werden, wofür sie vorgesehen sind, und sie schafft eine verlässliche Datenbasis zur Frage, welches Risiko für Weidetiere von Wölfen ausgeht und was diese tatsächlich reißen. Für den Tierbesitzer verhindert eine sorgfältige Rissbeurteilung im Falle eines Wolfsrisses unnötige Diskussionen im Ablauf der Schadensabgeltung.

Abbildung 1: Die Beute wird durch gezielte Bisse im Kehlbereich getötet. (Foto © Georg Rauer)

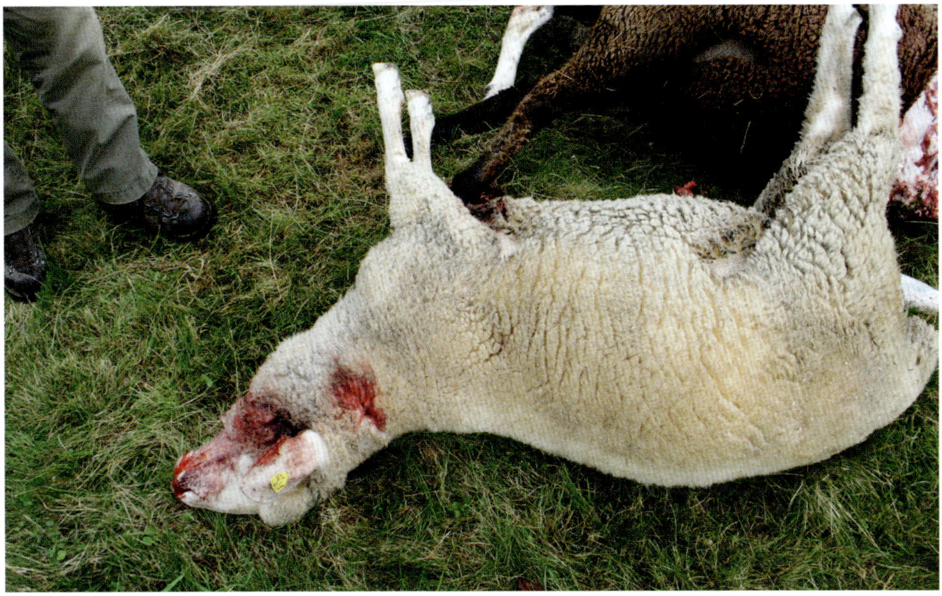

Meldung

Im Falle des Verdachts auf einen Wolfsriss ist dieser umgehend an die zuständige Stelle zu melden (Liste für Österreich am Ende des Artikels). Derzeit ist es noch etwas unübersichtlich, wo die Meldung gemacht werden kann. In Zukunft wird es in jedem Bundesland eine Telefonnummer geben, die auch am Wochenende Anrufe entgegennimmt und die nötigen Schritte einleitet.

Hilfreich ist es, von den Rissen beim Auffinden Fotos zu machen. Diese dokumentieren die Auffindesituation und ermöglichen dem verständigten Rissbegutachter eine erste Einschätzung. Grundsätzlich ist es von Vorteil, wenn der Kadaver an Ort und Stelle belassen wird und die Begutachtung wirklich vor Ort stattfinden kann. In diesem Fall sind Vorkehrungen zu treffen, dass der Kadaver vor Aasfressern und heftigen Witterungseinflüssen wie intensiver Sonneneinstrahlung oder starkem Regen geschützt wird. Besteht die Gefahr, dass der Kadaver ungünstigen Veränderungen unterworfen wird, kann er geborgen und an einem kühlen und sicheren Ort gelagert werden. Das wird z. B. im Sommer die bessere Variante sein, wenn hohe Temperaturen zu schneller Verwesung führen. Wenn möglich, sollte der Kadaver nur mit Einweghandschuhen berührt werden, um eine Kontamination möglicher DNA-Probennahmestellen zu vermeiden. In jedem Fall ist darauf zu achten, dass kein begleitender Hund am Kadaver DNA-Spuren hinterlässt und damit die Analyse der Speichelspuren des ursprünglichen Angreifers gefährdet.

Rissbegutachter

Aufgabe des Rissbegutachters ist in erster Linie die ordentliche Dokumentation des Risses. Die Beurteilung erfolgt später in Abstimmung mit ausgewählten erfahrenen Personen und, wenn DNA-Proben genommen wurden, nach Vorliegen der Analyseergebnisse. Der Rissbegutachter sucht zuerst nach Bisswunden, die dem Opfer zu Lebzeiten zugefügt worden sind. Diese sind am aussagekräftigsten. Wichtige Parameter zur Eingrenzung des Angreifers sind, wo Bisse am Körper zu finden sind, ob die Zähne die Haut durchdrungen haben, Größe und Abstand der durch die Zähne entstandenen Löcher, die Intensität der Blutergüsse und Gewebszerreißungen. Weitere Erhebungen betreffen die Frage, auf welche Art und in welchem Ausmaß der Kadaver angefressen wurde. Wurden Körperteile abgetrennt, Pansen und Darm gefressen, Knochen sauber abgenagt bzw. größere Knochen durchbissen? Allein anhand von Fraßspuren Rückschlüsse auf den Verursacher des Risses zu ziehen, ist jedoch schwierig, besonders weil Aasfresser schon am Kadaver gewesen sein können.

Der Vorteil einer Rissbegutachtung vor Ort liegt auch darin, dass nach Hinweisen im Umfeld des Kadavers (z. B. Kampf-, Schleif- oder Blutspuren, Haare, Fellreste, Fährten oder Kot) Ausschau gehalten werden kann. Im Gegensatz zu Bären hinterlassen Wölfe nur selten Haare oder Kot in der Umgebung von Rissen. Am ehesten findet man Schleifspuren oder Trittsiegel, allerdings schränkt bei Letzteren die Schwierigkeit der sicheren Unterscheidung von Wolfs- und Hundespuren die Brauchbarkeit ein.

DNA-Proben

Zur Unterstützung und Absicherung der Abklärung werden in der Regel Abstrichproben vom Kadaver genommen, um DNA-Spuren, die der Angreifer mit seinem Speichel am Riss hinterlassen hat, zu sichern. Am besten geeignet für die Probennahme sind wiederum jene Bissstellen, die dem Tier im Zuge des Angriffs zugefügt worden sind. Beim Zubeißen rinnt reichlich Speichel ins Fell des Beutetiers. Dieser kann aufgenommen werden, indem man mit einem Wattestäbchen rund um die Bisslöcher durchs Fell fährt. Fraßspuren sind weniger gut geeignet, weil dort weniger Speichelreste zurückbleiben und diese stärker durch Blut und Gewebs-

Abbildung 2: Bisse im Kehlbereich: Von außen sind wenige große Löcher zu erkennen. (Foto © Georg Rauer)

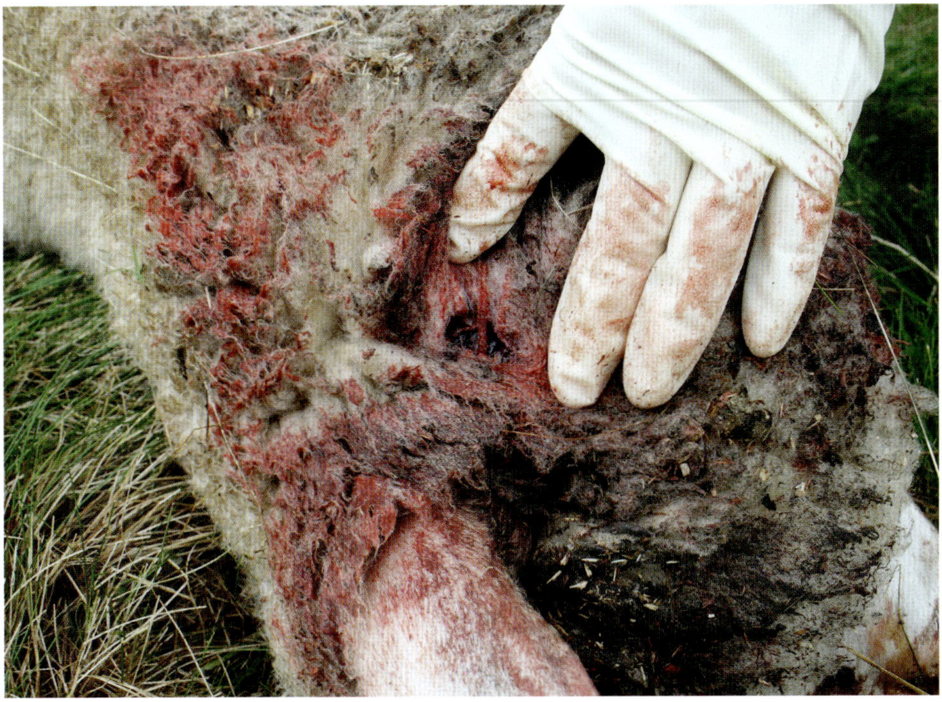

flüssigkeit des angefressenen Tiers verdünnt werden. Am ehesten funktionieren Proben von der durchbissenen Haut am Rand der angefressenen Bereiche oder von abgenagten bzw. durchbissenen Knochen. Ein weiterer Nachteil der DNA-Proben von Fraßspuren ist, dass sich auch schon nachnutzende Aasfresser eingefunden und DNA-Spuren des Erstnutzers vernichtet haben können. Wichtig ist, dass die Wattestäbchen nach der Probennahme gut trocknen und bis zur Analyse trocken bleiben. Im trockenen Zustand werden Zersetzungsprozesse hintangehalten und die DNA ausreichend konserviert. Rissbegutachter verwenden vorzugsweise professionelle Probenröhrchen aus der Kriminalistik, bei denen das Wattestäbchen nach der Probennahme in eine mit Trocknungsmaterial ausgekleidete Hülle gesteckt wird. Normale Wattestäbchen für den Hausgebrauch erfüllen den Zweck ebenso, müssen aber nach der Probennahme an einem luftigen Ort getrocknet und einzeln in Papierkuverts aufbewahrt werden.

Abbildung 3: Bisse im Kehlbereich. Nach Abziehen der Haut sind massive Blutergüsse zu erkennen, der Kehlbereich ist beschädigt. (Foto © Georg Rauer)

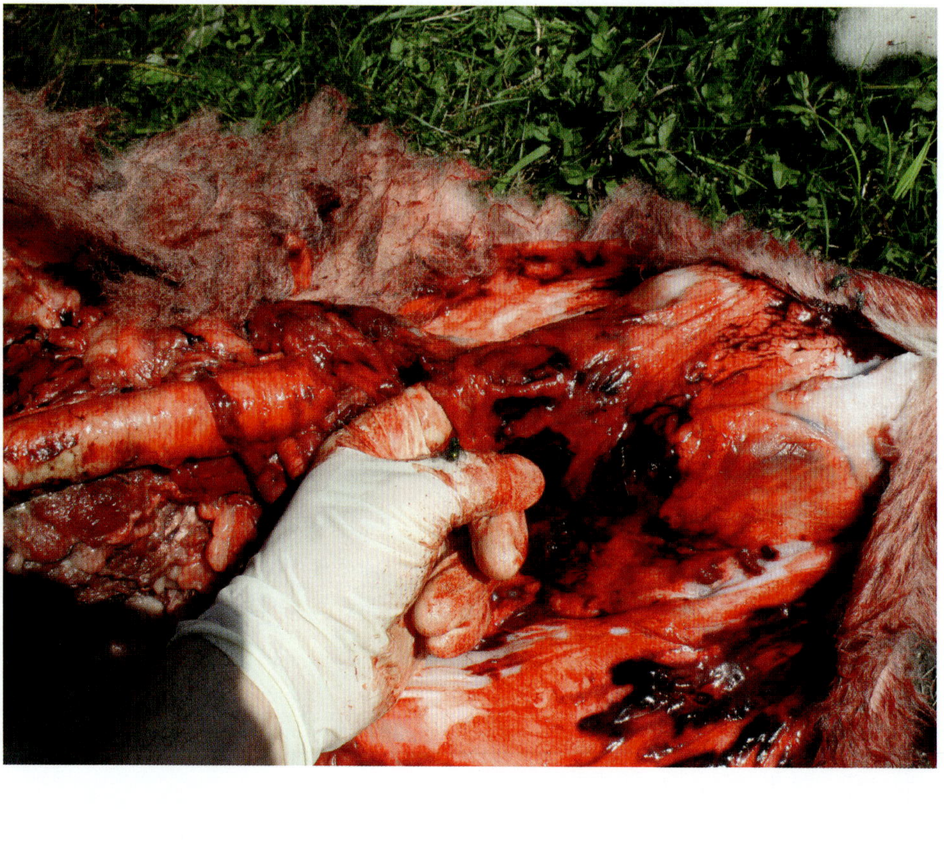

Entschädigung

DNA-Proben sind ein wertvolles Hilfsmittel bei der Rissbeurteilung, aber nicht allein entscheidend. Sie können die sorgfältige Aufnahme der Spuren am Kadaver und in seiner Umgebung nicht ersetzen. Der Beistand der DNA-Analysen kann auch ausfallen, z. B. wenn der Kadaver in einem derartigen Zustand ist, dass eine Probennahme keine Aussicht auf Erfolg hat, oder die Analyse kein schlüssiges Ergebnis erbringt. Die Beurteilung erfolgt letztendlich auf Grundlage aller zur Verfügung stehender Hinweise. Rissbeurteilung beruht auf Indizien. Diese können mehr oder weniger eindeutig sein. Dementsprechend sicher oder unsicher wird die Beurteilung ausfallen. Die Rissbeurteilung ist eine fachliche Angelegenheit, sie liefert die Grundlage für die Entscheidung, ob der entstandene Schaden abgegolten wird. Die endgültige Entscheidung jedoch, ob eine Entschädigung bezahlt wird, trifft nicht der Rissbegutachter, denn hier kommt eine politische Komponente dazu. Wie sicher der Wolf als Täter überführt sein muss – die Palette reicht von „sicher erwiesen" bis „kann nicht ausgeschlossen werden" –, damit eine Entschädigung ausbezahlt werden kann, ist eine politische Ermessensfrage. Ebenso die Frage, ob und unter welchen Bedingungen abgängige bzw. abgestürzte Weidetiere ersetzt werden. In einigen österreichischen Bundesländern ist bei diesen „indirekten Schäden" eine Entschädigung vorgesehen, wenn innerhalb eines festgelegten Umkreises bereits Wolfsrisse oder zumindest Wolfsanwesenheit bestätigt worden sind. Das Auseinanderhalten von Rissgutachten und Entschädigungszahlung ist auch in Hinblick auf das Monitoring wichtig. Die Anerkennung als Wolfsriss für die Schadensabgeltung macht eine unentschiedene Rissbeurteilung nicht zum Wolfsnachweis. Die Klassifizierung eines Risses als „unbestätigten Hinweis" im Monitoring ist wiederum kein Ausschließungsgrund, einen Nutztierriss als Wolfsriss zu entschädigen.

Wildtierrisse durch den Wolf sind für das Bestands-Monitoring genauso interessant wie Nutztierrisse, der Aspekt einer möglichen Entschädigung fällt jedoch weg. Aufgrund der beschränkten personellen und finanziellen Ressourcen für die Rissbegutachtung ist es nicht möglich, Wildtierkadaverfunde, bei denen ein Wolfsriss vermutet wird, mit demselben Einsatz zu verfolgen, wie in Fällen von Nutztierrissen. Umso wichtiger ist eine aussagekräftige Erstdokumentation durch den Finder bzw. Melder mit Übersichts- und Detail-Fotos aus mehreren Blickwinkeln, um einschätzen zu können, wie wolfsrissverdächtig der aufgefundene Kadaver tatsächlich ist und ob eine Erhebung vor Ort wünschenswert bzw. erfolgversprechend ist.

Rissmeldestellen/Rissbegutachter in Österreich

Niederösterreich:
Meldestelle des Landes: +43 2742 9005 9100 (Wildtierhotline)
oder wildtier@noel.gv.at
Amtstierärzte (nur Nutztierrisse)

Oberösterreich:
Regionale Wolfsbeauftragte, genauere Informationen unter
www.land-oberoesterreich.gv.at/wolfsinfo.htm

Steiermark:
Bezirksverwaltungsbehörden (Rissbegutachter)

Salzburg:
Wolfsbeauftragter des Landes Hubert Stock,
+43 664 4406454,
hubert.stock@salzburg.gv.at
Bezirksbauernkammern

Kärnten:
Landeswildökologe Mag. Roman Kirnbauer,
+43 50 536 11416,
+43 664 8053611416,
roman.kirnbauer@ktn.gv.at

Tirol:
Dr. Martin Janovsky, Landesveterinärdirektion,
+43 512 508 3247,
martin.janovsky@tirol.gv.at
Abteilung Landwirtschaftliches Schulwesen, Jagd und Fischerei,
+43 512 508 2542

Vorarlberg:
Landeswildökologe DI Hubert Schatz,
Tel. +43 664 6255311,
hubert.schatz@vorarlberg.at
Diensthabender Amtstierarzt (nur Nutztierrisse)

Umgang mit Wolfsrissen in anderen Ländern

Entschädigung von Nutztierrissen durch Wölfe ist gängige Praxis in allen Ländern Mitteleuropas. Das Personal für die Rissbegutachtung wird je nach Struktur der Verwaltung aus Diensten der Jagd- und Forstaufsicht rekrutiert (z. B. Wildhut in der Schweiz, Carabinieri forestali in Italien) oder es werden Freiwillige angeworben, die Risse für behördliche Gutachter dokumentieren (z. B. Wolfsberater in Deutschland). Ebenfalls unterschiedlich gehandhabt wird, wann eine Täterschaft des Wolfs als erwiesen gilt und in welcher Höhe und von welcher Verwaltungsebene der öffentlichen Hand Vergütungen ausbezahlt werden. Vor allem in Ländern, wo Wölfe wieder neu auftreten, ist Schadenersatz daran gebunden, dass die betroffene Herde durch ein definiertes Mindestmaß an Präventionsmaßnahmen geschützt war; Anschaffung und Betreiben der Präventionsmaßnahmen wird durch Förderprogramme unterstützt. In östlichen Ländern mit durchgehendem Wolfsvorkommen (Polen, Slowakei) gibt es keine staatlichen Förderprogramme für Herdenschutz. Die mit der Zunahme des Wolfsvorkommens in Österreich sukzessive

Abbildung 4: Der Kadaver wird gerne im Bereich von Brust und Bauch geöffnet, Pansen und Darm jedoch nicht gefressen. (Foto © Georg Rauer)

aufgegebene Gepflogenheit, dass Landesjagdverbände eine Versicherung für die Schadensabgeltung finanzieren, war ein Unikum in Europa. Selbst in der Slowakei, dem einzigen Nachbarland, in dem Wölfe regulär bejagt werden dürfen, werden Wolfsrisse vom Staat entschädigt.

Abbildung 5: Wenn mehrere Wölfe beteiligt sind, kann ein Riss fast zur Gänze genutzt werden. (Foto © Georg Rauer)

Autor:

Dr. Georg Rauer, Wolfsbeauftragter der Koordinierungsstelle für den Braunbären, Luchs und Wolf (KOST), Forschungsinstitut für Wildtierkunde und Ökologie an der Veterinärmedizinischen Universität Wien, Savoyenstr. 1, 1160 Wien

Der Wolf in Mitteleuropa: Ist eine Koexistenz möglich?

Klaus Hackländer

Der Wolf war in Europa nie verschwunden und breitet sich nun in viele Länder aus. Überall dort, wo der Wolf Rudel etabliert und neue Teilpopulationen der europäischen Gesamtpopulation aufbaut, entstehen neue Rahmenbedingungen für den Umgang des Menschen mit der Natur bzw. für die Nutzungsmöglichkeiten unserer Kulturlandschaft. Gleich vorweg: Wir werden uns anpassen müssen, in Bezug auf unser Freizeitverhalten, in Hinsicht auf die Nutztierhaltung, und auch die jagdliche Bewirtschaftung der Schalenwildbestände wird in Zukunft anders gestaltet werden. Der viel gescholtene Spruch „Wir müssen wieder lernen, mit dem Wolf zu leben!" zeigt aber nur eine Seite der Medaille. Auch der Wolf muss lernen, mit dem Menschen in einer intensiv genutzten Kulturlandschaft zu leben. Wir werden dem Wolf nicht überall und grenzenlos eine Existenzberechtigung zubilligen können. Und ja, wir müssen auch Wölfe in geregeltem Umfang bejagen, um Konflikte zu minimieren und den Wolf auf Distanz zu halten. Dass eine Koexistenz zwischen *Homo sapiens* und *Canis lupus* möglich ist, beweisen jene Gebiete Europas, in denen der Wolf nicht ausgerottet wurde.

Abbildung 1: Der Wolf ist im Alpenraum wieder Realität. (Foto © Heinz-Dietrich Hubatsch)

Von den Nachbarn lernen?

Der Vergleich mit diesen Regionen hinkt etwas, denn die dort herrschenden Bedingungen sind nicht ohne Weiteres auf Mitteleuropa übertragbar, weil die Intensität der Landnutzung und die Bevölkerungsdichte nicht mit jener in Mitteleuropa vergleichbar sind. Die Landwirtschaft ist vielfach von Subsistenzwirtschaft geprägt oder erfolgt im Nebenerwerb. Das ist in unserer globalisierten Welt kein Zukunftsmodell, auch wenn man das bedauern mag. Bereist man Länder entlang des Karpatenbogens, im Dinarischen Gebirge oder auf der Iberischen Halbinsel, fällt auf, dass die Nutztierhaltung in Bezug auf die Großvieheinheiten pro Fläche eher extensiv geführt wird, die Betreuung der Herden aber vergleichsweise intensiv betrieben wird. Schafe und Ziegen werden morgens aus den Siedlungen in Begleitung von Schäfern mit Hilfe von Hütehunden auf die Weiden getrieben und trotten abends satt zu ihrem Stall zurück. Abgelegene Weiden werden mit Rindern bestoßen, die permanent von großen Herdenschutzhunden bewacht werden. Wir haben uns in Mitteleuropa von dieser Form der Nutztierhaltung entfernt, weil sie ohne Wolfspräsenz schlicht und einfach nicht mehr notwendig war. In der Folge haben wir hohe Nutztierdichten aufgebaut, die mehr oder weniger ungeschützt sind und nun für Wölfe ein wahrlich gefundenes Fressen darstellen. Was bedeutet das für unsere Landwirte? Die Arbeitskosten sind bei uns zu hoch, um zu diesen ursprünglichen Haltungsformen zurückzukehren. Die Familienstrukturen der bäuerlichen Betriebe haben sich auch geändert, und so stehen für die Behirtung weder Kinder noch Großeltern als billige Arbeitskräfte zur Verfügung.

Wenn wir weiterhin gepflegte Almen und Weideland erhalten wollen, dann brauchen Nutztierhalter die Unterstützung der Gesellschaft. Der Staat muss Steuermittel aufwenden, um die Mehrkosten einer intensiveren Betreuung der Nutztiere zu finanzieren. Natürlich bedarf es auch weiterhin einer regen Nachfrage nach biologisch erzeugten Nahrungsmitteln aus der Region. Die Kunden müssen bereit sein, auch mehr für Milch- und Fleischprodukte zu bezahlen. Solange aber der Preis mehr wiegt als die Produktionsbedingungen, ist davon auszugehen, dass wir in Zukunft weniger Nutztiere in Freilandhaltung auf unseren Weiden und Almen sehen werden. Lammfleisch ist in bester Qualität und zu einem unschlagbaren Preis schon jetzt aus Neuseeland zu beziehen. Rindfleisch importieren wir aus Massentierhaltung in Südamerika und Schweinefleisch aus Osteuropa und Asien. Wollen wir das? Die Antwort liegt alleine beim Konsumenten. Wie wichtig werden Regionalität, Tierwohl und Umweltschutz sein? Sind wir bereit, tierische Lebensmittel aus fernen Regionen zu importieren, bei denen wir uns nicht sicher sein können, unter welchen Bedingungen Nutztiere dort gehalten werden? Da wir uns nicht vom globalen Markt abschotten können, bleibt die Verantwortung der Erhaltung unserer Nutztierhaltung letztendlich in den Händen der Kunden. Auch ohne Wolfspräsenz geben immer mehr Betriebe ihre Nutztierhaltung auf. Es findet also schon jetzt ein Strukturwandel statt, und der Wolf bringt das Fass für viele zum Überlaufen. „Kommt der Wolf, geht der Bauer!“ ist also eine dringliche Warnung, die dem Wolf nicht die Alleinschuld gibt, aber eindrucksvoll dokumentiert, unter welchen existenziellen Bedrohungen viele der bäuerlichen Familienbetriebe jetzt schon stehen.

Selbst wenn der Staat mit kräftigen Finanzspritzen den Nutztierhaltern Förderungen für Präventivmaßnahmen zuschießen würde, ist es mehr als fraglich, ob man mit Geld den notwendig gewordenen Systemwechsel in der Landwirtschaft herbeiführen kann. Vielleicht entblößt der Wolf auch das eigentliche Problem in unserer Kulturlandschaft. Haben wir für unser Ökosystem und unsere Umwelt nicht auch einfach zu viele Nutztiere auf der Fläche? Oder anders gefragt: Ist unser immenser Konsum von Milchprodukten und Fleisch wirklich gut für uns und unsere Landschaft?

Landschaft im Wandel

Die Konsequenz einer ausbleibenden Unterstützung der bäuerlichen Betriebe mit Weidehaltung ist die Auflassung von Weideland mit nachfolgender Verbuschung bzw. Verwaldung im alpinen Gelände. Im Flachland wird Weideland in Wiesen umfunktioniert, und das dort produzierte Gras bzw. Heu dient den dann im Stall lebenden Nutztieren als Futter. Je nach klimatischer Situation wird aus den Weiden auch Ackerland. Das Landschaftsbild ändert sich also sukzessive. Das ist an sich keine Katastrophe, weder aus naturschutzfachlicher noch aus touristischer Sicht. Die entsprechenden Kapitel in diesem Buch zeigen dies eindrucksvoll. Unsere Almen und extensiv genutzten Weiden sind zwar reich an Biodiversität, stellen aber letztendlich eine künstliche Landschaft dar, die der Mensch durch die Rodung von Wäldern geschaffen hat. Und die repräsentative Umfrage unter österreichischen Wanderern und Mountainbikern zeigt, dass ein höherer Waldanteil als akzeptabel angesehen wird. Bedeutet Wald nicht auch frische Luft und kühlendes Mikroklima in Zeiten globaler Erwärmung? Der Aufschrei über diese beiden Kapitel ist groß, weil sie vielen nicht ins Bild passen. Aber es ist auch nur ein Abbild der momentanen Situation, das keinen Anspruch auf immerwährende und allgemeine Gültigkeit hat. Es besteht kein Zweifel daran, dass sich die Einstellung der Erholungssuchenden ändern wird, wenn Wölfe tatsächlich im Urlaubsgebiet regelmäßig vorkommen und Nutztiere gerissen werden. Einstellungen der Menschen sind eben kontextabhängig und daher auch unmittelbar veränderbar. Interessant wäre zu wissen, wie die Mehrheit der im alpinen Gelände Österreichs Erholung su-

Abbildung 2: Unsere Kulturlandschaft ist auch durch die Nutztierhaltung geprägt. (Foto © August Bittermann/LK Niederösterreich)

chenden Menschen, nämlich Deutsche, mit den Fragen von Ulrike Pröbstl-Haider und Kollegen umgegangen wären.

Betrachtet man die Landschaft im Laufe der Jahrhunderte, stellt man fest, dass diese, so wie wir sie kennen und wie sie uns geprägt hat, in der Vergangenheit gänzlich anders aussah. Vor nicht allzu langer Zeit wurde der Wald extrem zurückgedrängt, um Futter für das Vieh und Nahrung für den Menschen zu erzeugen. Jetzt schlägt das Pendel in eine andere Richtung aus. Die junge Generation wächst mit einer waldreichen Landschaft mit Mais und Windkrafträdern auf. Was als prägende Landschaft wirkt, entscheidet letztendlich die Land- und Forstwirtschaft gemeinsam mit der Energiewirtschaft. Nicht der Wolf!

Effektiver Herdenschutz

Herdenschutz funktioniert, aber er ist teuer und funktioniert nicht überall. Und eine 100%ige Garantie, dass dadurch Übergriffe von Wölfen auf Nutztiere verhindert werden können, ist fern der Realität. Immer wieder kommt es vor, dass Wolfsrudel Herdenschutzhunde überlisten, Zäune untergraben oder einfach überspringen. Diese Erkenntnis aus den entsprechenden Kapiteln aus diesem Buch zeigt, dass es wichtig ist, Pauschalurteile beiseitezulegen. Es bringt nichts, kategorisch Herdenschutzmaßnahmen im alpinen Gelände als unmöglich abzustempeln. Es ist aber auch unverantwortlich, Vorzeigemodelle des Herdenschutzes als Vorbild für andere Regionen zu verherrlichen. Wichtig wird sein, die technischen und wirtschaftlichen Möglichkeiten lokal zu analysieren. Nicht alles, was technisch möglich ist, ist auch ökonomisch sinnvoll. Und wir müssen auch im Auge behalten, welche zusätzlichen Auswirkungen Herdenschutzmaßnahmen auf den Tourismus und unsere Wildtiere haben. Mobile Elektrozäune können zwar Herden zusammenhalten und Übergriffe durch Wölfe verhindern, aber sie stellen auch Barrieren für Wanderer oder Wildtiere dar. Das Offenland bietet gerade für Schalenwildarten wichtige Äsungsflächen, die durch Zäunungen temporär verloren gehen. Ganz abgesehen davon, dass sich Wildtiere in den flexiblen Zäunen auch verfangen können, sich schwer verletzen oder gar sterben. Tierschutz für Nutztiere darf nicht auf dem Rücken von wildlebenden Pflanzenfressern ausgetragen werden. Herdenschutzhunde, die die Herde im Nachtpferch gegen Wölfe sichern, stellen für Erholungssuchende und Wildtiere ebenfalls eine Gefahr da. Wenn schon Wanderer in den Alpen durch Rinder zu Schaden kommen, wie soll das dann erst bei Herdenschutzhunden sein? Wanderer müssen über diese Herdenschutzmaßnahmen informiert werden, doch wie allgemeingültig können Piktogramme sein oder in wie vielen Sprachen sollen Warnhinweise angebracht werden? Der Sommertourismus gewinnt gerade im alpinen Gelände wieder an Bedeutung, womit Konflikte zwischen Menschen und Herdenschutzmaßnamen nicht weniger werden. Für den Menschen ist das eine Sache der Aufklärung, Bewusstseinsbildung und Gewöhnung. Es wird eine Zeit brauchen, bis sich die Wanderer, Mountainbiker und Geocacher darauf eingestellt haben. Aber wie schaut es mit den Wildtieren aus? Wir müssen zwangsläufig davon ausgehen, dass Schalenwild, aber auch Hasen oder Raufußhühner an Lebensraum bzw. Lebensraumqualität verlieren werden, wenn wir die vielen Nutztiere im Freiland vor Wölfen schützen wollen.

Auswirkungen für Wild und Jagd

Immer wieder kommen wir bei Fragen des Wildtiermanagements darauf zurück, dass wir in einer Kulturlandschaft leben. Das Miteinander zwischen Mensch und Wildtieren bedarf eines abgestimmten Managements. Einige Wildtiere haben durch die menschlichen Aktivitäten an Lebensraum verloren. Diesen Verlierern in der Kulturlandschaft müssen wir helfen und Artenschutzmaßnahmen setzen. Andere wiederum zählen zweifelsohne zu den Gewinnern in der Kulturlandschaft und müssen reguliert werden, damit Wildschäden im Grün- und Ackerland sowie im Forst auf ein verträgliches Maß eingependelt werden. Heutige Verlierer können zu zukünftigen Gewinnern werden und umgekehrt. Unsere Landnutzung entscheidet über die Lebensraumqualität für unsere Wildtiere und damit über deren

Schicksal. Zur Regulierung von Wildtieren hat sich in Mitteleuropa das System der Abschusspläne bewährt, bei dem die Behörde festlegt, wie viele Tiere maximal (z. B. Auerhühner) oder zumindest (z. B. Rotwild) durch die Jagd entnommen werden sollen. Grundsätzlich funktioniert diese Quotenregelungen gut, auch wenn es insbesondere in Revierjagdsystemen lokal aufgrund von Interessenkonflikten zwischen Jagdausübungsberechtigten und Grundeigentümern zu Abweichungen von diesem Grundsatz kommt. Durch Schwerpunktbejagungsflächen, Winterfütterungen oder gar Wintergatter hat der Mensch in den letzten Jahrzehnten das Rotwild räumlich und zeitlich lenken können. Gleichzeitig konnte durch die Überwinterungskonzepte die Lebensraumtragfähigkeit für Rotwild deutlich erhöht werden und weitaus mehr Rotwild konnte im Lebensraum verbleiben, als dieser natürlicherweise ernähren kann, ohne dass es flächendeckend zu ernsthaften Konflikten mit der Forstwirtschaft kam. Doch wir müssen uns darüber im Klaren sein, dass diese Maßnahmen allesamt technische Krücken sind, die nur dann funktionieren, wenn der Wolf nicht vorhanden ist. Sobald ein Wolf in ein Wintergatter dringt oder bei einer Winterfütterung lauert, brechen unsere naturfernen Weltbilder zusammen. Das Rotwild wechselt in wildschadensanfällige Bereiche oder

Abbildung 3: Wolfsrisse bei Schalenwild müssen im Abschussplan Berücksichtigung finden. (Foto © Karl-Heinz Volkmar)

wird eben gefressen. Jagdkonzepte mit Intervalljagdregime und Schwerpunktbejagungsflächen, die für Wild bisher ein wichtiges Element der sogenannten „Landschaft der Furcht" waren, werden durch Wölfe zunichtegemacht. Die bisherigen Jagdstrategien müssen also komplett neu überdacht werden. Überhaupt müssen Jäger einmal mehr ihre permanent geforderte Anpassungsfähigkeit unter Beweis stellen. Ansitzjagd an Kirrplätzen ist jetzt schon recht ineffizient, um Schalenwild zu reduzieren. Daher wurden in den vergangenen Jahren zusätzlich Bewegungsjagden organisiert. Werden hierbei Hunde zum Stöbern eingesetzt, können diese selbst von anwesenden Wölfen als Beute genutzt werden. Anderorts haben Wölfe, aber auch Goldschakale und Bären gelernt, den jagdlichen Büchsenknall mit einer Chance auf Beutemachen zu verbinden. Fallen Schüsse, nähern sich die großen Beutegreifer. Schließlich könnte es nicht tödlich getroffenes Wild geben oder Aufbruch anfallen.

Letztendlich führt kein Weg daran vorbei, dass wir für Wölfe in der Kulturlandschaft ein Management brauchen, so wie für andere Wildtierarten auch. Dieses Management für Wölfe muss mit den Managementkonzepten für andere Wildtiere abgestimmt sein. Ein abgestimmtes Management ermöglicht langfristig die Minimierung von Konflikten mit dem Menschen und gleichzeitig die Erhaltung einer reichen Biodiversität, bei der der Wolf Teil sein wird. Was es jedoch dazu auch braucht, ist eine räumliche Planung.

Wir brauchen eine Raumplanung für den Wolf

In Österreich wurde die Wildökologische Raumplanung (WÖRP) in drei Landesjagdgesetzen für bestimmte Wildarten festgeschrieben. Die WÖRP ist ein großräumiger Planungsansatz mit dem Ziel einer dauerhaften Eingliederung heimischer Wildtierarten in die Kulturlandschaft, und zwar in landeskulturell verträglicher Form. Somit sollen einerseits Lebensräume für Wildtierarten erhalten und gleichzeitig Wildschäden in der Land- und Forstwirtschaft vermieden werden. Für großräumig agierende Wildtierarten wie Wölfe besteht diese meist aus einer von Eigentums- und Verwaltungsgrenzen unabhängigen, landesweiten Basisplanung. Man denkt in Wildregionen und berücksichtigt artspezifische Populationsareale. Der Lebensraum wird in Kern-, Rand- und Freihaltezonen eingeteilt, und es werden Wildkorridore für den Austausch zwischen den Kernzonen gesichert. Mein Vorschlag für wolfsfreie Zonen stieß in der Vergangenheit auf heftige Kritik. Vielfach war diese darin begründet, dass man bezweifelte, ein Gebiet wirklich wolfsfrei halten zu können. Dies ist jedoch nicht das Ziel von derartigen Freihaltezonen im Sinne einer WÖRP. Vielmehr geht es darum, zu verhindern, dass sich dort Wolfsrudel etablieren können. Wölfe werden hier nicht geduldet. Durchwandernde Wölfe wird man aber auch in Freihaltezonen nie vermeiden können. Bei einer WÖRP mit Freihaltezonen spricht man von einem „Separationsmodell“, in dem Mensch und Wolf nicht überall koexistieren müssen. Grundsätzlich dient die WÖRP nicht zur erneuten Ausrottung der Wölfe, sondern zur Ermöglichung der Koexistenz. Eine Zonierung kann schließlich den Behörden ein Instrument bieten, den Schutz von Wölfen zu fördern. Es können Zonen ausgewiesen werden, in denen die Erhaltung von Wölfen vor menschlichen Interessen Vorrang hat, Zonen, in denen die Populationsdichte von Wölfen an menschliche Aktivitäten angepasst ist, einschließlich Gebieten mit geringer Dichte sowie Freihaltezonen, in denen Wölfe nicht geduldet werden. Wichtig ist, dass derartige Freihaltezonen den notwendigen genetischen Austausch zwischen den Teilpopulationen nicht behindern.

Geht nicht, gibt's nicht!

Ein derartiges Zonierungsmodell ist grundsätzlich rechtlich möglich, denn sowohl die FFH-Richtlinie als auch die Berner Konvention ermöglichen ein grenzüberschreitendes Zonierungssystem mit verschiedenen Kombinationen an Management-Möglichkeiten in den einzelnen europäischen Ländern. Das Problem liegt primär in der FFH-Richtlinie, denn die Berner Konvention regelt ihrem Wortlaut nach zwar, dass gewisse in Anhang II genannte Wildarten (wie der Wolf) streng zu schützen sind, aber im Gegensatz zur FFH-Richtlinie, die auf das „natürliche Verbreitungsgebiet“ abstellt, steht in der Berner Konvention nicht, wo dieser Schutz erfolgen soll. Solange der Wolf gemäß Berner Konvention und in vielen Ländern der EU gemäß FFH-Richtlinie streng geschützt ist, sind die Möglichkeiten für eine europaweite WÖRP oder auch eine WÖRP im Verbreitungsgebiet einer Teilpopulation (z. B. Alpen oder mitteleuropäische Tieflandpopulation) momentan eingeschränkt.

Interessant ist ja, dass es jetzt schon einige EU-Länder gibt, in denen Ausnahmen vom strengen Schutz nach der Berner Konvention festgeschrieben wurden. In diesen Ländern ist der Wolf gemäß FFH-Richtlinie im Anhang V gelistet, es sind also Managementmaßnahmen inkl. regelmäßiger Entnahme möglich. Einige fordern, dass es doch auch in Österreich oder Deutschland möglich sein muss, den Wolf von Anhang IV auf Anhang V zu schieben. Sollte der Wolf im Anhang V stehen, bedeutet dies aber noch nicht, dass man den Wolf auf ein Minimum reduzieren kann. Vielmehr ist in diesen Ländern ein Wolfsmanagement nur dann möglich, wenn der sogenannte günstige Erhaltungszustand der Wolfsbestände nicht gefährdet ist. De facto bedeutet das, dass man lediglich den Zuwachs einer stabilen Population abschöpfen darf.

Die Schutzstatus-Änderung des Wolfes wäre sowohl in der Berner Konvention als auch in der FFH-Richtlinie rechtlich möglich. In der Präambel zur FFH-Richtlinie wird sogar explizit darauf hingewiesen, dass „aufgrund des technischen und wissenschaftlichen Fortschritts eine Anpassung der Anhänge möglich sein" muss. Für die EU ist die Stellung der Berner Konvention relevant, da diese seit 2016 für die EU zwischen Primärrecht und Sekundärrecht steht. Eine ausschließliche Änderung der FFH-Richtlinie allein bringt deshalb nicht das gewünschte Ergebnis, weil z. B. eine Änderung in der FFH-Richtlinie allein zu einem Widerspruch mit der (im Vergleich zur FFH-Richtlinie als Sekundärrecht im Normenrang weiter oben angesiedelten) Berner Konvention führen würde. Anhänge zu ändern ist dahingehend schwierig, da eine Änderung sowohl in der Berner Konvention als auch in der FFH-Richtlinie erfolgen müsste. Beides benötigt relativ hohe Mehrheiten (2/3-Mehrheit der Vertragsparteien bei der Berner Konvention bzw. Einstimmigkeit des Europäischen Rates bei der FFH-Richtlinie). Nach derzeitigem Stand scheint eine Änderung von Anhängen eher unrealistisch.

Ein möglicher Ansatzpunkt zur Schaffung von Zonierungen wäre, dass für problematische Arten bzw. alle geschützten Arten die Neuschaffung eines Artikels bzw. die Anpassung des Wortlauts in Art. 12 und Art. 16 der FFH-Richtlinie, nämlich von „natürlichen Verbreitungsgebieten" auf „in ausgewiesene Schutzgebiete" erfolgt. Damit wäre der ganz strenge Schutz nur mehr in diesen dann ausgewiesenen Gebieten greifend. Rechtlich wäre eine solche Änderung möglich und voraussichtlich politisch leichter umsetzbar als eine Verschiebung innerhalb der Anhänge. Es könnte mit einer notwendigen Anpassung der (hinsichtlich des natürlichen Verbreitungsgebiets strengeren) FFH-Richtlinie im Vergleich zur (nicht auf das natürliche Verbreitungsgebiet abstellenden) Berner Konvention und dem Erfordernis einer klaren Gebietsabgrenzung, die nicht auf ein tagesaktuelles natürliches Verbreitungsgebiet abstellt, argumentiert werden.

Es bleibt also schwierig. Die rechtlichen Rahmenbedingungen schränken den momentanen Handlungsspielraum ein. Daher muss an der Überarbeitung der Berner Konvention und der FFH-Richtlinie gearbeitet werden. Dies ist eine vorrangige Aufgabe der Politik. Breitet sich der Wolf immer weiter aus und verschärfen sich die Konflikte, weil die rechtlichen Rahmenbedingungen unverändert bleiben, haben natürlich Länder wie die Schweiz die Möglichkeit, aus der Berner Konvention auszusteigen. Für EU-Länder wäre unter diesen Umständen aber auch ein EU-Austritt denkbar. Die Frage ist aber, ob uns der Wolf das wert ist. Es bleibt also auch weiterhin wichtig, an politischen Lösungen zu arbeiten und Einstimmigkeit im Europäischen Rat zu entwickeln. Auf Brüssel zu schimpfen, ist Unsinn. Wichtiger wäre, konstruktiv mit der EU-Kommission und den EU-Staaten an gemeinsamen Lösungen zu arbeiten.

Abbildung 4: Der Wolf steht in Europa unter strengem rechtlichen Schutz. (Foto © Karl-Heinz Volkmar)

Der günstige Erhaltungszustand gemäß FFH-Richtlinie

Wie schon oben erwähnt, soll laut FFH-Richtlinie für geschützte Arten ein günstiger Erhaltungszustand erreicht werden. Dieser Begriff hat in der Vergangenheit für viel Diskussionsstoff gesorgt. Wann ist dieser erreicht bzw. wie sieht es mit dem räumlichen Bezug aus? Art. 1(i) der FFH-Richtlinie definiert den günstigen Erhaltungszustand nur grob und bietet sehr viel Auslegungsspielraum. Der Erhaltungszustand einer Art wird als „die Gesamtheit der Einflüsse, die sich langfristig auf die Verbreitung und die Größe der Populationen der betreffenden Arten in dem in Art. 2 bezeichneten Gebiet auswirken können", definiert. Art. 2 wiederum legt die „Sicherung der Artenvielfalt durch die Erhaltung der natürlichen Lebensräume sowie der wildlebenden Tiere und Pflanzen im europäischen Gebiet der Mitgliedstaaten" fest. Nach Art. 1(i) ist der Erhaltungszustand „günstig", wenn (i) aufgrund der Daten über die Populationsdynamik der Art anzunehmen ist, dass diese Art ein lebensfähiges Element des natürlichen Lebensraumes, dem sie angehört, bildet und langfristig weiterhin bilden wird, (ii) das natürliche Verbreitungsgebiet dieser Art weder abnimmt noch in absehbarer Zeit vermutlich abnehmen wird und (iii) ein genügend großer Lebensraum vorhanden ist und wahrscheinlich weiterhin vorhanden sein wird, um langfristig ein Überleben der Populationen dieser Art zu sichern. Diese Festlegung in Art. 1 der FFH-Richtlinie lässt offen, wann von einem günstigen Erhaltungszustand auf nationaler Ebene auszugehen ist und welche wissenschaftlichen Nachweise dafür erforderlich sind.

Die in Europa bestehenden Teilpopulationen des Wolfes bilden biologisch gesehen eine Metapopulation, da ein genetischer Austausch über weite Distanzen möglich ist. Auf Populationsebene ist nach den Kriterien der FFH-Richtlinie der günstige Erhaltungszustand des Wolfes in Mitteleuropa damit erreicht. Wenn wir tatsächlich aus naturschutzfachlicher Sicht eine Population auf europäischer Ebene erhalten wollen, dann müssen wir grenzüberschreitend denken und uns auf biogeographische Räume oder Populationsareale beziehen. Folglich wäre es zielführender, eine klarere Definition in der FFH-Richtlinie zu schaffen, wann von einem günstigen Erhaltungszustand auf europäischer Ebene auszugehen ist. Es bedarf einer Klarstellung, dass der günstige Erhaltungszustand nicht in Bezug auf die nationale, sondern die europäische Ebene zu betrachten ist. Eine solche Änderung der FFH-Richtlinie scheint geeignet und möglich, da die bisherige Definition eine solche populationsbiologische Betrachtung zulässt bzw. von der Kommission unter Bezugnahme auf Experten der IUCN Large Carnivore Initiative for Europe akzeptiert wird (s. Linnell & Boitani). Rechtlich wäre eine solche Änderung möglich und voraussichtlich politisch leichter durchzubringen als eine Verschiebung des Wolfes zwischen den Anhängen.

Ein Blick in die Zukunft

Momentan ist die Diskussion um den Wolf vor allem durch Emotionen und Einzelmaßnahmen der politischen Entscheidungsträger geprägt. Mit der Zeit werden sich die Wölfe weiter in Europa ausbreiten und neue Rudel in Mitteleuropa bilden. Die Wolfsbestände wachsen also weiter und besiedeln die bisher wolfsfreien Gebiete. Bei einer aktuellen Populationswachstumsrate von 30–40 % wird dieser Zustand schneller erreicht sein, als so manche glauben. Auf dem Weg dorthin wird es ein Umdenken in der europäischen Naturschutzpolitik geben und der Wolf als nicht bedrohte Art (was ja schon jetzt gemäß Roter Liste so ist) den strengen Schutzstatus verlieren. Der Wolf wird dann wie jede andere Wildtierart in unsere Kulturlandschaft einem Management unterzogen, das von Freihaltezonen und Abschussplänen geprägt sein wird. Es kehrt dann auch in Deutschland, Österreich und der Schweiz jene Normalität im Umgang mit dem Wolf ein, wie wir sie aus den Karpaten oder der Iberischen Halbinsel kennen.

Nachdem dieses Szenario alternativlos ist, bleibt die Frage, was jetzt zu tun ist. Managementpläne für den Wolf liegen bereits vor und müssen nur umgesetzt werden. Dazu gehören rechtliche Anpassungen in den Naturschutz- und Jagdgesetzen sowie vor allem ein ausreichendes Budget für effektive Herdenschutzmaßnahmen. Es reicht nicht, nur sogenannte Problemwölfe zu entnehmen. Wir müssen unsere Landnutzung anpassen, je früher, desto besser. Und es braucht eine transparente Darstellung der Situation, so wie sie in großen Teilen schon jetzt in Deutschland mit der Website der Dokumentations- und Beratungsstelle des Bundes zum Thema Wolf (www.dbb-wolf.de) erreicht wird. Informationen über Risse, Rudelbildungen, Verbreitungskarten, Kompensationszahlungen, Präventivmaßnahmen müssen zeitnah und umfassend erfolgen. Sorgen und Ängste der Bevölkerung, der Nutztierhalter, Naturschützer und Jäger müssen ernst genommen werden. Diese Gruppen brauchen Aufklärung, Beratung und Unterstützung. Gleichzeitig müssen unsere Politiker gemeinsam über Ländergrenzen hinweg Strategien entwickeln, um eine zukunftsfähige Lösung zu erarbeiten. Der Wolf schreibt das Tempo vor, und die Zukunft wird zeigen, ob wir weiter quasi ziellos den rückkehrenden Wölfen hinterherhecheln oder der Entwicklung eine akzeptable Struktur und pragmatische Richtung geben können.

Autor:

Univ.-Prof. Dr. Klaus Hackländer, Universitätsprofessor für Wildtierbiologie und Jagdwirtschaft und Leiter des Departments für Integrative Biologie und Biodiversitätsforschung an der Universität für Bodenkultur Wien, Gregor-Mendel-Str. 33, 1180 Wien

Foto © Karl-Heinz Volkmar

Eine Auswahl weiterführender Literatur

Ammer U, Pröbstl U (1991) Freizeit und Natur. Hamburg, Berlin: Paul Parey

Antal V (2016) Program starostlivosti o vlka dravého (Canis lupus) na Slovensku. Banská Bystrica: Štátna ochrana prírody Slovenskej republiky

Ansorge H et al. (2006) Feeding ecology of wolves *Canis lupus* returning to Germany. Acta Theriologica 51: 99–106

Arnold J et al. (2018) Lernen, mit dem Wolf zu leben. Fragen aus Landwirtschaft, Forstwirtschaft, Jagd und Tourismus. Berlin: WWF Deutschland

Bayerische Landesanstalt für Landwirtschaft (2017) Was tun bei einer Rückkehr von Luchs, Wolf und Bär? Freising-Weihenstephan

Boitani L (2000) Action Plan for the conservation of the wolves (*Canis lupus*) in Europe. Nature and Environment 113: 1–85

Breitenmoser U et al. (2016) The recovery of wolf *Canis lupus* and lynx *Lynx lynx* in the Alps: Biological and ecological parameters and wildlife management systems. RowAlps Report Objective 1. KORA Bericht Nr. 70. Muri bei Bern: KORA

Bründl M et al. (2009) Risikokonzept für Naturgefahren. Leitfaden. Teil A: Allgemeine Darstellung des Risikokonzepts. Bern: Nationale Plattform Naturgefahren PLANAT

Bundesamt für Umwelt (2017) Richtlinie des BAFU zum Herden- und Bienenschutz. Bern

Bundesanstalt für Agrarwirtschaft (2018) IDB Deckungsbeiträge und Kalkulationsdaten. Wien

Bundesanstalt für Bergbauernfragen (2010) Almstatistik 2009. Zahlen und Fakten zur österreichischen Almwirtschaft. Facts & Features 43. Wien

Bundesministerium für Land- und Forstwirtschaft, Umwelt und Wasserwirtschaft ALP Austria – Programm und Plan zur Entwicklung der Almwirtschaft. Wien

Chapron G et al. (2014) Recovery of large carnivores in Europe's modern human-dominated landscapes. Science 346: 1517–1519

Creel S (2018) The control of risk hypothesis: reactive vs. proactive antipredator responses and stress-mediated vs. food-mediated costs of response. Ecology Letters 21: 947–956

Creel S et al. (2007) Predation risk affects reproductive physiology and demography of elk. Science 315: 960

Egger G, Kreiner D (2009) Managementplan Almen. Life-Gesäuse. Wenig: Nationalpark Gesäuse GmbH

Ellmauer T (Hrsg) (2005) Entwicklung von Kriterien, Indikatoren und Schwellenwerten zur Beurteilung des Erhaltungszustandes der Natura 2000-Schutzgüter. Band 3: Lebensraumtypen des Anhangs I der Fauna-Flora-Habitat-Richtlinie. Im Auftrag der neun österreichischen Bundesländer, des Bundesministerium für Land- und Forstwirtschaft, Umwelt und Wasserwirtschaft und der Umweltbundesamt GmbH. Wien: Umweltbundesamt

Epstein Y (2016) Favourable conservation status for species: Examining the Habitats Directive's key concept through a case study of the Swedish wolf. Journal of En-vironmental Law 28: 221–244

Falcucci A et al. (2013) Modeling the potential distribution for a range-expanding species: Wolf recolonization of the Alpine range. Biological Conservation 158: 63–72

Fechter D, Storch I (2014) How many wolves (*Canis lupus*) fit into Germany? The role of assumptions in predictive rule-based habitat models for habitat generalists. PLoS ONE 9(7): e101798

Finger KH (1996) Hirten- und Hütehunde. Stuttgart: Ulmer

Gasteiner J et al. (2017) Expertenbericht Herdenschutz. Arbeitsgruppe Herdenschutz. Irdning: HBLFA Raumberg-Gumpenstein

Geist V (2017) Eine kurze Geschichte der Konflikte zwischen Menschen und Raubtieren. Beiträge zur Jagd & Wildforschung 42: 1–18

Georgy N (2011) Habitateignung und Management für den Wolf *Canis lupus* in Österreich. Masterarbeit. Institut für Wildbiologie und Jagdwirtschaft. Universität für Bodenkultur Wien.

Glenz C et al. (2001) A wolf habitat suitability prediction study in Valais (Switzerland). Landscape and Urban Planning 55: 55–65

Grill G (2018) Verbot der Wolfsjagd lässt Bestand noch schneller wachsen. Berg+Hof Salzburger Bauer September/2018: II–III

Groff C et al. (2018) Large Carnivores Report. Autonomous Province of Trento's Forestry and Wildlife Department.

Guggenberger T et al. (2014) Praxishandbuch zur Wiederbelebung von Almen mit Schafen. Irdning: Lehr und Forschungszentrum Raumberg-Gumpenstein

Hackländer K (2019) Rotwild und große Beutegreifer. In: Höhere Bundeslehr- und Forschungsanstalt für Landwirtschaft Raumberg-Gumpenstein, Bericht über die 25. Österreichische Jägertagung 2019 zum Thema Rotwildjagd im Umbruch: Neue Einflüsse und Wechselwirkungen, 19–22

Hackländer K, Daim A, Bayer K, Kantelhardt J, Hinterseer AC, Niedermayr A, Kapfer M, Pröbstl-Haider U, Mostegl N, Schlegel A, Hödl C, Kriechbaum M, Splechtna B, Pennerstorfer J, Pröbstl F, Seiberl M (2019): Gutachterliche Stellungnahme zu den Auswirkungen von rückkehrenden Wölfen auf Landwirtschaft und traditionelle Weidehaltung, Freizeit-und Erholungswirtschaft, Jagd- und Forstwirtschaft sowie Biodiversität im Ostalpenraum. BOKU-Berichte zur Wildtierforschung und Wildbewirtschaftung 23. Universität für Bodenkultur Wien

Hahn F et al. (2016) Jahresbericht Herdenschutz Schweiz 2016. Lausanne: AGRIDEA

Haswell PM et al. (2015) Large carnivore impacts are context-dependent. Food Webs 12: 3–13

Herzog S (2017) Die Populationen des Wolfes (*Canis lupus*) in Europa: Herleitung eines operationalen Konzeptes für das Management. Dresden: TU Dresden

Holzner W (2007) Naturvielfalt durch Almwirtschaft. In: Holzner W et al. (2007) Almen. Almwirtschaft und Biodiversität. Grüne Reihe des Lebensministeriums, Band 17. Wien, Köln, Weimar: Böhlau Verlag, 61–120

Honisch M (2019) Der Wolf in Frankreich. Der Alm- und Bergbauer 1–2/2019: 12–14

Hunziker M (2000) Einstellungen der Bevölkerung zu möglichen Landschaftsentwicklungen in den Alpen. Birmensdorf: Eidgenössische Forschungsanstalt WSL

Hunziker M et al. (2001) Die Akzeptanz von Wolf, Luchs und „Stadtfuchs" – Ergebnisse einer gesamtschweizerisch-repräsentativen Umfrage. Forest Snow and Landscape Research 76: 301–326

Jäger G (2017) Wölfe und Wolfsjagden in Tirol. Der Alm- und Bergbauer 10/2017: 9–14

Jedrzejewski W et al. (2002) Kill rates and predation by wolves on ungulate populations in Bialowieza primeval forest (Poland). Ecology 83: 1341–1356

Jedrzejewski W et al. (2004) Habitat variables associated with wolf (*Canis lupus*) distribution and abundance in northern Poland. Diversity and Distributions 10: 225–233

Jedrzejewski W et al. (2012) Prey choice and diet of wolves related to ungulate communities and wolf subpopulations in Poland. Journal of Mammalogy 93: 1480–1492

Jenewein J (2017) Immer mehr Risse in geschützten Herden. Der Alm- und Bergbauer 3/2017: 15

Jenewein J (2018) Der Wolf bestimmt was geschieht. Der Alm- und Bergbauer 10/2018: 5–6

Jindrich O, Trauttmansdorff J (2017) Mythos und Wahrheit – Wiederkehr eines alten Bekannten. Erster Wolfsnachwuchs auf dem Truppenübungsplatz Allentsteig im Waldviertel (NOE) 2016. ÖKO-L 39/1: 3–10

Kammerer H (2014) Kartierung FFH-Lebensraumtypen 6520 und 6230. Koralpe, Steiermark. Endbericht an die Nationalpark Gesäuse GmbH. Stattegg: grünes handwerk – büro für angewandte ökologie, Kammerer & Ressel OG

Komposch Ch et al. (2013) Naturschutzfachliche Evaluierung der Almbewirtschaftung im Nationalpark Gesäuse, Teil 3: Kölblalm, Nieder- und Hochscheibenalm. Bewertung anhand der Indikatorgruppen Zikaden, Wanzen und Spinnen. Endbericht an die Nationalpark Gesäuse GmbH. Graz: Ökoteam Institut für Tierökologie und Naturraumplanung

Koordinierungsstelle für den Braunbären, Luchs und Wolf (2012) Wolfsmanagement in Österreich. Grundlagen und Empfehlungen. Forschungsinstitut für Wildtierkunde und Ökologie, Veterinärmedizinische Universität Wien

Krivy P (2004) Herdenschutzhunde: Vom Herdenbewacher zum Familienbegleiter – Aufzucht, Haltung und Erziehung. Stuttgart: Kosmos Verlag

Kupferschmid A, Bollmann K (2016) Direkte, indirekte und kombinierte Effekte von Wölfen auf die Waldverjüngung. Schweizerische Zeitschrift für Forstwesen 167: 3–12

Ländliches Fortbildungsinstitut Österreich (2015) Almwirtschaftliches Basiswissen. Von der Bedeutung der Almen. Wien

Landry J-M (1999) Der Einsatz von Herdenschutzhunden in den Schweizer Alpen: erste Erfahrungen. KORA Bericht 2d. Muri bei Bern: KORA

Lechner E (1995) Tiroler Almen. Portrait der Nord- und Osttiroler Almenlandschaft. Innsbruck: Edition Löwenzahn

Linnel J et al. (2008) Guidelines for population level management plans for large carnivores in Europe. A Large Carnivore Initiative for Europe report prepared for the European Commission. Rom: LCIE

Linnell J, Boitani L (2012) Building biological realism into wolf management policy: The development of the population approach in Europe. Hystrix 23: 80–91

Lüthi P (2005) Herdenschutz – Leitfaden für Tierhalterinnen und Tierhalter. Zürich: WWF

Lüthi R et al. (2016) Pilotprojekt zum Verhalten von Wölfen gegenüber Zäunen in der Landwirtschaft. Lindau: AGRIDEA

Majić A, Bath AJ (2010) Changes in attitudes toward wolves in Croatia. Biological Conservation 143: 255–260

Mech LD (2017) Where can wolves live and how can we live with them? Biological Conservation 210: 310-317

Mech LD, Boitani L (2003) Wolves. Behavior, Ecology, and Conservation. Chicago: University of Chicago Press

Meriggi A et al. (2011) Changes of wolf (*Canis lupus*) diet in Italy in relation to the increase of wild ungulate abundance. Ethology Ecology and Evolution 23: 195–210

Mettler D, Schiess A (2017) Arbeitshunde in der Landwirtschaft. Lindau: AGRIDEA

Mettler D et al. (2015) Schutz vor dem Wolf auf Rindviehweiden. Lindau: AGRIDEA

Miller C, Daim A, Sekot W, Leitner H, Leissing D, Hackländer K (2019): Entwicklung von Wildtiermanagement-Strategien bei Anwesenheit großer Beutegreifer – Lösungsansätze für forstwirtschaftliche Betriebe. BOKU-Berichte zur Wildtierforschung und Wildbewirtschaftung 22. Universität für Bodenkultur Wien

Ministère de la transition écologique et solidaire, Ministère de l'agriculture et de l'alimentation (2018) Plan national d'actions 2018–2023 sur le loup et les activités d'élevage. Paris

Moll RJ et al. (2017) The many faces of fear: A synthesis of the methodological variation in characterizing predation risk. Journal of Animal Ecology 86: 749–765

Musil T et al. (2015) Der Wolf, das Rotwild und die Winterfütterung. Österreichs Weidwerk 2/2015: 12–15

Mußhoff O, Hirschauer N (2016) Modernes Agrarmanagement – Betriebswirtschaft liche Analyse- und Planungsverfahren. 4. Auflage. München: Verlag Franz Vahlen GmbH

Newsome TM, Ripple WJ (2015) Carnivore coexistence: Trophic cascades. Science 3470: 383

Norer R, Preisig C (2018) Jagd im Licht internationaler und regionaler Vorgaben am Beispiel Großraubtiere. Jagdrecht im Alpenraum 1/2018: 12–23

Nowak S, Mysłajek RW (2016) Wolf recovery and population dynamics in Western Poland, 2001–2012. Mammal Research 61: 83–98

Obweger A (2018) Analyse des Rückgangs der Almauftriebszahlen in Österreich. Masterarbeit. Institut für Integrative Naturschutzforschung. Universität für Bodenkultur Wien

Okarma H, Langwald D (2002) Der Wolf. Ökologie, Verhalten, Schutz. Berlin: Parey Buchverlag

Peterson RO et al. (2014) Trophic cascades in a multicausal world: Isle Royale and Yellowstone. Annual Review of Ecology, Evolution, and Systematics 45: 325–345

Ražen N et al. (2016) Long-distance dispersal connects Dinaric-Balkan and Alpine grey wolf (Canis lupus) populations. European Journal of Wildlife Research 62:137–142

Reimoser F, Hackländer K (2008) Wildökologische Raumplanung – Chancen und Grenzen. Der Anblick 4/2008: 26–31

Reinhardt I, Kluth G (2007) Leben mit Wölfen – Leitfaden für den Umgang mit einer konfliktträchtigen Tierart in Deutschland. BfN-Skripten 20: 1–182

Reinhardt I et al. (2019) Military training areas facilitate the recolonization of wolves in Germany. Conservation Letters 2019; e12635

Ringler A (2007) Almzukunft und Almförderung. Ökologische Perspektiven im Klima- und Politikwandel (Teil 2). ANliegen Natur 31: 62–75

Ringler A (2009/2010): Nagoya Alpin 1. Biodiversitätsimpulse für die Alpen. Konsequenzen aus der Nagoya-Weltkonferenz und EU-Biodiversitätsstrategie. Jahrbuch des Vereins zum Schutz der Bergwelt 74/75: 71–210

Rüegg D et al. (2002) Der Wolf im Nationalpark der Abruzzen – Erfahrungen sammeln und Vergleiche mit der Schweiz ziehen. Schweizerische Zeitung für Forst-wesen 153: 140–144

Smolko P et al. (2018) Why do migrants move downhill? The effects of increasing predation and density on red deer altitudinal migration in temperate Carpathian forests. Mammal Research 63: 297–305

Thurner B, Schmitzberger I (2014) Kartierung FFH-Lebensraumtyp 6230, Joglland. Endbericht an das Amt der Steiermärkischen Landesregierung. Krems an der Donau: coopNATURA Büro für Ökologie und Naturschutz

Torretta E et al. (2018) Wolf predation on wild ungulates: How slope and habitat cover influence the localization of kill sites. Current Zoology 64: 271–275

Trouwborst A (2018) Wolves not welcome? Zoning for large carnivore conservation and management under the Bern Convention and EU Habitats Directive. Review of European, Comparative and International Environmental Law 27: 306–319

Umweltbundesamt (2013) Österreichischer Bericht gemäß Artikel 17 FFH-Richtlinie. Berichtszeitraum 2007–2012. Kurzfassung. Wien

Verein Herdenschutzhunde Schweiz (2017) Prüfungsreglement für Zuchthunde des Vereins Herdenschutzhunde Schweiz (HSH-CH). Zürich

Vucetich JA et al. (2011) Predicting prey population dynamics from kill rate, predation rate and predator-prey ratios in three wolf-ungulate systems. Journal of Animal Ecology 80: 1236–1245

Wagner C et al. (2012) Wolf (*Canis lupus*) feeding habits during the first eight years of its occurrence in Germany. Mammalian Biology 77: 196–203

Wallner A, Hunziker M (2001) Die Kontroverse um den Wolf – Experteninterviews zur gesellschaftlichen Akzeptanz des Wolfes in der Schweiz. Forest Snow and Landscape Research 76: 191–212

Wirtschaftskammer Österreich (Hrsg) (2016) Tourismus und Freizeitwirtschaft in Zahlen. Österreichische und internationale Tourismus- und Wirtschaftsdaten, 52. Ausgabe. Wien

Zbyryt A et al. (2018) Do wild ungulates experience higher stress with humans than with large carnivores? Behavioral Ecology 29: 19–30

Zimen E (1990) Der Wolf. München: Knesebeck-Verlag

Foto © Karl-Heinz Volkmar

Aus unserem Programm

ISBN 978-3-7020-1555-8

ISBN ISBN 978-3-7020-1327-1

ISBN 978-3-7020-1245-8

ISBN 978-3-7020-1216-8

Leopold Stocker Verlag
www.stocker-verlag.com
Graz – Stuttgart